人工智能和蓝牙硬件 开发实战

谭康喜　赵见星　李亚明　姚　应◎著

U0341246

人民邮电出版社
北京

图书在版编目（CIP）数据

人工智能和蓝牙硬件开发实战 / 谭康喜等著. -- 北
京：人民邮电出版社，2021.12
ISBN 978-7-115-58484-7

Ⅰ. ①人… Ⅱ. ①谭… Ⅲ. ①蓝牙技术－通信设备－
开发 Ⅳ. ①TN926

中国版本图书馆CIP数据核字(2021)第276806号

内 容 提 要

本书以作者在小米公司"探索和实践蓝牙设备结合人工智能，开发新一代智能蓝牙语音设备"为背景，以自己积累的智能蓝牙设备开发经验为基础，介绍了将蓝牙技术和人工智能技术相结合，来开发智能硬件的方法与经验。

本书共 7 章，分别介绍了蓝牙协议的发展历史、协议栈结构以及蓝牙 5.2 版本的发展动态；小米"小爱同学"使用的人工智能技术，以及小米公司 AIoT 的战略布局和发展情况；小米智能语音技术及其架构；小米自定义的蓝牙设备与主机之间进行通信的 MMA 协议；使用 MMA 协议进行开发实践（通过小爱耳机和小爱鼠标的实际开发来介绍）；在使用 MMA 协议进行蓝牙设备的功能开发时涉及的主要功能点；小米生态链企业、合作伙伴与小米一起发布智能产品的合作规范和流程。

本书适合有兴趣了解蓝牙设备在人工智能领域中的应用，或者有兴趣从事相关产品开发和实践的蓝牙应用开发工程师、智能硬件开发工程师、蓝牙协议栈开发工程师阅读。

◆ 著　　　　　谭康喜　赵见星　李亚明　姚　应
责任编辑　傅道坤
责任印制　王　郁　焦志炜

◆ 人民邮电出版社出版发行　　北京市丰台区成寿寺路 11 号
邮编 100164　电子邮件 315@ptpress.com.cn
网址 https://www.ptpress.com.cn
三河市中晟雅豪印务有限公司印刷

◆ 开本：800×1000　1/16
印张：18　　　　　　　　　2021 年 12 月第 1 版
字数：381 千字　　　　　　2021 年 12 月河北第 1 次印刷

定价：89.90 元
读者服务热线：**(010)81055410**　印装质量热线：**(010)81055316**
反盗版热线：**(010)81055315**
广告经营许可证：京东市监广登字 20170147 号

作者简介

谭康喜，小米公司高级技术专家、教授级高级工程师、中国计算机学会高级会员，从事应用软件、操作系统、驱动程序、无线通信和智能硬件相关的开发工作，曾获得"中国专利优秀奖""北京优秀青年工程师标兵"荣誉称号；出版独著《低功耗蓝牙智能硬件开发实战》；持有软件著作权 2 项；申报国内外发明专利 230 余件，在中国、美国、日本、韩国、欧洲等国家或地区获得专利授权 100 余件。

赵见星，小米公司高级软件工程师，从事嵌入式系统应用、Linux 应用、蓝牙和 WiFi 相关的开发工作，当前主要负责智能语音和低功耗蓝牙相关的开发工作，在蓝牙语音开发方面具有丰富的经验；出版译著《BackTrack4：利用渗透测试保证系统安全》和《系统安全保证：策略、方法与实践》；申报发明专利 10 余件。

李亚明，小米公司软件工程师，从事嵌入式系统、Android 系统、Linux 驱动与应用等相关的开发工作，当前主要负责智能语音与蓝牙解决方案相关的开发工作，在蓝牙协议与蓝牙设备开发方面具有丰富的经验。

姚应，小米公司高级软件工程师，当前负责"小爱同学"蓝牙解决方案相关的开发工作。在加入小米公司之前，曾先后供职于一号店、京东等公司，从事移动端应用开发工作。当前在小米公司主要负责嵌入式系统应用、Linux 应用、蓝牙和 WiFi 相关的开发工作，在移动端 App 开发、蓝牙、设备语音方面具有丰富的经验。

前　言

　　智能硬件是打造智能家居的基础，也是物联网普及的基础。小米人工智能创新开放平台是一个以智能家居场景为出发点，深度整合人工智能和物联网能力，并为用户、软硬件厂商和个人开发者提供智能场景及软硬件生态服务的开放创新平台。小米人工智能创新开放平台通过支持 2000 余款智能硬件产品，涵盖了智慧客厅、智慧卧室、智慧厨房和智慧卫浴等智能家居场景，满足了用户对家居生活更舒适、更健康、更智能和更安全的需要及对创新科技体验和美好生活的向往。

　　小米致力于建设有利于形成开放创新平台成果转化与应用的机制，以创新成果为牵引，有效整合创新链、产业链和金融链，构筑完整的技术和产业生态，并通过设备与云端的互连互通，以及大数据、物联网和人工智能应用场景的汇聚与打通，推动智能硬件生态的建设，最终实现智能硬件生态的规模化和产业化。小米以生态链投资方式，通过典型企业与典型产品"以点带面"，打通智能硬件的设计、制造、供应链、物流、智能连接与控制等通道，以 AIoT 开放平台的方式向中国智能家居产业赋能，推动硬件行业向智能化转型升级，实现行业的高质量发展。

　　2014 年，亚马逊发布全球首个智能音箱 Echo。由于其自然的人机对话和创新体验，Echo 在发布之后取得了巨大的成功。随后，国外的谷歌、苹果以及国内的百度、小米、天猫和华为等公司也纷纷跟进，发布了自己的智能音箱产品。

　　智能音箱在传统音箱的基础上增加了智能化功能，它采用 WiFi 连接到网络，支持通过App 操作设备，还可以和用户进行语音交互。而且，智能音箱提供了音乐服务、有声读物、信息查询、智能家居控制，甚至外卖预定等功能。由此可见，智能音箱给我们的生活带来了极大的方便，也将我们带入智能生活时代。

　　2020 年 3 月，知名数据调查机构 IDC 发布《中国智能家居设备市场季度跟踪报告》。该报告显示，2019 年中国智能音箱市场出货量达到 4589 万台，同比增长 109.7%。市场之火热可见一斑。在智能音箱销售火爆的背后，离不开语音识别、信号处理、人声检测等语音技术的进步，也离不开自然语言处理、大数据分析等技术的积累。

　　智能音箱的发展历程证明了设备智能化的强大生命力。但是，由于智能音箱基于 WiFi无线技术，功耗较高，体型较大，不太适合室外移动场景。而使用蓝牙技术的蓝牙音箱、蓝牙耳机和蓝牙手环等设备则是基于手机的移动附件，它们无论是在功耗还是体积上都有了很大的改进和性能提升。且近些年 TWS（True Wireless Stereo，真无线立体声）蓝牙耳机和蓝牙手环等发展迅速，用户对蓝牙移动附件的智能化亦有较强需求。

　　小米公司的人工智能团队基于此背景，在蓝牙与人工智能相结合的方向进行了大量的探索和实践，并于 2018 年 11 月推出了小米小爱蓝牙音箱，之后连续推出了一系列 TWS 智能蓝牙耳机。借助于手机上的"小爱同学"语音助手，这些蓝牙附件实现了智能语音交互、OTA 升级以及设备的控制等功能。与此同时，小米公司打造了蓝牙设备接入开放平台，通过与大量的蓝牙芯片厂商、方案厂商和设备厂商进行广泛的技术及商务合作，接入了大量的蓝牙设备，从而与业界一起共同促进了智能蓝牙产业的发展。

　　小米公司人工智能团队在上述的背景下，将积累的实践经验进行总结，最终形成了本书，旨在吸引更多的从业人员进入智能蓝牙开发领域，从而为智能蓝牙产业的发展贡献一份力量。

组织结构

　　本书以探索、实践蓝牙设备与人工智能的有机结合，开发新一代智能蓝牙语音设备为背景，首先介绍了传统蓝牙技术协议、蓝牙发展趋势、人工智能技术的发展，以及人工智能结合蓝牙产生的新应用场景，然后介绍了小米人工智能技术在蓝牙设备上的实践和运用，并详细阐述了如何设计和应用供蓝牙设备与手机进行交互的协议，最后介绍了小米生态链企业及第三方产品如何与小米协作，以共同快速发布具备人工智能特色的产品。

　　本书分为 3 个部分，共 7 章，具体内容如下。

　　第 1 部分，简要介绍了蓝牙和人工智能技术，以及小米公司在 AIoT 战略下的发展情况。

- **第 1 章，"蓝牙简介"**：介绍了蓝牙的发展历史、蓝牙协议栈结构和蓝牙 5.2 协议的发展动态。

- **第 2 章，"人工智能与蓝牙"**：介绍了小米公司基于人工智能技术开发的智能应用小爱同学及其特色功能，随后介绍了小爱同学用到的人工智能技术；然后在此基础上介绍了小米公司结合人工智能的 AIoT 战略布局及发展情况，以及蓝牙与人工智能进行有机结合的方式。

- **第 3 章，"小米人工智能开发实践"**：介绍了小米智能语音技术及其架构，并在介绍小爱同学智能语音技术架构的同时，对嵌入式设备、应用等使用小米人工智能服务的关键流程、接口和使用示例进行了介绍。

　　第 2 部分，介绍了小米智能语音技术在蓝牙设备领域的开发实践。

- **第 4 章，"MMA 协议"**：介绍了小米自定义的用于蓝牙设备与主机之间进行交互的通信协议——MMA（MI Mobile Accessory，小米移动配件）协议。小米公司人工智能团队在智能遥控器领域积累的经验基础上，扩展定义了蓝牙设备和主机之间的完整交互协议 MMA，以进行高质量的语音传输和复杂的交互控制。该协议提供了供蓝牙设备进行智能交互的基本功能，如设备信息交互、认证、语音、OTA等，同时也展现了优秀的自定义扩展能力。该协议设计精简，功能丰富，体积小，非常适合蓝牙设备使用。

- **第 5 章，"智能蓝牙在主机上的开发实践"**：介绍了 MMA 协议在手机上的开发实践。本章首先介绍了小爱同学与蓝牙技术架构，随后介绍了小米公司开发实践的典型案例——小爱耳机、小爱鼠标的开发实践。这两个案例涵盖了智能蓝牙耳机和智能鼠标的典型功能，以及它们的语音、特色功能的实现方案。
- **第 6 章，"智能蓝牙设备开发实践"**：介绍了在使用 MMA 协议进行蓝牙设备的功能开发时涉及的主要功能点，如语音编码格式、MMA 协议适配、OTA、AT 指令和特色功能等。

第 3 部分，小米人工智能生态。

- **第 7 章，"小米开放平台与质量"**：介绍了小米生态链企业以及其他合作伙伴与小米公司联合发布智能产品的合作规范和流程，如产品立项、协议对接、技术支持、产品认证、产品运营和维护等。

本书内容涵盖了小米人工智能技术在蓝牙设备领域的关键核心应用和场景，同时也通过基于智能耳机和鼠标的开发实战案例，展示了人工智能与蓝牙进行结合创新的方式，及两者结合之后可带来的新功能和体验。

读者对象

本书对小米公司使用人工智能技术的历史以及人工智能服务的后台架构、服务接口和接口使用方法进行了详细介绍，有助于应用开发人员、硬件开发人员了解和开发语音类应用。

本书还详细介绍了小米基于人工智能语音助手，实现蓝牙耳机、蓝牙鼠标智能化的开发过程，其间涉及通信协议制定、在 Android/iOS/Windows 三个系统上的蓝牙开发，以及一些蓝牙设备特色功能的开发等，有助于应用开发人员了解如何开发蓝牙应用。

此外，本书具备人工智能和蓝牙应用开发相结合的交叉特性，因此比较适合对蓝牙设备在人工智能领域的前沿应用感兴趣，或者想从事相关产品开发的工程师、产品经理和企业管理人员阅读。

资源与支持

本书由异步社区出品，社区（https://www.epubit.com/）为您提供相关资源和后续服务。

提交勘误

作者和编辑尽最大努力来确保书中内容的准确性，但难免会存在疏漏。欢迎您将发现的问题反馈给我们，帮助我们提升图书的质量。

当您发现错误时，请登录异步社区，按书名搜索，进入本书页面，单击"提交勘误"，输入勘误信息，单击"提交"按钮即可。本书的作者和编辑会对您提交的勘误进行审核，确认并接受后，您将获赠异步社区的 100 积分。积分可用于在异步社区兑换优惠券、样书或奖品。

扫码关注本书

扫描下方二维码，您将会在异步社区微信服务号中看到本书信息及相关的服务提示。

与我们联系

我们的联系邮箱是 contact@epubit.com.cn。

如果您对本书有任何疑问或建议，请您发邮件给我们，并请在邮件标题中注明本书书名，以便我们更高效地做出反馈。

如果您有兴趣出版图书、录制教学视频，或者参与图书技术审校等工作，可以发邮件给本书的责任编辑（fudaokun@ptpress.com.cn）。

如果您来自学校、培训机构或企业，想批量购买本书或异步社区出版的其他图书，也可以发邮件给我们。

如果您在网上发现有针对异步社区出品图书的各种形式的盗版行为，包括对图书全部或部分内容的非授权传播，请您将怀疑有侵权行为的链接通过邮件发给我们。您的这一举动是对作者权益的保护，也是我们持续为您提供有价值的内容的动力之源。

关于异步社区和异步图书

"异步社区"是人民邮电出版社旗下 IT 专业图书社区，致力于出版精品 IT 技术图书和相关学习产品，为作译者提供优质出版服务。异步社区创办于 2015 年 8 月，提供大量精品 IT 技术图书和电子书，以及高品质技术文章和视频课程。更多详情请访问异步社区官网 https://www.epubit.com。

"异步图书"是由异步社区编辑团队策划出版的精品 IT 专业图书的品牌，依托于人民邮电出版社的计算机图书出版积累和专业编辑团队，相关图书在封面上印有异步图书的LOGO。异步图书的出版领域包括软件开发、大数据、AI、测试、前端、网络技术等。

异步社区

微信服务号

目　录

第1章

蓝牙简介

1.1 蓝牙技术

1.1.1 蓝牙历史发展

蓝牙技术开始于爱立信在 1994 年提出的通信方案,该通信方案旨在研究移动电话和其他配件进行低功耗、低成本的无线通信的方法。开发人员希望为设备间的无线通信创造一组标准化协议,以解决互不兼容的移动电子设备之间的通信问题,从而取代 RS-232 串口通信标准。

随着该通信方案的研发进展,爱立信把大量资源投入到短距离无线通信技术的研发上。在爱立信的引领下,很多厂家也逐步进入到该通信方案的开发行列。

1998 年 5 月 20 日,爱立信联合 IBM、英特尔、诺基亚以及东芝等厂商成立蓝牙"特别兴趣小组"(Special Interest Group,SIG)。SIG 即蓝牙技术联盟的前身,其目标是推出一个成本低、效益高、可以在短距离范围内随意进行无线连接的技术标准,以实现最大传输速率 1Mbit/s、最大传输距离 10m 的无线通信。

该技术被命名为 Bluetooth(蓝牙)。Bluetooth 来源于 10 世纪欧洲丹麦一个国王的绰号,他统一了四分五裂的国家,建立起不朽的功业。该技术被命名为蓝牙,也寓意着该技术可以实现对短距离无线通信标准的统一,成为全球性的通信标准。

当年(1998 年),蓝牙推出 0.7 版,它支持基带(Baseband)与链路管理协议(Link Manager Protocol,LMP)两部分,因此奠定了蓝牙技术的底层协议基础。

截至 1999 年 7 月,蓝牙特别兴趣小组先后发布了蓝牙 0.8 版、0.9 版、1.0 Draft 版,完成了服务发现协议（Service Discovery Protocol，SDP）和电话控制规范（Telephony Control Specification，TCS）的制定。1999 年 7 月 26 日，蓝牙 1.0A 版本正式公布，确定使用 2.4GHz 频段。至此，蓝牙技术发展到实用化阶段。

1999 年下半年，微软、摩托罗拉、三星、朗讯与 SIG 共同发起成立了蓝牙技术推广组织，旨在进一步加强蓝牙技术在应用产业范围内的影响。

2003 年 11 月，SIG 公布了 1.2 版本。该版本加强了蓝牙在 2.4GHz 频段的抗干扰能力，在安全性上也得到了提升。

2004 年 11 月，蓝牙 2.0 版本正式推出。该版本大大提高了蓝牙技术的数据传输速率（达到了 2.1Mbit/s，是蓝牙 1.2 版本的传输速率的 3 倍）。新版本更高的传输速率可使蓝牙提供更稳定的音频流传送，从而将蓝牙的应用场景扩展到多媒体领域。此外，2.0 版本还可充分利用带宽优势，实现多个蓝牙设备的连接保持与使用。

2007 年 7 月，SIG 推出了蓝牙 2.1 版本。该版本最大的改变在于引入了安全简单配对（Secure Simple Pairing，SSP）流程，这在增强蓝牙安全性的同时，也简化了蓝牙配对的操作。用户不再通过输入 PIN 码这种繁琐的方式完成设备的认证，而是通过更方便的随机数比较等方式实现对蓝牙设备的配对认证。

2009 年 4 月，蓝牙 3.0 版本发布。3.0 版本增加了可选物理层（Alternate MAC PHY，AMP）技术，可允许蓝牙协议栈动态地选择基础射频，调用 802.11 WiFi 射频实现高速数据传输。它的传输率高达 24Mbit/s，是蓝牙 2.0 的 8 倍，可轻松实现大数据资料的传输。

需要说明的是，蓝牙 AMP 与 BR/EDR 物理层不兼容，基本速率（Basic Rate，BR）和增强数据速率（Enhanced Data Rate，EDR）可以同时存在，但 BR/EDR 和 AMP 在物理层只能二选一。

2010 年 6 月，蓝牙 4.0 版本发布。在该版本之前的蓝牙称为经典蓝牙，主要用于传输音频或较大的数据，应用场景单一，功耗也较大。蓝牙 4.0 版本引入了低功耗和低成本蓝牙控制器，从而使得低功耗、低成本蓝牙芯片被广泛使用。大量手机、电视、OTT 盒子、智能家居设备和可穿戴设备等产品也开始支持低功耗蓝牙（Bluetooth Low Energy，BLE[亦简称为 LE]），蓝牙应用场景得到极大扩展。

2016 年 12 月，蓝牙 5.0 版本发布。该版本优化了低功耗蓝牙物理层，进一步增强了蓝牙的竞争力。在性能和稳定性方面，蓝牙 5.0 的传输速度是蓝牙 4.2 的两倍，有效传输距离则扩展了 4 倍，传输容量提高了 8 倍。传输性能和稳定性的提升也促进了蓝牙 Mesh（网格）的发展，使得蓝牙更加广泛地应用于工业自动化控制、智慧家庭等应用场景，这也进一步扩充了蓝牙在物联网领域的应用。

2019 年 1 月，蓝牙 5.1 版本发布。该版本最有特色的地方在于增加了定向寻址（Direction Finding）特性。蓝牙 5.1 优化了蓝牙底层链路发包机制，支持蓝牙 5.1 版本的蓝牙设备可广播固定频率的扩展信号，扩展信号中包含切换时隙和采样时隙的数据，依赖这些数据通过算法可以定位出广播设备的位置信息。相较于之前蓝牙信标（Beacon）1m 左右的定位精度，蓝牙 5.1 版本的定位精度可达厘米级，这大幅度提高了定位的精度，可在室内导航、资产追踪等场景中发挥重要作用。

2019 年 12 月，蓝牙 5.2 版本发布。它对低功耗蓝牙协议进行了较大修改，其中最引人注目的是引入了下一代蓝牙音频：低功耗音频（Low Energy Audio，LE Audio）。低功耗音频是通过低功耗蓝牙传输音频数据的技术。通过新增的低功耗同步信道、增强的属性协议以及低功耗功率控制等功能，蓝牙 5.2 可在低功耗蓝牙链路上支持连接状态及广播状态下的立体声。同时，蓝牙 5.2 还通过一系列的规格调整增强了蓝牙传输音频的性能，降低了传输延迟，并通过低复杂度编解码器（Low Complexity Communication Codec，LC3）增强了音质。蓝牙 5.2 版本的发布进一步提升了低功耗蓝牙的技术潜力，这使得低功耗蓝牙技术不只局限在短距离设备的互连互通上，在无线音频领域也可以发挥与经典蓝牙相同的作用。

经过 20 多年的发展，SIG 的成员数在 2020 年年底已超过 36000 家，其成长速度远超任何其他无线联盟。伴随着 SIG 的不断发展和壮大，蓝牙标准协议也在不断更新迭代，与时俱进——从 1.0 版本对短距离无线连接通信的探索，到支持更高速率的蓝牙 EDR 标准，再到物联网时代对低功耗数据传输与蓝牙 Mesh 的加强。蓝牙技术在保持协议兼容性的同时，其应用场景与范围也在不断扩展。除了应用于移动电子设备，蓝牙技术在智能建筑、智慧工业和智慧医疗等领域均有用武之地。可以预见，蓝牙技术在未来还会一如既往地更新发展，继续保持蓬勃的活力以适用于更多创新场景。

蓝牙协议版本的发展历史如表 1-1 所示。

表 1-1　蓝牙协议版本的发展历史

版本	发布日期	增强的功能
0.7	1998.10.19	蓝牙基带（Baseband）、链路管理协议（LMP）
0.8	1999.01.21	主机控制器接口（HCI）、逻辑链路控制与适配协议（L2CAP）、射频通信协议（RFCOMM）
0.9	1999.04.30	串行通信（UART）传输层、红外通信（IrDA）互连
1.0	1999.07.26	N/A
1.2	2003.11.05	自适应跳频（Adaptive Frequency Hopping，AFH）、增强的面向同步连接（enhanced Synchronous Connection-Oriented，eSCO）
2.0 + EDR	2004.08.01	2.0 版本作为单独的蓝牙规范，增加了增强速率蓝牙（EDR）规范
2.1	2007.07.26	减速呼吸（Sniff Subrating），用于节省功耗；安全简单配对（Secure Simple Pairing，SSP）
3.0 + HS	2009.04.21	可选接入层与物理层（Alternate MAC/PHY，AMP），用于适配 802.11 标准
4.0 + LE	2010.06.30	低功耗蓝牙技术（BLE）
4.1	2013.12.03	低功耗蓝牙与移动网络（LTE）共存

续表

版本	发布日期	增强的功能
4.2	2014.12.02	进一步提升了数据传输容量；增加了椭圆双曲线密钥交换（ECDH）算法以增强安全性
5.0	2016.12.06	增强了广播长度，提升了传输距离
5.1	2019.01.21	支持到达角（Angle of Arrival，AoA）与出发角（Angle of Departure，AoD）技术，可实现厘米级别的定位
5.2	2019.12.31	支持同步信道（Isochronous Channel）、增强属性协议（EATT）、低功耗蓝牙功率控制（LEPC）

1.1.2　蓝牙技术的特点

蓝牙是典型的低成本、近距离无线通信技术，可在通信范围内实现设备间连接的建立与资源的共享。这种通信技术的初衷是以更低的成本实现线缆传输的功能，帮助用户摆脱有线的束缚。与其他无线通信技术相比，蓝牙可在安全且稳定地传输数据的前提下，具有较低的传输功率与成本。

具体来说，蓝牙技术有以下技术特点。

1. 频段

蓝牙使用 2.4GHz 频段传输信息，这个频段即 ISM 频段（Industrial Scientific Medical Band，工业、科学和医疗频段）。任何设备可以免费使用 ISM 频段而不用申请，只要遵守一定的发射功率（一般低于 1W）并且不要对其他频段造成干扰即可。ISM 频段在各国家/地区的规定并不统一，如在美国有 3 个频段，分别是 902MHz～928MHz、2400MHz～2484.5MHz 及 5725MHz～5850MHz。而在欧洲，900MHz 频段则有部分用于 GSM 通信。但 2.4GHz 频段是唯一可在任何国家/地区直接使用而无须授权的频段，这意味着无论在哪里购买使用这个频段的产品，都可以直接使用而无须配置。这也为蓝牙技术的广泛应用提供了良好的政策支持。

2. 跳频扩频

由于 ISM 频段是公共频段，而 WiFi 路由器等很多设备都工作在该频段，因此为了避免设备间的相互干扰，蓝牙技术联盟特别设计了跳频扩频（Frequency-Hopping Spread Spectrum，FHSS）方案来确保通信链路的稳定性。FHSS 技术是一种常用的扩频通信物理层技术，在通信时发送端根据扩频码序列进行调制，使载波的频率不断地跳变；接收端由于有与发送端完全相同的扩频码序列，从而可以跟踪频率不断跳变的信号并对信号进行解调，正确地恢复原有的信息。

蓝牙技术通过使用扩频的方式，使得设备间传输的信号工作在一个很宽的频带上，传统的窄带干扰只会影响扩频信号的一小部分，这就使得信号不容易受到电磁噪声和其他干扰信号的影响。同时，蓝牙技术以跳频技术作为频率调制手段，如果设备在一个频道上传送的信号因受到干扰而出现了差错，就可以跳到另一个频道上重发。

经典蓝牙将 32 个频点定义为一个频段，总共划分为 79 个子频段。蓝牙主设备时钟和主设备地址的最低 28 位决定了蓝牙的工作频段及跳频序列。蓝牙协议定义了 5 种工作状态下的跳频序列：寻呼、寻呼响应、查询、查询响应和连接。在不同状态下，有不同的策略产生跳频序列，例如在连接状态下跳频速率为 1600 跳/秒，而在建立连接时（包括寻呼和查询）则提高为 3200 跳/秒。低功耗蓝牙则将信道划分为 40 个子频段，其中 37 个子频段用于连接通信，另外 3 个子频段专用于收发蓝牙广播。与工作在相同频段的其他通信协议相比，蓝牙的跳频速度更快，传输的分组数据包更短。

蓝牙 1.2 版本中增加了自适应跳频（Adaptive Frequency Hopping，AFH）算法。当设备在蓝牙通信过程中发现某些信道的信号质量较差，比如因为 WiFi 通信干扰而导致通信出现"坏"信道时，可以使用该算法在跳频时避开这些坏信道，而选取通信质量更好的其他信道来代替，这进一步增强了蓝牙的抗干扰能力。快跳频（跳频速率为 1600 跳/秒，在建立连接时提高为 3200 跳/秒）与短分组（基带分组有效载荷最多为 2745 比特）技术可使得蓝牙在应对同频干扰时，尽可能降低干扰的影响，从而保证了数据传输的可靠性与稳定性。

3. 低成本、低功耗

得益于芯片制造技术的快速发展，芯片的集成度越来越高，蓝牙芯片越来越轻薄，所需的外部元器件越来越少，物料成本越来越低，相应的硬件成本也随之降低。相较于其他无线技术芯片，大批量采购的蓝牙芯片在成本上存在优势。

基本速率/增强数据速率（BR/EDR）蓝牙设备的最大发射功率支持 3 个等级（class），功率范围为-20dBm（0.01mW）～+20dBm（100mW）。不同产品的最大输出功率不同，但是其功率需在功率等级范围内。

具体来说，蓝牙设备 3 个等级的最大发射功率与传输距离如下所示。

- class 1 设备最大输出功率 100mW，传输距离 10～100m。
- class 2 设备最大输出功率 2.5mW，传输距离 10m。
- class3 设备最大输出功率 1mW，最大传输距离 1m。

需要说明的是，蓝牙功率的等级概念仅适用于传统蓝牙产品或同时支持传统蓝牙和低功耗蓝牙（双模）的产品，不适用于仅支持蓝牙低功耗（单模）的产品。蓝牙功率控制用于控制发射器的发射功率，以优化通信信号或服务质量。蓝牙核心规范中的链路管理协议（Link Manager Protocol，LMP）描述了 BR/EDR 蓝牙设备之间协商和调整传输功率的方式。其中，发射器可自行调整其传输功率或由对端设备请求更改其传输功率，这使得蓝牙传输功率始终处于节能高效的状态。同时，蓝牙核心规范也定义了 BR/EDR 低功耗状态，如呼吸模式（Sniff Mode）与保持模式（Hold Mode），蓝牙设备在这些状态下既能处于低功耗状态，也能保持连接状态。当数据量传输减少或者无数据传输时，支持低功耗状态的蓝牙设备将自动进入低功耗工作模式，并周期性地监听数据，因此比正常连接状态节省更多能量。

　　LE（低功耗蓝牙）更加注重设备的低功耗，其在设计之初就专门在低成本、低带宽和低功耗等方面进行了优化。支持 LE 的蓝牙设备只需一颗纽扣电池就可稳定运行数月时间，甚至数年之久。LE 主要应用在数据传输较少的场景中，建立连接的 LE 设备只在固定连接时隙内交互数据即可，在大多数情况下设备都处于休眠状态，因此电量消耗很少。随着 LE 的逐步发展，LE 也已支持语音流媒体数据的传输。蓝牙 5.2 版本增加了 LE 功率控制功能，它通过对接收信号强度指示（RSSI）的监控，来通知发射方增加或降低发射功率，使功耗刚好满足应用。这一特性使得 LE 在音频传输性能与功耗上取得了很好的平衡。

1.2　蓝牙协议

1.2.1　蓝牙协议架构

　　蓝牙协议栈在架构上分为蓝牙核心（Bluetooth Core）协议和蓝牙应用（Bluetooth Application）协议两大逻辑实体，如图 1-1 所示。

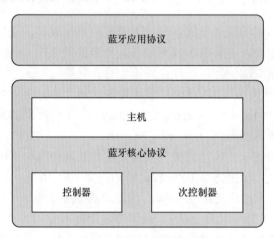

图 1-1　蓝牙协议栈的整体架构

　　蓝牙核心协议定义了蓝牙设备互连互通的核心机制，包括如何发现周边的蓝牙设备、如何与其建立连接、如何对蓝牙设备进行认证等。蓝牙核心协议由多个分层的协议族共同组成，经典蓝牙与低功耗蓝牙在核心协议的组成上有交叉，但又存在差异。

　　蓝牙应用协议根据应用场景进行区分，有丰富且满足各种应用场景的封装协议。经典蓝牙的应用协议主要实现了各种蓝牙规范，低功耗蓝牙的应用协议则主要实现了各种蓝牙通用属性服务。

蓝牙协议栈整体架构介绍如下。

- 蓝牙核心协议：关注蓝牙核心技术的描述和规范，它只提供基础的机制，并不关心如何使用这些机制。蓝牙核心协议又分为主机协议与控制器协议两部分，每部分协议又由若干个相关协议组成。在不同的蓝牙技术中（比如 BR/EDR、AMP、LE），主机与控制器承担的角色略有不同，但大致功能相同。控制器负责定义射频（Radio Frequency，RF）、基带（Baseband）等偏硬件的规范，并在此基础之上抽象出用于通信的逻辑链路（Logical Link）；主机负责在逻辑链路的基础上进行更为友好的封装，从而屏蔽蓝牙技术的底层实现细节，让蓝牙应用协议更加方便地使用。
- 蓝牙应用协议：蓝牙应用协议主要由丰富多样的蓝牙配置（Profile）或通用属性服务（Generic Attribute Service，GATT Service）组成。蓝牙配置是经典蓝牙协议的特有概念。为了实现不同平台下不同蓝牙设备之间的互连互通，蓝牙技术联盟除了定义核心规范外，也根据具体的应用需求定义了各种应用的规范标准与策略，如音频传输、文件传输和语音通话等，这些规范与策略就是蓝牙配置（Profile）。对于低功耗蓝牙来说，其应用协议主要由通用属性（GATT）服务组成，GATT 也是低功耗蓝牙特有的概念，其定义了应用的通用实现规则。应用可以根据其规则自行实现服务的定义，如心率服务、报警服务和设备查找服务等。

1.2.2 蓝牙协议栈网络模型

蓝牙协议栈网络模型与经典 TCP/IP 模型的对比如图 1-2 所示。蓝牙协议在发展过程中，根据场景不同衍生出了不同的协议栈，目前有经典蓝牙、低功耗蓝牙和蓝牙 Mesh 这 3 种。它们之间的架构类似，共享部分概念，但又有差异。

经典蓝牙与低功耗蓝牙的网络架构一致，主要为点对点连接，不涉及复杂的网络拓扑，因此没有网络层。

- 在应用层，经典蓝牙由音频/视频分发传输协议（Audio/Video Distribution Transport Protocol，AVDTP）、音频/视频控制传输协议（Audio/Video Control Transport Protocol，AVCTP）等 Profile 构成；低功耗蓝牙则由 GATT 服务构成。
- 传输层提供了逻辑链路的建立、数据传输和逻辑链路的释放等功能。经典蓝牙与低功耗蓝牙均使用逻辑链路控制和适配层协议（Logical Link Control and Adaptation Layer Protocol，L2CAP）来实现数据的多路复用和解复用，并在给定的链路上通过数据分组、重组和差错控制来保证数据传输的可靠性。

● 数据链路层提供了对底层链路的控制与维护。经典蓝牙与低功耗蓝牙在链路管理
上的主要区别是：经典蓝牙由链路管理协议控制链路的创建、修改和释放等逻辑，
同时也负责维护蓝牙设备间的连接参数；低功耗蓝牙由链路层负责广播、扫描、
连接建立与维护等功能。

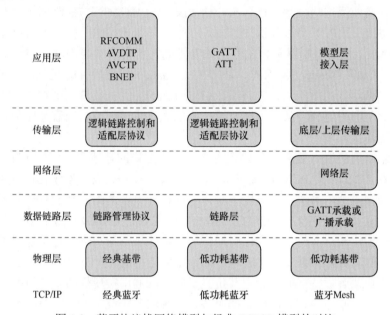

图 1-2　蓝牙协议栈网络模型与经典 TCP/IP 模型的对比

蓝牙 Mesh 在 2017 年 7 月由蓝牙技术联盟首次发布，并于 2019 年 1 月更新为 1.1 版本。
蓝牙 Mesh 基于低功耗蓝牙技术并全面支持网状网络，可在蓝牙设备间提供多对多的数据
传输，因此非常适合构建大范围的网络覆盖，常用于楼宇自动化、无线传感器网络等物联
网解决方案。

蓝牙 Mesh 协议栈网络模型与其他协议栈不同，具体体现如下。

● 在应用层，蓝牙 Mesh 由蓝牙技术联盟或厂商自定义的模型（Model）组成。如常
见的开关模型（Switch Model）可将支持蓝牙 Mesh 的设备定义为一个开关或控
制器。

● 在传输层，蓝牙 Mesh 主要负责数据分片/重组与数据的加解密操作。

● 在网络层，蓝牙 Mesh 有复杂的网络管理功能，负责数据的中继与转发。

● 在链路层，蓝牙 Mesh 有面向无连接的广播承载（Provisioning Bearer ADV，
PB-ADV）和面向 BLE 连接的 GATT 承载（Provisioning Bearer GATT，PB-GATT）。
蓝牙 Mesh 通常建立在 PB-ADV 上，而 PB-GATT 用于兼容不支持蓝牙 Mesh 广播
的历史设备。

1.2.3　蓝牙核心协议架构

根据功能，可将蓝牙核心协议划分为主机协议与控制器协议两大模块。蓝牙核心协议架构包含一个主机和一个或者多个控制器。根据实现的规范的不同，控制器又分为 BR/EDR 控制器、低功耗（Low Energy，LE）控制器和可选接入层与物理层（Alternate MAC/PHY，AMP）控制器。根据蓝牙设备支持的控制器的不同，蓝牙核心架构的实现有如下几种方式。

- 图 1-3 所示的蓝牙主机和控制器组合（从左至右）：LE 主控制器、BR/EDR 主控制器、BR/EDR 主控制器加一个 AMP 辅助控制器、一个 BR/EDR 主控制器加多个 AMP 辅助控制器。

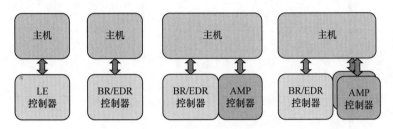

图 1-3　蓝牙核心架构 1

- 图 1-4 所示的蓝牙主机和控制器组合（从左至右）：BR/EDR 和 LE 主控制器、BR/EDR 和 LE 主控制器加一个 AMP 辅助控制器、BR/EDR 和 LE 主控制器加多个 AMP 辅助控制器。

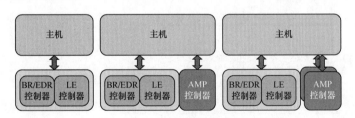

图 1-4　蓝牙核心架构 2

仅支持低功耗控制器的设备属于单模蓝牙设备，其架构模式如图 1-3 的最左侧所示，具有该架构模式的蓝牙设备只支持低功耗蓝牙，其复杂度较低，很适合资源消耗较少的小型设备使用。此类典型的设备有蓝牙手环、蓝牙体脂秤等。

同时支持 LE 控制器与 BR/EDR 控制器的设备称为双模蓝牙设备，其架构如图 1-4 所示。具有该架构的蓝牙设备同时支持经典蓝牙与低功耗蓝牙，因此在设计上要兼容两者的差异。双模蓝牙设备通常具有较大的复杂度，可适用于多样化的场景。此类典型的设备有手机、车载蓝牙设备等。

支持 AMP 控制器的蓝牙设备可以高速传输数据，AMP 控制器通常由 802.11 协议适配层（Protocol Adaptation Layer，PAL）、802.11 介质访问控制层（MAC）、物理层（PHY）和可选的主机控制器接口（HCI）层组成。由于移动网络的快速发展，支持 AMP 控制器的蓝牙设备应用范围较少。这类典型的设备有蓝牙适配器。

蓝牙核心协议的架构如图 1-5 所示。主机与控制器这两个模块都有一组关联的协议来提供相应的管理服务。服务分为 3 种类型，分别如下。

- 设备控制服务：用于修改蓝牙设备的行为和模式。
- 传输控制服务：用于创建、修改、释放蓝牙协议的数据承载通道。
- 数据传输服务：用于传输与交换蓝牙协议数据。

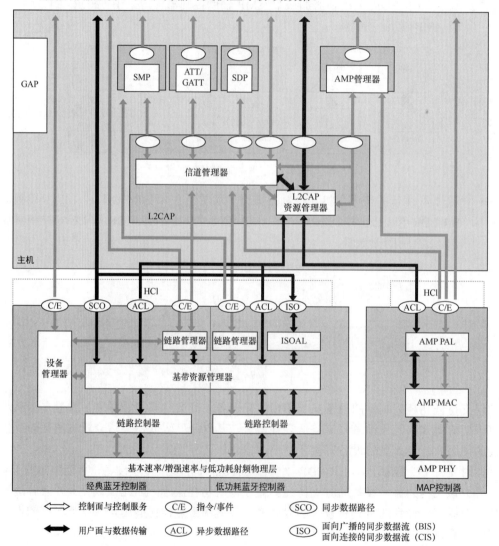

图 1-5　蓝牙核心协议的架构

在图 1-5 中，黑线代表数据，灰线代表控制信令，主机与控制器主要以命令（Command）、事件（Event）的形式交互数据。主机与控制器建立的逻辑链路有 3 种类型。

- 异步无连接链路（Asynchronous Connectionless Link，ACL）：主要用于分组数据传输。主设备负责控制链路带宽，并决定每个从设备可以占用多少带宽。
- 同步面向连接和增强型同步面向连接（Synchronous Connection Oriented & Enhanced SCO，SCO&eSCO）链路：主要用于语音数据传输。主设备通过有规律地保留时隙来保障与从设备传输语音的及时性。
- 同步链路（Isochronous Link，ISO）：适用于低功耗蓝牙的同步链路和对应的同步适配层（Isochronous Adaptation Layer，ISOAL），是蓝牙 5.2 中新增的特性。根据传输信道和连接策略，它分为连接模式和非连接模式两种链路。

蓝牙核心协议架构各层次模块的简单说明如下。

- 蓝牙射频物理层（RF）：包括 BR/EDR、LE 以及 AMP 这 3 种不同的物理层实现，负责在物理信道上收发蓝牙数据包。
- 链路控制器（Link Controller）和基带资源管理（Baseband Resource Management）：链路控制器负责链路控制，主要是根据当前物理信道参数、逻辑信道参数等将数据组装成蓝牙数据包，然后通过链路控制协议实现数据包的流控、确认和重传等机制；基带资源管理主要用于管理射频等资源。
- 链路管理器（Link Manager）：主要负责创建、修改和释放蓝牙逻辑连接，同时也负责维护蓝牙设备之间物理连接参数。它的功能主要通过链路管理协议（Link Management Protocol，LMP）和链路层协议（Link Layer Protocol，LLP）实现。
- 设备管理器（Device Manager）：主要负责控制蓝牙设备的通用行为（蓝牙数据传输之外的行为），如查询附近的蓝牙设备、本地蓝牙设备是否可被发现，以及连接其他蓝牙设备等；同时通过主机控制器接口命令控制本地设备行为，如管理本地设备名称、存储连接密钥和其他功能。
- 主机控制器接口（HCI）：该模块是可选的，主要用于在控制器和主机模块之间进行沟通。主机和控制器之间采用串口或 USB 等作为物理接口，以 HCI 协议进行通信。
- 同步适配层（Isochronous Adaptation Layer，ISOAL）：提供数据流分段、数据包重组服务。
- 可选介质访问控制协议适配层（Alternate MAC/PHY Protocol Adaptation Layer，AMP PAL）：提供可选的适配接口，适配主机访问指定物理层的命令，并根据指定的流程规范提供物理层信道管理、数据通信、功率效率等信息。
- 逻辑链路控制与适配协议信道管理器（Logical Link Control and Adaptation Protocol Channel Manager，L2CAP CM）和逻辑链路控制与适配协议资源管理器（Logical Link Control and Adaptation Protocol Resource Manager，L2CAP RM）：L2CAP CM

主要负责创建、管理、释放 L2CAP 信道；L2CAP RM 管理负责统一管理、调度 L2CAP 信道上传递的数据包，确保具有高服务质量（Quality of Service，QoS）的数据可以获得对物理信道的优先使用权。

- 安全管理器协议（Security Manager Protocol，SMP）：SMP 是一个点对点的协议，基于专用的 L2CAP 固定信道，用于生成加密（Encryption）密钥和识别（Identity）密钥。

- 服务发现协议（Service Discovery Protocol，SDP）：SDP 也是一个点对点的协议，用于发现其他蓝牙设备能提供哪些配置以及发现这些配置特性。在发现相关配置服务的信息后，发起端的蓝牙可进一步连接对方的服务。

- 可选介质与物理层管理器（Alternate MAC/PHY Manager）：基于 L2CAP 信道，用于确认对端设备是否支持 AMP 链路，以及收集用于建立 AMP 链路的信息。

- 通用接入规范（Generic Access Profile，GAP）：GAP 是所有其他应用模型的基础规范，它定义了蓝牙设备间建立基带链路的通用方法，为蓝牙设备提供了通用的访问功能，包括设备发现、连接、认证和服务发现等，确保了蓝牙互操作的兼容性。

1.2.4　经典蓝牙协议栈架构

经典蓝牙协议栈在架构上分为应用层、主机与控制器 3 个部分，其架构如图 1-6 所示。在图 1-6 中，各个模块的含义如下。

- 物理层（Physical Layer，PHY）：经典蓝牙协议栈的物理层将 2.4GHz 频段划分为 79 个物理信道，每个信道的宽度为 1MHz。信道分为 5 种信道类型：两种数据专用信道（分别是 Basic Piconet Channel 和 Adapted Piconet Channel）、一种设备发现信道（名为 Inquiry Scan Channel）、一种设备连接信道（名为 Page Scan Channel），以及一种用于获取时钟与频率信息的信道（名为 Synchronization Scan Physical Channel）。

- 基带与链路控制（BaseBand & Link Controller）：主要用于处理信道选择、信道链路包收发控制以及信道编解码——将高层协议数据进行信道编码传递给物理层，同时解码物理层射频数据并向高层传递。

- 链路管理器协议（Link Manager Protocol，LMP）：用于处理链路的建立与释放、链路安全、主从切换和功率控制等链路管理操作。

- 主机控制器接口（Host Controller Interface，HCI）：HCI 建立在主机与控制器之间，当蓝牙设备建立连接时，蓝牙设备的主机与控制器之间会建立用于传递数据与指令的 HCI 通道。HCI 通道传输的 HCI 数据分为 3 类。

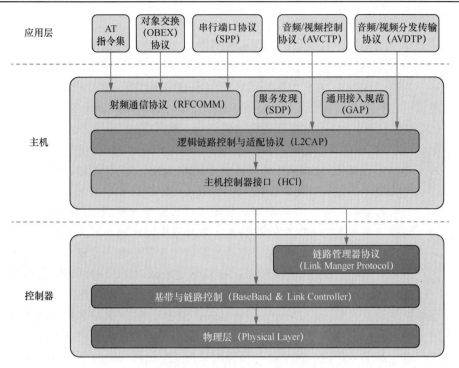

图 1-6　经典蓝牙协议栈的架构

> 命令（Command）：由主机发往控制器，用于配置控制器状态、管理链路策略、请求控制器完成操作等。命令包括如下细分的子命令。

　　◇　链路控制命令：用于控制控制器的行为，如创建蓝牙链路。

　　◇　链路策略命令：用于修改或管理链路层的策略，如设置呼吸模式以及进行角色切换（Role Switch）。

　　◇　控制器与基带命令：用于直接控制蓝牙硬件，如重置基带命令。

　　◇　信息参数命令：用于读取芯片厂商对控制器的固定配置，如获取控制器支持的命令或特性列表。

　　◇　状态参数命令：用于读取当前链路管理与基带的状态参数，如读取接收信号强度指示（RSSI）。该命令只能读取值而不能进行修改。

　　◇　测试命令：用于对蓝牙硬件进行测试，如开启测试模式。

> 事件（Event）：由控制器发往主机，用于对主机发送的命令进行反馈。事件包括如下 3 种基本的类型。

　　◇　通用命令完成事件：表示控制器执行命令完毕，返回的事件包含执行命令的操作码与执行命令的返回参数。

　　◇　通用命令状态事件：表示控制器对命令的响应，在等待操作完成返回特定命令完成事件。

❖ 特定命令完成事件：表示控制器执行命令后的结果，如建立连接时，首先返回建立连接状态事件；等连接建立后，再返回连接完成事件。

➢ 数据（Data）：主机与控制器之间传输的应用数据，如 ACL 数据。

- 逻辑链路控制与适配协议（Logical Link Control and Adaptation Protocol，L2CAP）：L2CAP 协议用于协商与建立逻辑通信信道，新创建的信道标识符根据需求动态分配。L2CAP 具有以下功能。

  ➢ 协议信道复用：L2CAP 可以区分上层的 SDP、RFCOMM、TCS 等协议，多个信道可绑定一个协议，但一个信道不可以绑定多个协议。

  ➢ 分段与重组：L2CAP 可实现基带短协议数据单元和应用层长数据单元的相互转换，最大支持 64KB 的数据包，分段与重组功能为可选配置。

  ➢ 差错控制和重传：能否进行差错控制取决于基带是否正确接收到分组头以及基带分组中的头错误检测（Header Error Check，HEC）和循环冗余检测（Cyclic Redundancy Check）的差错校验是否正确；重传用于防止分组数据丢失。

- 服务发现协议（Service Discover Protocol，SDP）：SDP 采用客户端/服务器结构，服务器所维护的服务包含在服务记录中，服务记录由服务属性表组成，服务属性表包含一组服务属性，每个服务属性由属性 ID 及属性值两个部分组成。SDP 强制要求必须包含以下两个服务属性。

  ➢ ServiceRecordHandle：固定为 4 字节，用于区分不同的服务属性。

  ➢ ServiceClassIDList：标识当前服务的 UUID，通常是 SIG 规定的服务 UUID，也可以是自定义服务的 UUID。

- 射频通信（Radio Frequency Communication，RFCOMM）协议：基于 L2CAP 的串行模拟，支持在两个蓝牙设备间建立高达 60 路的通信连接。

- 指示协议（Attention，AT）：用于交换数据的一种协议，可以通过指示协议进行电话呼叫、短信、电话本、数据业务和传真等方面的控制。在蓝牙语音通话时，也可通过 AT 命令修改语音数据传输的配置信息，如语音编码。

- 对象交换（Object Exchange，OBEX）协议：用于传输数据对象，在蓝牙应用中主要用于文件传输。

- 串行端口协议（Serial Port Profile，SPP）：用于在蓝牙设备间协商与创建虚拟串行通信接口，通过 SPP 建立的虚拟串口可以稳定地进行数据传输。

- 音频/视频控制协议（Audio/Video Control Transport Protocol，AVCTP）：描述了蓝牙设备间音频/视频控制信号的交换格式和机制，定义了控制命令的发送方与接收方角色。通过蓝牙耳机控制手机音频的播放、暂停、上一曲、下一曲等操作都依赖于 AVCTP。

- 音频/视频分发传输协议（Audio/Video Distribution Transport Protocol，AVDTP）：

描述了蓝牙设备间音频/视频流数据的格式与传输机制，规定了音频/视频流的建立和管理等过程。

1.2.5 低功耗蓝牙协议栈架构

低功耗蓝牙是经典蓝牙的扩展，专门在低成本、低带宽、低功耗与低复杂性方面进行了优化。低功耗蓝牙的设计目标与经典蓝牙不同，它以经典蓝牙技术为基础，在协议层次上进行了优化，以达成设计目标。

低功耗蓝牙协议栈架构也分为 3 部分：应用层、主机和控制器，如图 1-7 所示。

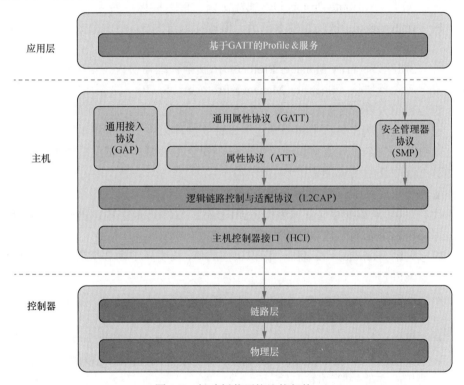

图 1-7　低功耗蓝牙协议栈架构

各个模块的介绍如下。

- 物理层（Physical Layer，PHY）：低功耗蓝牙的物理层使用高斯频移键控（Gaussian Frequency Shift Keying，GFSK）调制无线信号，将 2.4GHz 频段划分为 40 个射频信道（包括 3 个广播信道与 37 个数据信道）。
- 链路层（Link Layer，LL）：链路层负责广播、扫描、连接建立与维护、数据校验与加密，是 BLE 中最复杂的部分。链路层的信道分为两种，分别是广播信道和数据信道：未建立连接的设备使用广播信道发送/接收数据；连接建立后设备利用数据信道传输数据。

- 主机控制器接口（Host Controller Interface，HCI）：提供主机与控制器通信的标准接口。低功耗蓝牙 HCI 命令的命令组字段（Opcode Group Field，OGF）的大小固定为 6 比特。

- 逻辑链路控制与适配协议（Logical Link Control and Adaptation Protocol，L2CAP）：L2CAP 协议用于协商与建立逻辑通信信道，低功耗蓝牙使用固定逻辑通信信道传输协议数据。固定信道的好处是一旦底层建立连接，即可立即被使用，从而避免了建立信道时带来的额外时间消耗。BLE 使用固定信道的协议包含以下 3 种：

  - ➢ ATT（Attribute Protocol）：属性协议，信道标识符为 4。
  - ➢ BLE Signal：低功耗信令信道，信道标识符为 5，用于命令拒绝、连接参数更新等动作。
  - ➢ SMP（Security Manager Protocol）：安全管理器协议，信道标识符为 6。

- 安全管理器协议（Security Manager Protocol，SMP）：主要用于 BLE 设备间的配对与密钥分发。设备配对是获取对方设备信任的过程，通常采用认证的方式实现；密钥分发是从设备将密钥分发给主设备的过程，用于在链路加密与重连时迅速认证身份。安全管理器协议还提供了一个安全工具箱，负责生成数据的哈希值及配对过程中使用的短期密钥。

- 属性协议（Attribute Protocol，ATT）：定义了访问服务端设备数据的规则（比如读、写等），数据存储在属性服务器的属性（Attribute）中，供属性客户端执行读写操作。每个属性包含如下内容。

  - ➢ 句柄（Handle）：设备唯一标识属性的值，长度固定为 2 字节，范围为 0x0001～0xFFFF。
  - ➢ 属性类型（Attribute Type）：用于标识属性的 UUID，以区分不同的属性，如计量单位、特性描述、属性类型等。
  - ➢ 属性值（Attribute Value）：表示设备的公开信息，长度为 0～512 字节。
  - ➢ 属性权限（Attribute Permission）：用于设置属性的访问权限，包括使用许可、认证许可与授权许可。

- 通用属性协议（Generic Attribute Protocol，GATT）：引入了服务（Service）、特性（Characteristic）的概念，定义了将 ATT 属性分组成为有意义的服务的方式。

  - ➢ 服务：是一组特性与特性公开行为的集合。
  - ➢ 特性：是具有固定格式且以 UUID 进行标识的一块数据。特性是 GATT 中最基本的数据单位，由性质（Property）、值（Value）、一个或者多个描述符（Descriptor）组成。
    - ◇ 性质：定义了属性值和属性描述的使用方式，如定义属性值是否可读、可写。

✦　值：是性质的实际值，如有一个名字为温度的性质，其属性值就是温度。

✦　描述符：保存了一些和属性值相关的信息，如客户特性配置（Client Characteristic Configuration）定义了性质的通知（notification）消息是否开启。

● 通用接入协议（Generic Access Protocol，GAP）：定义了设备如何被发现以及连接与绑定的基本要求。

1.2.6　蓝牙 5.2

2020 年 1 月 6 日，SIG 发布了新的蓝牙 5.2 版本，它最引人注目的是引入了下一代蓝牙音频，即低功耗音频（LE Audio）。LE Audio 不仅支持连接状态及广播状态下的立体声，还通过一系列的规格调整增强了蓝牙音频性能，包括缩小延迟和通过低复杂度通信编解码器（Low Complexity Communications Codec，LC3）增强音质等。蓝牙 5.2 的更新在技术上主要体现在如下 3 个方面：

● LE 同步信道（LE Isochronous Channel）；
● 增强型 ATT（Enhanced Attribute Protocol，EATT）；
● LE 功率控制（LE Power Control）。

下面分别来看一下。

1. LE 同步信道

LE 同步信道定义了有时间依赖的数据传输信道和传输策略。LE 同步信道又分为连接模式与非连接模式两种类型。连接模式定义了主设备与多连接设备之间数据同步的机制，它采用同步连接串流（Connected Isochronous Stream，CIS）逻辑信道传输数据；非连接模式则定义了广播者与接收者之间数据同步的机制，它采用同步广播串流（Broadcast Isochronous Stream，BIS）逻辑信道传输数据。LE 同步信道使得蓝牙音频不再局限于单一的点对点连接，拓展了新的音频应用场景。

（1）多流音频（Multi-Stream Audio）

多流音频是低功耗音频的主要新特性之一，它能够在音频源设备（如智能手机）和一个或多个音频接收设备（如耳机）之间传输多个独立的同步音频流。为了支持多流音频，蓝牙 5.2 引入了同步连接组（Connected Isochronous Group，CIG）和同步连接串流两个新概念，如图 1-8 所示。

CIG 由中心设备创建。在建立 CIG 时，中心设备同时指定参数 ISO 间隔（ISO Interval）。在建立连接之后，CIG 可以建立一个或多个 CIS（蓝牙 5.2 规定最大支持的 CIS 为 31 个）。CIS 是中心设备和外围设备之间的点对点数据流，其通信是带有应答的双向通信。

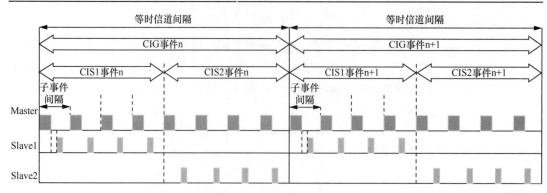

图1-8　CIG和CIS示意图

每个CIS中又定义了子事件（Sub Event）。子事件是数据传输的最小单元，在这些子事件中，中央和外围设备使用特定的PDU交换分组数据。蓝牙5.2规定一个CIS中最多包含31个子事件，在每个子事件中，主从设备一收一发，完成一次数据交互。子事件之间的最小间隔按需确定，最小为400μs。

在图1-8所示的时隙图中，主机（Master）与两个从设备（Slave1和Slave2）建立连接。两个从设备（Slave1、Slave2）在同一个CIG中，但处于不同的CIS中。在图1-8中，每个CIS划分为4个子事件，在每个CIS子事件中，主从设备持续地传输数据。首先由Slave1占用时隙，在CIS1中连续传输数据，之后切换到CIS2，由Slave2占用时隙传输数据，这种模式称为顺序发送模式。相应地，还有交错发送模式，即CIS1与CIS2中每个子事件交替传输数据。由此可见，蓝牙5.2在时隙划分上更加精细，相应的数据调度也更加细致，这使得蓝牙能够在较低延迟的情况下，传输多个音频流。

（2）音频共享（Audio Sharing）

音频共享是LE Audio的一个重要应用，它使音频源设备（如智能手机）能够向无限数量的音频接收设备（如音箱、耳机）广播一个或多个音频流。为了支持音频共享，蓝牙5.2引入了同步广播组（Broadcast Isochronous Group，BIG）和同步广播串流（Broadcast Isochronous Stream，BIS）两个概念，如图1-9所示。

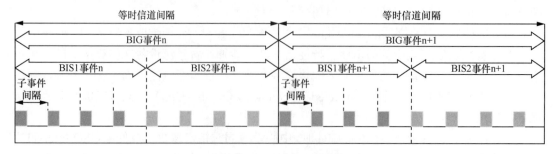

图1-9　BIG和BIS示意图

在蓝牙同步广播场景中，有同步广播者（Isochronous Broadcaster）和同步接收者（Synchronized Receiver）这两种类型的设备。前者周期性地广播数据，后者周期性地接收数据。需要说明的是，蓝牙同步广播使用的是蓝牙 5.0 版本中提出的周期广播（Periodic Advertising），周期广播中包含同步广播的控制字段，有了相关控制字段信息，同步广播与接收者就可以建立单向通信机制。BIG 由同步广播者创建，一个 BIG 事件中可包含一个或多个 BIS，蓝牙 5.2 规定最多 31 个 BIS。BIS 是一对多的数据流，它采用了无应答的广播包传输机制。此外，BIS 还可以划分为一个或多个子事件，在这些子事件中，中心设备广播发送特定的广播同步数据单元，该数据单元可由同步接收者接收和处理。在图 1-9 中，每个 BIG 中包含两个 BIS，每个 BIS 占用一定时隙，独立地广播蓝牙数据。

2. 增强型 ATT

蓝牙 5.2 在 L2CAP 层新增了基于信用的增强流量控制模式（L2CAP Enhanced Credit Based Flow Control Mode），当 L2CAP 信道采用了该模式后，在其信道内的传输被认为是可靠的。L2CAP 信道模式决定了 ATT 承载上属性协议的行为，如果 L2CAP 信道模式使用基于信用的增强流控模式，则 ATT 承载称为增强型 ATT 承载。任何不是增强型 ATT 的 ATT 承载，以及其他的 L2CAP 信道模式，则称为非增强型 ATT 承载。

增强型 ATT 承载可并行处理不同应用程序交织后的数据包，允许 ATT 最大传输单元（MTU）在连接过程中动态变化。在蓝牙 5.1 及之前的版本中，ATT 与 L2CAP 之间的 MTU 的大小是固定的，一旦连接建立，应用的 MTU 便一一对应且固定不可更改；事务的处理是顺序的，不支持并发。对于蓝牙 5.2 的 EATT，EATT 修改了顺序事务模型，允许堆栈处理并发事务，而且新增的流量控制提升了 EATT 的稳定性。也就是说 EATT 协议允许并发事务可以在不同的 L2CAP 信道上执行。MTU 在 ATT 和 L2CAP 之间不再一一对应，可以独立配置，因此 ATT 和 L2CAP 之间的 MTU 和 PDU 的大小可以动态调节，不同业务之间的 PDU 也可以交叉处理。若有多个应用程序同时运行，EATT 可显著减少某个程序独占堆栈的时间，提升总体的数据吞吐量，降低应用程序的延迟，改善用户体验。

蓝牙 5.2 在 L2CAP 层新加了两个协议数据单元指令，这两个指令用于在两个设备间建立最多 5 个 L2CAP 信道。新加入的指令介绍如下。

- L2CAP_LE_CREDIT_BASED_CONNECTION_REQ：连接请求指令，指定连接发起方的最大服务数据传输单元（Maximum Transmission Unit，MTU）与最大包长（Maximum PDU Payload Size，MPS），并且指定发起方的初始信用窗口。
- L2CAP_LE_CREDIT_BASED_CONNECTION_RSP：连接响应指令，指定连接回复方的最大服务数据传输单元与最大包长，并且指定回复方的初始信用窗口。

蓝牙 5.2 也在 ATT 层增加了新的 ATT 协议指令，可实现之前需要多个 ATT 指令交互才能实现的功能，因此精简了蓝牙数据的交互流程，增强了数据读取的效率。新增加的指令介绍如下。

- ATT_READ_MULTIPLE_VARIABLE_REQ：用于请求服务器读取一组具有可变或未知长度的属性的两个或多个值。
- ATT_READ_MULTIPLE_VARIABLE_RSP：用于返回客户端请求的多个属性数据，返回值包含已读属性的长度和值。
- ATT_MULTIPLE_HANDLE_VALUE_NTF：服务器可以随时发送两个或多个属性值的通知，通知中包含一系列属性长度值数据列表（Handle-Length-Value）。

增强型 ATT 的提出使得 ATT 与 L2CAP 间不再使用相同的 MTU 配置，ATT 承载大数据的能力得到增强。如图 1-10 所示，若 L2CAP 的 MTU 小于 ATT 的 MTU，则较大的 ATT 原始数据包将会被分片，分片后的数据包交叉传递到 L2CAP 层，因此 L2CAP 层的 PDU 将包含多个应用的数据包，这些应用数据会被 L2CAP 层并行处理，这减少了由于协议栈数据阻塞导致的应用延迟问题，提升了多个应用同时使用蓝牙的体验。

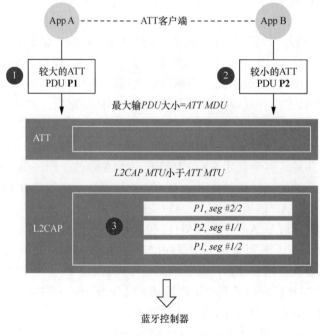

图 1-10　增强 ATT 示意图

3. LE 功率控制

蓝牙 5.2 可动态管理发射功率。通常情况下，接收器接收的信号需要一定的信噪比，因此发射方的功率不应过高或过低。对接收器而言，只有信号强度落在适当的匹配区域，其性能才能达到最佳状态——不会因为信号太强而饱和，也不会因为信号太弱而产生解码错误。蓝牙 5.2 的功率控制功能通过对 RSSI 的监控，来通知发射方增大或降低发射功率。

对于在使用时设备之间的距离经常发生变化的应用来说，这可以让应用具有所需的最佳功耗，从而达到节省功耗的目的。

蓝牙 5.2 在链路层增加了相应的控制协议数据单元，在相应的主机控制器接口上也增加了对应的接口指令，以提供功率控制功能。需要说明的是，低功耗功率控制（Low Energy Power Control，LEPC）功能是面向连接的，主设备与从设备都可以发起功率调整请求，而设备在广播数据时，则不支持对其进行功率调节。

从蓝牙 5.2 版本扩展提升的技术特性看，在可以预见的未来，这些技术必将极大地促进低功耗蓝牙设备在音频、智能家居等领域的发展。尤其是 LE Audio 和多流音频技术，当前已有众多厂商积极入场抢占先机，推出了具有相应功能的产品。

1.3　蓝牙芯片

由于众所周知的原因，芯片制造和芯片供应当前成为各大科技厂商关注的焦点。如何保证产品的供应安全、供应充足，成为科技厂商的重要考量。而随着蓝牙技术在无线可穿戴、工业和智能家居等领域的深入应用，市场对蓝牙芯片的需求量也越来越大。据 SIG 估计，到 2023 年，蓝牙设备的年度总出货量将增加到 54 亿台，它们将广泛用于个人穿戴、车载、医疗、智能建筑和工业等领域。

下面了列出了国外部分蓝牙芯片和方案提供商。

- 德州仪器（TI）：世界上知名的模拟电路技术部件制造商，全球领先的半导体跨国公司，主要从事创新型数字信号处理与模拟电路方面的研究、制造和销售。TI 在 2002 年推出了单芯片蓝牙模块 BRF6100，功耗控制在 25mW 左右，非常省电，这也进一步拉低了蓝牙芯片的价格。TI 在其开发的 CC26XX SimpleLink 无线微控制器中集成了蓝牙、ZigBee 和 6LoWPAN 标准。正是基于 TI 的 CC2640R2F 芯片，昇润科技公司（国内一家专业的 BLE 蓝牙模组与方案厂商）随后推出了 HY-40R201 系列和 HY-40R204 系列的 BLE 模组，该模组内置了蓝牙 4.2 BLE 协议，也对蓝牙 5.0 提供了支持。
- 剑桥硅晶无线电（Cambridge Silicon Radio，CSR）：于 1998 年诞生于英国剑桥，主要产品是蓝牙芯片与音频处理芯片，在音频领域具有很强的技术实力。2014 年 10 月，高通斥资 25 亿美元收购了 CSR，这场手机芯片龙头与蓝牙芯片厂商的联姻被看作是"天作之合"——CSR 有了强有力的靠山，能抵抗众多芯片厂商纷纷将蓝牙技术整合到 SoC（系统级芯片）所带来的风险，高通亦借此整合了 CSR 优秀的蓝牙芯片设计能力。
- 博通：创立于 1991 年，是无线连接领域最大的半导体公司之一。博通是 WiFi、蓝牙与 NFC 领域的领导厂商之一，同时还主导着 SoC 架构的开发。博通的 BCM

无线产品系列广泛地应用于移动设备、穿戴电子产品、家庭终端产品，以及诸如汽车电子与机器人等新兴市场。

- 意法半导体（SGS-THOMSON Microelectronics，ST）：全球领先的半导体供应商，业务横跨多重电子应用领域。2017 年 7 月 12 日，ST 推出了 BlueNRG-2 智能蓝牙芯片。该芯片集成能效极高的可编程处理器，并且具有较低的功耗，可以满足市场对低能耗蓝牙技术的全部需求。

- Nordic：源于特隆赫姆大学的一家校办企业，于 1983 年独立出来，现在是挪威奥斯陆证券交易所的上市公司。多年以来，Nordic 一直专注于低功耗无线连接技术。2016 年，Nordic 占据了低功耗蓝牙 40% 的市场份额，同时还涉足智能家居、工业自动化、保健及医疗检测等 IoT 领域。

- 戴乐格半导体（Dialog Semiconductor，Dialog）：是推动移动设备和物联网发展的领先的集成电路供应商。2014 年，Dialog 实现了约 11.6 亿美元的营业收入，是欧洲发展最快的上市半导体公司之一。Dialog 推出了 SmartBond 系列首款支持蓝牙 5.0 SoC 的芯片产品 DA14586。

物联网、可穿戴设备和智能硬件等市场需求的发展带动了蓝牙市场的发展，国内也因此出现了不少蓝牙芯片公司。

- 络达科技：成立于 2001 年，是一家无线芯片生产厂商，其前身为明基（BenQ）的半导体设计部门。该公司的产品主要包括手机功率放大器（PA）、射频开关、无线 LAN 和蓝牙系统单芯片等。2017 年，络达科技被联发科并购。

- 炬芯科技：是炬力集成电路设计公司的全资子公司，主打芯片业务，还把蓝牙音频芯片的开发作为重点。该公司推出的 ATS2823、ATS2825、ATS2829 都是蓝牙 4.2 双模芯片。炬芯科技于 2011 年进入蓝牙音频市场，到了蓝牙呈井喷式爆发的 2016 年，炬芯科技又迅速将蓝牙音频产品作为品牌重点产品线去打造，全面布局高、中、低端市场。

- 锐迪科：成立于 2004 年，是中国领先的射频及混合信号芯片供应商，于 2014 年被纳入紫光旗下。锐迪科属于蓝牙芯片的前辈，相关产品相当丰富。2020 年 6 月，锐迪科推出首款基于"锐连"物联网芯片开放平台的蓝牙双模单芯片 RDA5856，该芯片具有强大的音频处理和蓝牙连接功能，可为蓝牙音响、车载终端和智能家居等消费电子市场提供普及型的物联网解决方案。

- 杰理科技：成立于 2010 年，主要从事射频智能终端和多媒体智能终端等系统级芯片（SoC）的研究、开发和销售。该公司的产品主要应用于 AI 智能音箱、蓝牙音箱、蓝牙耳机、智能语音玩具、超高清记录仪、智能视频监控和血压计等物联网智能终端产品，可见其下游应用产品市场十分广泛和巨大。该公司为国内外客户提供了通用、高性能且低功耗的蓝牙、视频和集成电路处理器的无线通信连接系统芯片，并为智慧城市、智慧家庭和物联网等多种应用场景提供了完整的无线通信解决方案。

除上述厂商外，恒玄科技、中科蓝讯、昇润科技等厂商也在蓝牙领域占据重要的市场地位。

在芯片制造方面，蓝牙主控芯片的主频一般不超过 400MHz，部分功能简单的产品甚至不超过 120MHz。因此蓝牙芯片对芯片制造技术要求不高，国内外厂商均有相应的制造工艺，可满足相应的生产需求。

此外，蓝牙技术并不局限于主控芯片，它也有一个完整的产业链。围绕着蓝牙主控芯片，配套的电池、充电仓、麦克风、模组和声学等供应链需求也非常广泛。以 TWS 耳机为例，主控芯片的方案提供商有苹果、联发科、高通和瑞昱等；微机电系统麦克风的提供商有瑞声科技、歌尔声学等；模组代工提供商有立讯精密、歌尔声学等；存储提供商有兆易创新、赛普拉斯等；电池提供商有亿纬锂能、LG 等；声学服务提供商有思必驰、地平线和国声声学等。

随着蓝牙技术的发展和应用场景的成熟，蓝牙产业链也取得了长足的发展。一些传统的音频厂商，如 Sony、万魔、漫步者、爱国者、先锋、QCY、捷波朗、博世和铁三角等，都已纷纷进入蓝牙领域。

1.4 蓝牙典型应用场景

1.4.1 概述

在过去 20 多年的发展过程中，蓝牙协议在不断迭代与完善。蓝牙协议的每次重大更新都会催生出新的技术变革，并带来很多创新场景与应用。不同的场景、应用和需求，反过来对蓝牙技术提出了更高的要求，也影响了蓝牙技术的发展路径。这使得蓝牙技术从个人短距离无线通信方案，逐步拓展到商业、工业级互连方案，以满足不断增长的无线创新需求。

总体来说，目前蓝牙的典型应用场景大致有 4 类：蓝牙音频传输、蓝牙数据传输、蓝牙位置服务和蓝牙 Mesh。

1.4.2 蓝牙音频传输

蓝牙音频传输是目前应用最广泛的蓝牙技术，在无线音频领域中占有主导地位。据估计，到 2023 年，蓝牙设备的年度总出货量将增加到 54 亿台，预计其中有 39% 支持蓝牙音频传输。为了持续改进蓝牙音频传输的体验，2020 年，蓝牙技术联盟在蓝牙 5.2 中推出了新一代的低功耗蓝牙音频（LE Audio）技术。相较于经典蓝牙音频，基于低功耗蓝牙的音频传输能够提供更好的音质与更低的功耗，并且带来了音频多流、音频共享等改变传统音频体验的创新应用，这进一步巩固了蓝牙在音频传输领域的主导地位。

蓝牙音频传输的典型应用包括以下 3 方面。

- 蓝牙耳机：蓝牙耳机作为最早面世的无线音频设备，其产品形态丰富多样，包括头戴式耳机、颈挂式耳机以及更加便携的 TWS 耳机等。蓝牙耳机的出现增加了个人娱乐、通话的隐私性，成为很多人不可或缺的电子产品。得益于耳机上下游厂商的不懈努力，蓝牙耳机被诟病的音质问题也得到很大改善，如支持高清语音编码与主动降噪的蓝牙耳机在音质体验上已接近无损级别。

- 蓝牙音箱：蓝牙音箱主要用于室内家庭高保真娱乐系统或户外场景。户外场景下适合使用便携防水的蓝牙音箱，可缓解用户在骑行或登山等活动中的疲劳；在家庭等室内场景下则更加注重音箱的音质，因此体型稍重的蓝牙音箱，在结构设计上会增加音腔容积，从而营造出更加出色的低音效果。在多个音箱的场景下，通过协同区分声道，可以组合成立体声或环绕声，使得音质质量进一步提升，从而满足用户在家庭场景下对高品质音频的需求。

- 车载系统：车载系统是汽车设备中结合了硬软件的一体化系统，车载系统中的蓝牙应用可与智能手机配合，实现免提通话，从而使司机免于分心，提升了驾车的安全性。同时，车载系统中的蓝牙无线音频传输可替代传统的音频电台，这也提升了车辆行驶过程中的娱乐体验。其他蓝牙应用，比如蓝牙遥控钥匙、蓝牙胎压监测等，在车载系统中也逐渐流行开来。预计在 2023 年新生产的车辆中，有 93% 会将蓝牙作为标配，可见蓝牙在车载系统中会越来越普及。

1.4.3 蓝牙数据传输

蓝牙数据传输是蓝牙早期的主要发展和应用方向，即蓝牙作为短距离无线通信技术，替代繁杂的有线连接。早期经典蓝牙的数据传输关注的是数据的传输速率，它主要用于大数据量的信息传输。

蓝牙 4.0 和低功耗蓝牙的出现将蓝牙数据传输带入一个新的赛道，蓝牙传输逐渐过渡为用于进行低功耗、低成本和低宽带的数据传输。在蓝牙不断发展的过程中，得益于低功耗蓝牙基于 GATT 丰富多样的 Profile 以及自定义服务，其数据传输功能在物联网连接中得到了广泛的使用，蓝牙数据传输功能的使用占比甚至超过了 WiFi 与蜂窝网络。

此外，在 2016 年年底推出的蓝牙 5.0 中，新增了物理层 LE 2M PHY 和 LE Coded PHY，可实现更高速率传输和更长距离的连接，这大幅提升了低功耗蓝牙数据传输的性能，使得蓝牙数据传输应用得到进一步扩展。

蓝牙数据传输的典型应用包括以下应用场景。

- 智能穿戴：智能穿戴设备广泛应用于娱乐、运动等领域。蓝牙能对可穿戴设备（如

TWS 耳机、智能手表和智能手环等产品）进行赋能，可通过软件支持和云端交互等多种技术，实现步数监测、心率测定和睡眠监测等功能，如图 1-11 所示。

图 1-11　支持蓝牙的智能穿戴设备

- 健康医疗：健康医疗是大数据在医疗领域的分支应用。通过在医疗领域使用低功耗蓝牙技术，可以跟踪健康信息。比如，通过智能监测血压、血氧等信息，用户可以方便地了解自己当前的健康状态，科学地实现疾病防治与健康管理。同时，在医院或疗养机构，使用蓝牙连接的医疗设备可以对健康信息进行实时监测，实现对病人更加智能化的护理服务。
- 智能语音：智能语音是人工智能技术的重要组成部分，近年以来得到了广泛的应用。相较于传统的人机交互方式，智能语音交互带来了全新的交互体验。通过蓝牙传输语音数据，再配合智能手机与云平台的语音识别、自然语言处理等功能，可在传统蓝牙设备上实现智能语音助手功能，扩展智能语音技术的应用场景。比如，与红外遥控器相比，与智能电视搭配的蓝牙语音遥控器可实现更大范围、可靠的连接通信，语音控制也可以更加精确并可定制化。
- 无线配件：蓝牙无线配件让人们摆脱了有线的束缚，在生活中得到了广泛的应用。比如，蓝牙鼠标、蓝牙键盘是常见的无线配件；蓝牙开关、蓝牙灯可方便用户对灯光控制进行定制；蓝牙自拍杆、蓝牙玩具遥控器解决了有线连接不方便收纳的问题。这些无线蓝牙设备不需要额外的传输线路就可以保持连接状态，因此相当方便可靠且简洁。

1.4.4　蓝牙位置服务

蓝牙 5.1 版本中新增了蓝牙寻向功能（Direction Finding）。开启了该功能的蓝牙设备通过追踪蓝牙信号的方向，具备了测距、测向能力，而且使得定位精度提升到厘米级别。使用蓝牙技术开发的厘米级别的实时定位方案，包括室内导航、寻物、地标信息获取和资产跟踪等，可解决 GPS 难以覆盖室内的问题。可见，蓝牙位置服务与智能手机的结合，将大大提升用户的体验，蓝牙位置服务也将迎来新的发展契机和潜力。可以预见，蓝牙位置服务将成为未来智能手机中不可或缺的一个功能。

　　蓝牙寻向功能的基本原理就是利用无线电的相位差计算出位置信息。它主要是将到达角（Angle-of-Arrival，AoA）和出发角（Angle of Departure，AoD）两种定位技术加到了蓝牙的设计链路中，从而能够在室内的密闭空间（比如会场、广场和酒店等场合），通过一定的算法估算当前角度，实现更高精度的位置定位。蓝牙位置服务的示意如图 1-12 所示。

图 1-12　蓝牙位置服务

蓝牙位置服务的典型应用包括以下应用场景。

- 定位导航：蓝牙室内定位系统可帮助人们在机场、车站和商场等复杂环境中进行导航，其全新的定位方式使得系统的定位精度进一步提升，从而可以提供精准的室内复杂环境的定位、导航服务。比如，在室内商场，蓝牙位置服务可帮助用户快速找到出入口、电梯和洗手间。在大型展览馆以及博物馆中，蓝牙位置服务可为参观者提供智能导航与导览服务，帮助参观者快速找到展位或展品。

- 资产追踪：可以对资产或人员应用蓝牙位置服务，比如可在仓库中对工具与工人进行定位，实现人员监控围栏及人员定位追踪，以防止人员误入危险作业区域，保障人员安全。蓝牙位置服务也可以用来在医院中对医疗设备进行定位，如对救生物资进行实时定位，减少设备的找寻时间，实现对救生资源更加高效的利用。

- 防丢寻物：在个人物品的防丢与寻物方面，蓝牙位置服务提供了经济有效的新方法。用户可将蓝牙标签贴在钥匙、钱包和行李等个人财物上，然后通过支持蓝牙位置服务的手机应用程序进行寻找。而且，还可以根据位置的相对信息，实时防护个人物品。一旦物品脱离安全范围，蓝牙标签将立即发出警报，并通知用户的物品位置信息，以方便用户根据位置信息找回个人物品。

1.4.5 蓝牙 Mesh

蓝牙技术联盟于 2017 年发布蓝牙 Mesh（网格）规范，该规范定义了基于低功耗蓝牙的多对多网络拓扑结构，弥补了传统蓝牙点对点单一拓扑结构的缺陷，使得蓝牙可以提供多对多的数据传输。基于蓝牙 Mesh 技术，可以构建大范围的蓝牙设备网络，可用于楼宇自动化、无线传感器网络等物联网解决方案，如图 1-13 所示。

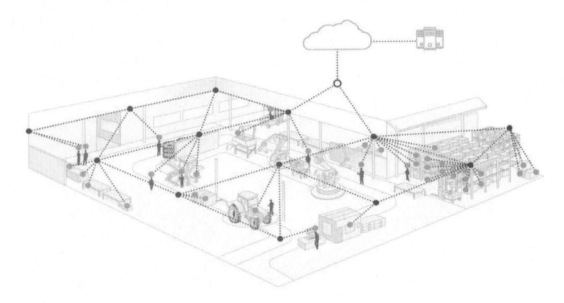

图 1-13   蓝牙 Mesh

蓝牙 Mesh 在以下场景有广泛应用。

- 控制系统：蓝牙 Mesh 在智能控制系统中有很好的应用，并成为很多控制系统首选的无线网络技术。它可以配合智能手机或其他智能终端，在智能楼宇与智能家居中实现如照明控制等先进的互连方案。
- 监控系统：蓝牙 Mesh 稳定且搭载能力强，可以结合传感器实现传感器的网络化部署，在监控系统中发挥感知与告警的作用。蓝牙 Mesh 能够传递传感器监测的环境光照、温湿度等信息，可帮助用户更好地满足设备生产、维护所需环境的要求。

- 智慧工业：蓝牙 5.0 中新增的物理层能让蓝牙传输更远的距离，有助于提高复杂的工业环境中无线连接的可靠性。同时，由于低功耗蓝牙在功耗、延迟、可靠性和距离等方面有很好的平衡，因此蓝牙 Mesh 能够为工业级解决方案提供有力支持，有助于降低实施成本，提高运营效率。比如，借助于蓝牙 Mesh 可以实现工厂内设备及大型机具的预测性维护及生产线的优化。

第 2 章

人工智能与蓝牙

2.1　人工智能发展

1956 年，以麦卡赛、明斯基、罗切斯特和香农等为首的一批有远见卓识的年轻科学家在一起聚会，共同研究和探讨用机器模拟智能的一系列有关问题，并首次提出了"人工智能"这一术语，它标志着"人工智能"这门新兴学科的正式诞生。

从 1956 年正式提出人工智能学科算起，60 多年来，该学科取得长足的发展，成为一门广泛的交叉和前沿科学。总体来说，人工智能的目的就是让计算机能够像人一样思考。如果人们希望做出一台能够思考的机器，那就必须知道什么是思考，更进一步讲就是什么是智慧。

2011 年至今，随着大数据、云计算、互联网和物联网等信息技术的发展，以及泛在感知数据和图形处理器等计算平台的推动，以深度神经网络为代表的人工智能技术飞速发展，大幅跨越了科学与应用之间的"技术鸿沟"，诸如图像分类、语音识别、知识问答、人机对弈和无人驾驶等人工智能技术实现了从"不能用、不好用"到"可以用"的技术突破，迎来了爆发式增长的新高潮。

如同蒸汽时代的蒸汽机、电气时代的发电机、信息时代的计算机和互联网，人工智能正在成为推动人类进入智能时代的决定性力量。随着技术的进步和发展，人类学习知识的方式也发生了很大变化，从原来的进化、经验和传承，演变为借助于计算机和互联网来实现知识的快速传播和高效学习，甚至知识和经验本身也来源于机器。这将对未来社会和人类发展产生深远影响。人工智能这个机遇与挑战并存的新课题引起了全球范围内的广泛关注和高度重视，全球各国、各大公司在人工智能创新发展存在未知性和不确定性的情况之下，依然对人工智能的研发和应用投入了巨大的人力、物力。从业界到个人，都普遍认可人工智能的蓬勃兴起将改变人们的生活方式，带来新的社会文明。

在充分认识到人工智能技术在新一轮产业变革中的重大意义后，各国纷纷抢滩布局人工智能领域。主要发达国家更是把发展人工智能作为提升国家竞争力、维护国家安全的重大战略，力争在国际前沿科技的竞争中掌握主导权。如美国前总统特朗普于 2019 年通过签署《维护美国人工智能领导力的行政命令》，旨在加强美国的国家和经济安全，确保美国在人工智能和相关领域保持研发优势；同时中国发布的《新一代人工智能发展规划》《促进新一代人工智能产业发展三年行动计划（2018—2020 年）》等政策的实施落地，也充分体现我国对人工智能战略的重视。

对我国来讲，在人工智能的发展方面具有市场规模、应用场景、数据资源、人力资源、智能手机普及率高、资金投入和国家政策支持等多方面的综合优势，因此业界非常看好人工智能在我国的发展前景。

全球顶尖的管理咨询公司埃森哲于 2017 年发布的《人工智能：助力中国经济增长》报告显示，到 2035 年人工智能有望推动中国劳动生产率提高 27%。2017 年我国发布的《新一代人工智能发展规划》提出，到 2030 年人工智能核心产业规模将超过 1 万亿元，带动相关产业规模超过 10 万亿元。在我国未来的发展征程中，"智能红利"将有望弥补人口红利的不足。

具体到产业发展来看，信息技术和信息产业的发展史，也是新老信息产业巨头抢滩布局信息产业创新生态的更替史。传统信息产业的代表企业有微软、英特尔、IBM 和甲骨文等，互联网和移动互联网时代的信息产业的代表企业有谷歌、苹果、脸书、亚马逊、阿里巴巴、小米、腾讯和百度等。人工智能创新生态包括纵向的数据平台、开源算法、计算芯片、基础软件和图形处理器等技术生态系统，横向的包括智能制造、智能医疗、智能安防、智能零售、智能家居等商业和应用生态系统。目前，智能科技时代的信息产业格局还没有形成垄断，因此全球科技产业巨头都在积极推动人工智能技术生态的研发布局，全力抢占人工智能相关产业的制高点。

具体到实际应用来看，一方面，人工智能作为新一轮科技革命和产业变革的核心力量，正在推动传统产业升级换代，驱动"无人经济"快速发展，并在智能交通、智能家居和智能医疗等民生领域产生了积极正面的影响。如正在兴起的"无人工厂"、"黑灯工厂"等，正是智能机器的应用体现。另一方面，个人信息和隐私保护、人工智能创作内容的知识产权、人工智能系统可能存在的歧视和偏见、无人驾驶系统的交通法规、脑机接口和人机共生的科技伦理等问题已经显现出来，政府和行业需要抓紧提供解决方案。

人工智能作为一项已经到来的技术变革，它所研究的主要内容是什么呢？

人工智能是研究开发能够模拟、延伸和扩展人类智能的理论、方法、技术及应用系统的一门新的技术学科，能够实现人工智能技术平台的机器就是计算机，研究目的是促使智能机器会听（语音识别、机器翻译等）、会看（图像识别、文字识别等）、会说（语音合成、人机对话等）、会思考（人机对弈、定理证明等）、会学习（机器学习、知识表示等）、会行动（机器人、自动驾驶汽车等）。

由此可以看出，人工智能和计算机的发展历史是紧密结合在一起的，人工智能的发展历史也是计算机科学技术发展史的一部分。当然除了计算机科学以外，人工智能还涉及信息论、控制论、自动化、仿生学、生物学、心理学、数理逻辑、语言学、医学和哲学等多门学科。人工智能学科研究的主要内容包括知识表示、自动推理和搜索方法、机器学习和知识获取、知识处理系统、自然语言理解、计算机视觉、智能机器人、自动程序设计等方面。

通过上述介绍，可见人工智能涉及的知识广泛，要取得突破性进展需要持续的投入和创新。下面我们将简要介绍人工智能与人机对话应用场景相关的主要技术，如大数据技术、自然语言处理和智能语音技术。

2.2 人工智能技术

从当前主流的人工智能技术应用场景看，人工智能大体可分为专用人工智能和通用人工智能。

近年来，随着算法技术理论的突破和云计算等技术的发展，专用人工智能取得重要突破。例如，阿尔法狗（AlphaGo）在围棋比赛中战胜人类冠军；人工智能程序在大规模图像识别和人脸识别中，其准确性均超越了人类；人工智能诊断皮肤癌的准确率更是达到专家的水平。

而通用人工智能尚处于起步阶段。当前的人工智能系统在信息感知、机器学习等"浅层智能"方面进步显著，但是在概念抽象和推理决策等"深层智能"方面的能力还很薄弱。总体上看，目前的人工智能系统可谓有智能没智慧、有智商没情商、会计算不会"算计"、有专才而无通才。因此，人工智能依旧存在明显的局限性，依然还有很多的"不能"，依然与人类智慧相差甚远。

而无论是专用人工智能还是通用人工智能，其幕后的基本技术原理有共通之处，如都需要进行大量数据的采集、分析和归类；都需要对文本数据、语言语音数据、图像影像数据进行深层次理解。

2.2.1 大数据技术

当前社会，每天都产生海量的数据，而这些数据是非常重要的资源。甚至在 2020 年大数据战略重点实验室全国科学技术名词审定委员会上，专家们专门提出"数据生产力"这一新概念词汇，可见数据对未来技术发展的重要性。为了能够从大数据中获得有价值的信息，通常需要进行以下 4 个方面的工作：大数据采集、大数据预处理、大数据存储和大数据分析。

1. 大数据采集

在对各种来源的海量数据进行采集时，采用的方法主要包括下面几种。

- 数据库采集：传统企业和机构使用关系型数据库（如 MySQL 和 Oracle 等）来存储采集的数据。随着各种新形式的内容出现，为满足非关系型数据的存储，也发展出 Redis、HDFS、Hive、HBase、MongoDB 及 Neo4j 等适用键值数据、文件数据，甚至视频数据等不同类型的数据库。企业和机构通过在采集端部署大量数据库，并借助这些数据库来完成和规范大数据采集工作。
- 网络数据采集：通过网络爬虫或网站公开的 API，从网站获取非结构化或半结构化数据，然后再统一结构化为本地数据的数据采集方式。
- 文件采集：主要包括对实时和离线文件的采集与处理技术，如针对日志收集和分析的系统 Flume。

随着技术的发展，数据多样性也越来越丰富，如图片、音频、视频等，数据量也越来越大，这些都对基础大数据采集提出了更多挑战。

2. 大数据预处理

在进行数据分析之前，首先需要对采集的原始数据进行一系列操作，诸如清洗、填补、平滑、合并、规格化和一致性检验等，以提高数据的质量，为后期的分析工作奠定基础。大数据的预处理主要包括 4 个部分：数据清理、数据集成、数据转换和数据规约。

- 数据清理：要整合分析不同数据源的数据，就需要 ETL（Extract-Transform-Load，数据抽取、转换、装载）等数据清洗和转换工具。如 DataX 作为离线数据同步工具，可实现在 MySQL、Oracle、SQL Server、HDFS 和 HBase 等各种异构数据源之间高效同步数据的功能。当然也有其他 ETL 工具，如 Kettle、Talend 和 Informatics 等。这些工具对有遗漏的数据（缺少重要属性的数据）、噪声数据（错误的或偏离期望值的数据）、不一致的数据进行处理，从而取得高质量的原始数据。
- 数据集成：是指将不同数据源中的数据合并存放到统一的数据库中。在合并存放数据时，要着重解决 3 个问题：模式匹配、数据冗余、数据值之间的冲突检测与处理。
- 数据转换：是指对抽取出来的数据中存在的不一致性进行处理的过程。它同时包含了数据清洗的工作，即根据业务规则对异常数据进行清洗，以保证后续分析结果的准确性。
- 数据规约：是指在最大限度地保持数据原貌的基础上，最大限度地精简数据量，以得到较小数据集的操作。数据规约包括数据立方体聚集、维规约、数据压缩、数值规约和概念分层等。

基础数据经过预处理后生成待分析数据，其质量直接关系到大数据分析的结果，因此大数据预处理是数据分析至关重要的一环。

3. 大数据存储

大数据存储是指以数据库的形式,将采集到的数据存储到存储器中的过程,其存储方式直接关系到后期处理方式和效率。有如下 3 种方式可实现大数据的存储。

- 基于 MPP(Massively Parallel Processing,大规模并行处理)架构:该架构结合 MPP 架构的高效分布式计算模式,使用列存储、粗粒度索引等多项大数据处理技术,具有低成本、高性能、高扩展性等特点,在企业分析类应用领域中有着广泛的应用。较之传统的数据库,其基于 MPP 产品的 PB 级数据分析能力,有着显著的优越性。自然,MPP 数据库也成为企业新一代数据仓库的最佳选择。
- 基于 Hadoop 技术的演化:这是针对传统关系型数据库难以处理的数据和场景(主要用于对非结构化数据的存储和计算),利用 Hadoop 开源优势及相关特性(善于处理非结构/半结构化数据、复杂的 ETL 流程、复杂的数据挖掘和计算模型),衍生出相关技术的过程。伴随着技术的进步和创新,为满足各种特殊应用场景,基于该技术演化的应用场景也逐步扩大。目前在最为活跃的互联网应用场景中,通过扩展和封装 Hadoop 来实现对大数据存储的技术发展也十分迅猛。
- 大数据一体机:这是一种专门为大数据的分析处理而设计的软硬件结合的产品。它由一组集成的服务器、存储设备、操作系统、数据库管理系统,以及为数据查询、处理、分析而预安装和优化的软件组成,具有良好的稳定性和纵向扩展性。

4. 大数据分析

大数据分析是从可视化分析、数据挖掘算法、预测性分析、语义引擎和数据质量管理等方面,对杂乱无章的数据进行分析。

- 可视化分析:指借助图形化的手段,高效分析并展示结果。可视化分析主要应用于海量数据关联分析,它通过可视化数据分析平台,对分散的、异构的数据进行关联分析,并做出完整的分析图表。可视化分析具有简单明了、清晰直观和易于接受的特点。
- 数据挖掘算法:通过创建数据挖掘模型,对数据进行挖掘和计算。数据挖掘算法是大数据分析的理论核心。数据挖掘算法多种多样,且不同算法因基于不同的数据类型和格式,导致产生的结果会呈现出不同的特点。但一般来讲,创建模型的过程相似,即首先分析用户提供的数据,然后针对特定类型的模式和趋势进行查找,并用分析结果定义创建挖掘模型的最佳参数,然后将这些参数应用于整个数据集,以提取可行模式和详细统计信息。
- 预测性分析:是大数据分析最重要的应用领域之一。预测性分析通过结合多种高级分析功能，帮助用户分析结构化和非结构化数据中的趋势、模式与关系，并运用这些指标来预测将来事件，为即将采取的措施提供决策依据。

- 语义引擎：指通过为已有数据添加语义，来提高用户的互联网搜索体验。
- 数据质量管理：指对数据全生命周期的每个阶段（计划、获取、存储、共享、维护、应用和消亡等）中可能引发的各类数据质量问题，进行识别、度量、监控和预警等操作，以提高数据质量的一系列管理活动。

5. 大数据技术在小米公司中的应用

小米人工智能部门在大数据方面同样做出了很多贡献。以用户画像服务为例，用户画像是利用不同种类的数据，经过一系列的清洗、提取和加工，对所关注的用户进行特征描述，勾勒出用户的基本轮廓概貌。通过构建全面、立体、统一的用户画像，可以为用户提供更好的个性化服务，以及方便为用户提供更具有针对性的优质服务。用户画像服务主要有如下 3 个应用场景。

- 描绘不同业务的典型用户的画像。
- 提取精细化的用户集群，方便为集群用户提供更优质服务。
- 为大数据分析提供挖掘后的可靠数据。

通常而言，数据维度越精细，内容越准确，经过分析构建的用户画像也就越精准。一般从以下几个方面出发构建用户画像。

- 基础属性：包括年龄、性别、学历、家庭状态。
- 地域属性：包括国别或常住省市。
- 绑定行为：如绑定小米账号的设备数，绑定智能设备、银行卡等。
- 设备属性：如运营商、手机型号、系统版本。
- 兴趣属性：如是否是深度的游戏玩家，是否喜欢听音乐，以及喜欢听哪种类型的音乐等。
- 购买属性：如用户通过小米网、小米网 App、米家 App 购买了手机或其他智能设备，通过使用米币购买了图书、游戏、主题等。
- 用户行为标签：如用户安装的 App，以及用户执行的搜索、浏览和购买等行为的关键词。
- 业务运营指标：如米聊的平均每日消息数、应用商店中应用的安装数等。

截至 2016 年 12 月，小米已经建立了 329 个用户画像的通用属性，但在基于这些通用属性进行用户分析时，这些属性依然远远不足以准确地对用户的各个维度进行画像。同时对于不同场景，也受到隐私和法律条件限制，这导致各属性数据并不完整，由此限制了画像的准确性。

通过建立用户画像，大数据平台就可以利用机器学习的方式，基于用户的历史数据，学习到用户数据与用户点击商品（或用户购买商品）的映射关系。以此为基础，大数据平台可以在一定程度上推测用户偏好，在后续服务中，自动匹配或推荐其喜好的产品，从而节省用户查找产品和服务的时间，提升效率。

2.2.2　自然语言处理技术

1.　自然语言处理发展

自然语言处理（Natural Language Processing，NLP）从 20 世纪 50 年代开始发展。

1948 年，香农把离散马尔可夫过程的概率模型应用于描述语言的自动机。乔姆斯基吸取了他的思想，把有限状态自动机作为一种工具来刻画语言的语法，并且把有限状态语言定义为由有限状态语法生成的语言。1950 年，图灵发表论文 *Computing Machinery and Intelligence*。该论文提出了著名的"图灵测试"，并将其作为判断智能的条件。

这些早期的研究工作促成了形式语言理论（Formal Language Theory，FLT）的形成。本质上，形式语言理论采用代数和集合论把形式语言定义为符号的序列。该理论为未来自然语言处理的发展提供了营养。

20 世纪 60 年代，发展特别成功的 NLP 系统有 Winograd 提出的 SHRDLU（一个词汇设限、运作也受限，如"积木世界"的一种自然语言系统），还有 1964-1966 年 Joseph Weizenbaum 为模拟"个人中心治疗"而设计的 ELIZA。其中 ELIZA 几乎未运用人类思想和感情的信息，有时却能呈现出令人讶异的类似人与人之间的互动。但是，该系统也有其领域范围局限性，如当"病人"提出的问题超出 ELIZA 那极小的知识范围时，可能会得到空泛的回答。例如，如果和 ELIZA 说："我的头痛，"它则回复："为什么说你头痛？"

一直到 20 世纪 80 年代，多数自然语言处理系统都是以一套人工制定的复杂规则为基础，颇有点专家系统的味道。不过从 20 世纪 80 年代末期开始，乔姆斯基语言学理论（该理论的架构不倾向于语料库，而是基于早期使用的某些机器学习算法，例如决策树，是硬性的由 if-then 规则（即既有的人工制定的规则）组成的系统渐渐丧失主导。同时，随着运算能力稳定增加（参考摩尔定律）和新的理论突破，尤其是隐式马尔可夫模型（Hidden Markov Model，HMM）、词性标注方法的引入，NLP 研究开始日益聚焦于软性的、通过概率进行决策的统计模型（其基础是为输入资料里的每一个特性赋予代表其分量的数值）。这种模型通常足以处理非预期的输入数据，尤其在输入有错误时，并且在整合到包含多个子任务的较大系统时，结果也会相对比较可靠。

近年来，随着深度学习的快速发展，其应用于自然语言处理的模型也有很大变化。2013 年，Tomas Mikolov 及其团队提出了一种用来产生词向量的相关模型，即 Word2Vec，在业界产生了巨大的影响。随后，在 2016 年 Jozefowicz 等学者针对该模型在语料库、词汇量以及复杂的长期语言结构方面进行了扩展，尤其是在十亿文字的数量级上，对诸如字符级卷积神经网络（Character Convolutional Neural Network，Char-CNN）或长短期记忆（Long-Short

Term Memory）等技术进行了详尽的研究，并在自然语言处理方面取得了一系列成果。

NLP 作为研究计算机处理人类语言的一门学科，具有以下重要功能和特点。

- 句法语义分析：对于给定的句子，进行分词、词性标注、命名实体识别和链接、句法分析、语义角色识别和多义词消歧。

- 信息抽取：从给定文本中抽取重要的信息，比如，时间、地点、人物、事件、原因、结果、数字、日期、货币和专有名词等。通俗说来，就是要了解谁在什么时候、因为什么原因、对谁、做了什么事、有什么结果。信息抽取涉及实体识别、时间抽取和因果关系抽取等关键技术。

- 文本挖掘（或者文本数据挖掘）：包括文本聚类、分类、信息抽取、摘要、情感分析以及对挖掘的信息和知识的可视化、交互式的表达界面。目前主流的文本挖掘技术都是以统计机器学习为基础。

- 机器翻译：把输入的源语言文本通过自动翻译，获得另外一种语言的文本。根据输入媒介的不同，机器翻译可以细分为文本翻译、语音翻译、手语翻译和图形翻译等。机器翻译从最早的基于规则的方法到 20 多年前的基于统计的方法，再到今天的基于神经网络的方法，逐渐形成了一套比较严谨的方法体系。

- 信息检索：对大规模的文档进行索引。可简单地为文档中的词汇赋予不同的权重来建立索引，也可利用前面提到的技术建立更加深层的索引。信息检索系统在查询的时候，对输入的查询表达式（比如一个检索词或者一个句子）进行分析，然后在索引里面查找匹配的候选文档，再根据一个排序机制把候选文档排序，最后输出排序得分最高的文档。

- 问答系统：针对一个自然语言表达的问题，由问答系统给出一个精准的答案。问答系统需要对自然语言查询语句进行某种程度的语义分析（包括实体链接、关系识别），然后形成逻辑表达式，最后再到知识库中查找可能的候选答案，并通过一个排序机制找出最佳的答案。

- 对话系统：系统通过一系列的对话与用户进行聊天或完成某一项任务，这涉及用户意图理解、通用聊天引擎、问答引擎和对话管理等技术。此外，为了体现上下文的相关性，对话系统要具备多轮对话的能力。同时，为了体现个性化，还要开发用户画像以及基于个性化的用户画像进行回复。

为了在未来人机交互领域取得先机，小米在 NLP 领域也投入了大量研发资源，并取得了一系列成绩。

2. 小米的自然语言处理技术

在自然语言处理技术方面，小米 AI 实验室发布了小米自然语言处理平台 MiNLP。当前该平台包括 26 个模块、30 多个落地的业务，目前其每天的被调用次数高达 80 亿。该技术也运用在小米人工智能产品"小爱同学"上，同时小爱同学 App 也是首个能在手机上实现自然连续中文对话的语音助理。

小米 AI 实验室在抗噪机器翻译、统一机器翻译技术方面取得的重大进展，目前已经落地到小米手机、小爱同学上。在人机对话方面，改写回复（即根据用户意图，自动判断并改写成最合理的回复）、生成式对话和多样性回复等技术也已应用在小爱同学的闲聊技能上。对联、诗歌写作等技术也已经在小米的多个业务中得以落地并获得了很好的用户反馈。在多模态内容理解方面，AI 实验室的多模态技术能够综合文本、语音和视频等内容进行联合分析，该技术也将在信息流、广告和智能家居设备控制等业务上得以应用。

为了能够提升人机对话时机器的理解能力，解决人机交互中存在的诸多挑战，小米工程师构建了规模过亿的海量对话语料库，从海量的数据中学习对话语义关系，采用了端到端的改写算法，推出了面向微处理器的深度学习推理框架 MACE Micro，打造了面向广告推荐的自研稀疏模型自动优化架构 Auto SparseDL，以进一步完善深度学习云服务平台 CloudML，从而更好解决在闲聊过程中可能出现的问题（比如用户想要表达的意思太过宽泛等）。

同时，小爱同学以 NLP 为基础，提供了离线翻译功能。当前，机器翻译已经成为人工智能助手的重要功能。随着人们跨境出行以及移动互联网设备的普及，很多国家和场所并没有稳定的移动网络，因此，小爱同学可在无须连网的情况下，实现高质量、低延迟的离线神经网络翻译。

小米通过技术探索，对现有的主流神经网络机器翻译模型进行了优化，在移动端设备上实现了基于低计算能力 CPU 的高质量、低延迟的离线翻译。这一成果带来的价值是，可在不影响用户体验的情况下，大大降低硬件成本。

以小爱同学为代表的人工智能助手在手机、电视和音箱等设备上落地后，每时每刻都面临着各种各样的语音场景。在复杂的场景中，小爱同学不仅需要理解用户的语音语义，而且需要感知用户所在的场景信息，再根据云端的人工智能算法，判断用户需要由哪些具体的智能设备来满足。这类基于用户语音，同时综合考虑个性化场景上下文的智能决策和控制过程，就是多场景深度语音交互。

在面向未来的数字时代和智能时代，多场景深度语音交互是必需的交互形式，这也对语音语义理解、硬件数字化和智能化，以及云端人工智能算法提出了更高的挑战。小爱同学将自身的能力与海量智能家居设备相结合，针对用户日常复杂多样的场景，以建立深度语音交互引擎为目标，着力落地一系列以人工智能技术为核心的用户智能场景。

意图理解是智能语音交互的核心组成部分。在实际场景中，用户的表述往往简短而丰富，而文本则具有领域开放、表达多样等特点，这使得仅仅从字面上很难全面理解用户的真实意图。从多模态、全场景和多指令等角度全面理解用户意图，对提升语音对话的智能水平和占领下一代人工智能技术的科技制高点，具有战略意义。

小爱同学以全面理解用户的真实意图为目标，以用户实际场景中出现的问题为指引，从多模态、全场景协同和多指令理解 3 个角度，探索在实际场景下完全理解用户意图的关键技术，为智能语音交互提供技术支撑。相应的意图理解处理架构如图 2-1 所示。

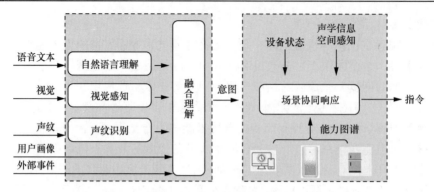

图 2-1　意图理解处理架构

小爱同学通过综合语音及文本的自然语言处理结果、视觉感知的结果以及用户画像特征等多方信息，判定用户的真实意图，同时结合当前环境状态，形成最符合用户期望的最终指令，并下发到最优设备执行，回应用户请求。

2.2.3　智能语音技术

智能语音技术是人工智能领域的重要分支，它涉及多类型的学科，其核心技术包括语音合成、语音识别、声纹识别、自然语言理解和语音降噪等关键技术。智能语音行业以语音为研究对象，对语音语义进行识别、理解及生成，使机器具备自然语言处理能力，并且利用其核心技术赋予机器"听觉""理解能力"以及"语言能力"。伴随着智能语音技术的发展，智能语音已经在多个场景中得以应用，如智能家居、智能车载、智能医疗、智能客服和智能教育等。

1. 语音降噪技术

语音降噪技术是指通过减少噪声污染对语音收集的影响，来提高语音对话过程中的语音质量，进而提高系统对于语音理解的准确度。在语音收集过程中使用的波束成形、回声消除和噪声抑制等，都是通过大量的信号处理和复杂的算法来达到降噪的目的，其中的回声消除算法是目前语音降噪技术中较常见的算法类型。在高端硬件上甚至会有专门独立的DSP 芯片执行回声消除算法。

语音降噪技术为后续语音处理提供高质量音频，该技术的成熟度是影响智能语音系统性能的关键因素之一。

2. 语音唤醒技术

语音唤醒技术是指从连续语音中识别出特定的某一个词语或某几个词语（在智能语音系统中称为"唤醒词"），从而将设备从休眠状态切换到工作状态，以等待用户下一步的指令。有别于其他的唤醒方式（如，触摸唤醒、定时唤醒等），语音唤醒是通过语音方式来将设备唤醒，设备不用实时处于工作状态，因此可节省设备电量。

语音唤醒通常采用两级唤醒技术，第一级唤醒采用一个参数量较小的模型来识别出连续语音中有疑似唤醒词的部分，而第二级唤醒采用一个参数量较大的模型来从疑似的唤醒词中识别出真正的唤醒词。这样的设计能在保证唤醒效果的同时更加节省设备电量。

语音唤醒是用户直观感受的第一步，是智能语音系统的门户，其性能好坏直接影响用户使用体验的第一印象。

3. 语音识别技术

语音识别技术指的是机器自动将人类语音内容转换为相对应的文字。语音识别涉及信号处理、计算机科学、信息论、生理学等多个学科，由于涉及的学科较多，在其诞生的半个多世纪中受限于数据缺失、算力不足以及自身技术缺陷而一直无法广泛应用，直到 2009 年深度学习兴起后，语音识别技术才有了长足进步，并开始广泛应用。语音识别系统通常由特征提取模块、声学模型、发音词典、语言模型、解码器组成。

- 特征提取模块：将语音信号进行压缩，在保留语音中信道、说话人的特征因素及内容相关的信息的同时，尽可能地降低参数维度，便于后面进行高效准确的模型训练。常用的特征有梅尔频率倒谱系数（Mel-Frequency Cepstral Coefficient，MFCC）和感知线性预测（Perceptual Linear Predictive，PLP）等。
- 声学模型：计算语音到音节的概率，这里的音节是指根据文字的发音得到的子发音。例如，"声学"就是由"sh""eng1""x""ue2"这 4 个音节组成。目前主流的语音识别系统都采用隐式马尔可夫模型（HMM）作为声学模型，其可以很方便对每个音节进行统计建模，使具有相同特性的特征对应到同一个音节上（因一个音容易受前后音的影响而发生改变，声学模型通常采用比音节更细的单元，这里不做介绍）。
- 发音词典：主要按照键-值（key-value）形式存储文字相对应的音节。上面的"声学 sh eng1 x ue2"就是一个键-值存储实例。发音词典的大小决定了语音识别系统能处理的词汇集。
- 语言模型：计算音节到字的概率，常被当作语法规则。目前常用的语言模型是统计语言模型，它假设当前词语只与前面 $N-1$ 个词相关，用概率统计的方法来学习语法规则。语法规则可以限定词之间的关系，减少语音识别系统的搜索范围，提高语音识别系统的准确率。
- 解码器：前面的模块都是一个个单一的模块，没有统一整合起来，解码器把前面的模块整合到一起，对用户输入的语音信号，根据声学模型、发音词典和语言模型，寻找最大概率的词串。解码器是语音识别系统的核心之一，其稳定与否直接影响了语音识别系统的好坏。

4. 声纹识别技术

声纹识别技术是基于声纹信息识别人类身份的生物特征识别技术。声纹识别技术通过发声者独有的开合频率、口腔大小、口腔形状及声道长度等声学特征，可识别出发声者的身份。声纹识别技术的主要作用表现在两个方面。

- 发声者辨认：主要用于在从某一语音材料的若干发声者中寻找并指定发声者。
- 发声者确认：主要用于确认某一语料是否由指定的发声者发出。

声纹识别技术的实现原理和语音识别技术的原理类似，但声纹识别技术主要是对其发声者的身份进行判断，因此实现过程相较于语音识别更简单。

5. 语音合成技术

语音合成技术指的是机器把外部输入的文字内容转化为自然流畅的语音，赋予机器语音交互的能力。语音合成技术涉及声学、语言学、数字信号处理和计算机科学等多门学科。语音合成技术的实现过程分为文本分析和语音合成两个部分。

- 文本分析：基于语言学原理，将文本标准化，将原始文本中的数字、缩略语等转化为对应的标准词，然后进行语言处理。在文本分析的过程中，系统会依据规则对文本进行分割标记，加入语气与情感，将文字序列转换为音韵序列，从而实现声音的高低、抑扬顿挫等。
- 语音合成：通过参数合成技术、端到端合成技术等不同的算法，将上一步转换后的音韵序列转换成语音波形，形成具有拟人化和情绪化的高质量语音流输出。

6. 小米在智能语音技术上的发展

在语音识别技术中，远场语音识别（即远距离语音识别）是兵家必争之地。业界通用的远场语音识别解决方案，一般是依托于多个麦克风组成的阵列，采用阵列信号处理技术（例如盲源分离、声源定位、语音增强等等），首先构造一个前端，将多个通道的远距离语音进行声信号层面的降噪处理，变为单通道的语音波形，在达到人耳听清的程度后，再送入后端进行单通道的语音识别。

有鉴于此，为了使前端的神经网络能够产生直接有利于后端神经网络的特征，从而提高远场语音识别的准确率，小米人工智能部与小米智能硬件部合作，开发出多通道端到端语音处理技术。该技术采用的深度学习网络结构 Unet（DCUnet）是一种强大的 Unet 结构的语音增强模型，它作为多通道声学模型的前端，有机地融入整体级联框架和多任务学习（Multi-Task Learning，MTL）框架中。同时，该技术采用带有噪声和回声的小米智能音箱数据，通过多种训练策略来提高模型的识别能力。

实验结果表明，与采用阵列处理和单通道声学模型的传统方法相比，小米提出的 DCUnet-MTL 方法可将远场语音字符识别错误率降低约 12.2%。

除此之外，在语音识别业务优化方面，小米的在线语音识别业务通过深度优化 Kaldi（一个语音识别工具包）中的模型推理模式，将原来的单序列模式改为批量模式，可以将业务的吞吐量提升为原来的 3 倍。

小爱同学坚持用户体验至上，因此对语音的合成有非常高的要求。第一点要求是语音质量好，也就是合成品质高，自然度高；第二点要求是小爱同学的响应速度要及时，尽量让用户感觉不到等待时间，就像两个人在进行自然对话一样；第三点要求是个性化，小爱同学可以根据每个用户的需求定制语音，让用户使用起来感觉更为亲切友好。

为了满足这些要求，小爱同学需要采用更前沿的技术并做到极致的优化，而这就涉及质量和复杂度的矛盾。传统的语音合成方法通过寻找候选单元间的最佳路径，采用拼接的方式合成。这种方法很简单，但合成质量较差。随着深度学习的流行，出现了基于深度神经网络的语音合成。这种方法对时长和声学特征分别建模，它提升了语音合成的质量，相应地，计算复杂度也大幅增加。

目前最新的方法是采用端到端合成。该方法利用注意力机制学习对齐信息，使得语音合成质量和自然度都大大提升，当然，计算复杂度也随之提升。小爱同学当前采用的就是端到端合成的方法，这种方法对模型推理性能提出了很高的要求。

语音合成模型 Tacotron2 是自回归模型，前后循环间存在数据依赖，采用 GPU 推理时并行化程度低，模型的执行开销大。通常针对该模型的主要优化方式有如下几种。

- 采用长短期记忆（Long Short-Term Memory，LSTM）网络：采用 NVIDIA 提供的 cuDNN 神经网络 GPU 加速库。该库的使用消除了模型中间推理过程中需要多次回退的情况，切换开销少，计算速度会快很多，效率也有了较大提升。
- 提升缩小因子（Reduction Factor）：单次循环生成多帧，在单次循环时间变化不大的情况下，整体循环次数大大减少。
- 展开了解码器的循环机制：可以一次循环执行多次推理，循环判断开销平摊下来大大降低；同时融合了大量算子，减少了 CUDA 内核启动开销和显存的访问次数。
- 采用混合精度推理：降低模型训练计算量和内存消耗。

以小米 AI 实验室为例，该实验室近些年来在语音技术上的成果主要体现在唤醒、识别、合成和声纹技术等方面。这些技术广泛落地到小爱同学以及手机、电视、音箱等产品，获得了消费者的广泛好评和喜爱。

同时，AI 实验室在业内各类竞赛也取得了很好的成绩。2019 年 9 月，在希尔贝壳声纹识别大赛（AISHELL Speaker Verification Challenge）远场语音说话人识别挑战赛中，小米公司人工智能部 AI 实验室语音组的声纹识别团队在赛道 TRACK 1（近场数据注册、远场数据测试）和赛道 TRACK 2（远场数据注册、远场数据测试）中均获得第一，其采用的"多维度数据扩展+经典识别模型+深度神经网络嵌入"的融合方法，获得了参赛队伍的一致认可。

2.3 小爱同学

当物联网（IoT）遇上了人工智能（AI），人工智能则成为推动物联网发展的最大动力。物联网设备通过网络连接收集和交换用户在线活动的信息，每年至少可以产生 10 亿 GB 的数据。到 2025 年，预计全球将有 420 亿台 IoT 连接设备。随着物联网设备数量的增长，其产生的数据将呈指数级增长。届时，再加上人工智能的优势，这些相互连接的设备便组成了改变人类生活方式的 AIoT（AI+IoT）生态。

当前，AIoT 生态场景主要体现在如下 4 个方面。

- 可穿戴设备：诸如手环、智能手表之类的可穿戴设备会持续跟踪用户的运动喜好、健康数据和习惯。可穿戴设备不仅在医疗技术领域中有重要的应用，而且还非常适合有运动健身习惯的普通用户。

- 智能家居：智能家居能够利用家用电器、照明设备和电子设备等学习住户的使用习惯，从而提供创新的人机交互方式，甚至进行自动化控制。这种交互还可以提高能源的使用效率。

- 智慧城市：随着越来越多的人从农村涌向城市，人们正在致力于将城市发展为更安全、更方便的居住地。智慧城市的创新正在与时俱进，以改善公共安全、交通和能源效率。AI 在交通控制中的实际应用已经变得很清晰，在世界上一些道路交通最拥挤的城市，如新德里，当前已使用智能交通管理系统来制定"交通流量的实时动态决策"。

- 智慧产业：从制造业到采矿业等行业都在依靠数字化转型来提高效率并减少人为错误。从实时数据分析到生产链传感器，智能设备可有助于防止行业中发生代价高昂的错误。据 Gartner 估计，到 2022 年，超过 80% 的企业物联网项目将采用人工智能。

而在消费类电子产品上，苹果于 2011 年在手机上发布了智能语音助手 Siri。借助于 Siri 背后的基于人工智能的语音交互技术，用户可以控制手机上的各项操作，并且能够获得一些信息，比如交通导航、天气查询等。2014 年，亚马逊发布了重量级产品 Echo，这是一款具备语音交互功能的智能音箱设备，它能够给用户提供听音乐、查天气等方面的服务。

无论是苹果的智能语音助手，还是亚马逊的智能音箱，都是人工智能语音交互在智能家居和移动设备中的实际落地。以苹果的 Siri 为例，它可以用来完成从设置警报、计时器和提醒，到获取路线、预览日志在内的所有操作，而且这一切都无须用户拿起设备进行手动操作。借助于 Siri，用户可以更快地访问应用程序。用户还可以在开车或者娱乐的时候，让 Siri 播放喜欢的音乐。Siri 还能控制家中的智能设备，以及化身为"百事通"，回答各种问题。

人工智能技术的不断成熟也加速了该技术的大规模应用。2015 年之后，国内各大公司看到了人工智能领域的前景，也适时跟进，发布了多种不同类型的智能语音产品，例如小米的小爱同学、京东的叮咚音箱、百度的小度、阿里巴巴的天猫精灵等。

小爱同学是小米 AIoT 战略性产品。通过搭载智能手机、智能音箱、智能电视、手表和手环等设备，小爱同学在很多应用场景中得以落地，这不仅推动了人工智能技术的革新，也推进了小米 AIoT 平台战略的实施和演进，加速了万物互连的进程。

2020 年，小米公司董事长雷军发布了小米新的战略"手机×AIoT"，在这一战略的指引下，小爱同学迎来了全新的五大升级，包括全场景智能协同、定制化情感声音、对话式主动智能、多模态融合交互和智慧学习好助手。

2.3.1 全场景智能协同

全场景智能协同就是让 5.0 版本的小爱同学成为控制家庭中众多 IoT 设备的大脑，当用户发出一条需求指令时，小爱同学会进行统一决策，指挥家庭中的多个设备进行协同配合，从而达到"再多设备，都能化繁为简"的效果。小爱同学是当之无愧的智能生活助手，这主要体现在以下 3 个方面。

- 协同唤醒：在多设备环境下，小爱同学会智能选用最佳方式进行应答和倾听。小爱同学将原有的就近唤醒，升级为根据设备距离、活跃状态和形态等条件进行综合判断，选择最优设备进行唤醒，避免"一呼百应"的情况出现。
- 协同提醒：在多设备环境下，小爱同学会自动生成个性化设备联动建议。小爱同学能够即时通过小米智能设备获知环境状态，外加对用户家居控制习惯的学习记忆，预测用户潜在的设备控制需求，适时、主动地为用户进行提醒和提供建议。
- 协同响应：在多设备环境下，小爱同学能智能调度最优的设备响应用户。小爱同学接收并理解用户指令后，可结合对设备能力及状态的感知、用户习惯及对话上下文，智能决策，选取一个或多个最优设备进行响应，以更好地满足用户需求。

2.3.2 定制化情感声音

定制化情感声音是小爱同学为了满足用户的特定需求而提出和研发的。借助于定制化情感声音，可以跨越地理、时间阻碍，随时随地为用户营造具有陪伴感的情感诉求。

定制化情感声音的实现，不是仅依靠常规声音处理技术就能做到。它首先需要能够对用户音频数据进行预处理，然后提取关键声学特征，区别不同音色在频谱上的表现，最后通过定制合成音库训练的基础模型，进行自适应学习，最终才能实现只需少量的用户录音，就能达到很好的合成效果。

2.3.3 对话式主动智能

有别于传统移动互联网 App 或信息流被动猜测用户的形式，对话式主动智能的产品形态，是指小爱同学以自己的方式和节奏与用户互动沟通，像人类一样发起问题来增进对用户的了解。对话式主动智能主要包含以下两方面。

- 更主动的对话式服务：小爱同学以全新的对话式交互体验、人格化的对话流范式，主动为用户推荐当前最可能要用的功能、最关心的信息。小爱同学通过主动尝试与用户进行沟通，增进了解，打造个人专属体验。
- 更加个性化的专属体验：小爱同学会和用户进行沟通，会像人类一样向用户发起问题，增进对用户的了解。小爱同学拥有用户相关的记忆，因此无论是主动询问，还是在平常的交流互动中，它都会记住用户专属的小细节，并在合适的场景反问用户。

主动对话本身就是高级智能的体现，它意味着人工智能不仅存在于与用户互动的短暂过程中，而且可以在更长的时间内不断地进行思考和计算，因此需要像人类一样拥有记忆。

5.0 版本的小爱同学通过强大的自然语言处理技术，主动学习与用户相关的知识，从而建立记忆。而这一切则是依赖于小米自然语言处理技术（Mi Natural Language Processing，MiNLP）的深厚积累。当前，MiNLP 已迭代到 3.0 版本，可支持 30 多个业务场景，日被调用次数达 80 亿。

在记忆的存储方面，小爱同学云端大脑会为用户建立多维度的个人画像，实现全设备个人信息的互连互通。小爱同学会对内共享与用户相关的记忆，在每次与用户交互时，会结合个人画像进行计算，从而产生面向用户个人的个性化结果。

2.3.4 多模态融合交互

多模态融合交互是指用户可以通过声音、肢体语言、信息载体（文字、图片、音频、视频）和环境等多种方式，与智能设备进行交流。这打破了传统 PC 式的键盘输入、智能手机的点触式及语音交互，定义了下一代智能产品与人类的专属交互模式。

多模态融合交互主要包含以下 3 个功能。

- 扫一扫：包括扫文档、扫码、扫题、扫名片、扫快递、扫食物和扫商品等。通过手机上小爱同学的眼睛和大脑，可把眼前的东西识别成我们想要的信息。
- 手势控制：无须开口，小爱同学就能看懂你的手势，因此，无论是看视频、听音乐，还是关闭闹钟，手势操控都可以轻松搞定。
- 人脸识别：当孩子出现在屏幕前时，小爱同学自动进入儿童模式，精心为宝宝打造萌趣可爱更易懂的专属桌面。

2.3.5 智慧学习好助手

5.0 版本的小爱同学将学习作为一个重要的升级模块，整合了海量优质的网课资源，精选了 1000 多部网课视频，与读书郎、义方教育等 35 家优质资源方达成合作，并实现了电视、音箱和手机的教育会员的同步。

小爱同学不仅在学习资源上进行了海量扩充，还紧密结合课程表，打造了一个拥有 AI 拍照导入课程功能等先进人工智能技术加持的 AI 课程表。除此之外，小爱同学的开发团队对文本处理模块进行了优化，包括基于语言规则和模型的文本顺滑技术、融合上下文内容的实时文本纠错算法、基于多语言预训练模型的实时语义断句算法等，从而让识别功能更加高效和精准。

小爱同学能够发展得更加智能、更加人性化，得益于小米公司对人工智能领域技术的不断研究和探索。

2.4 人工智能与蓝牙结合

2.4.1 背景

一项技术的兴起和发展并不是偶然。蓝牙在历经 20 多年的发展后依然保持着蓬勃的态势，足以证明其技术的成熟度和适用于各种场景的强大生命力。在人工智能的大潮中，几乎所有的技术都发生了很大的变化。如果人工智能和蓝牙互相结合，是否会给蓝牙带来新的变化呢？

就蓝牙市场来说，当前可以简单地划分为存量市场和增量市场。

- 在存量市场上，手机、平板电脑、PC 等消费级和工业级电子设备都装备了蓝牙，而且蓝牙 5.0 已经在智能手机上得以普及和广泛应用，这进一步加速了互连设备、信标装置，以及关键物联网支持解决方案的广泛部署。同时，在可穿戴设备以及音频娱乐设备市场中，支持蓝牙的手表、手环和耳机的出货量不断增长。蓝牙已经成为近距离通信的主流标准。
- 蓝牙的增量市场主要来自于汽车行业。蓝牙在侦测传感、车钥匙与智能手机进行互通互连的应用上逐渐崭露头角。

从技术的角度看，蓝牙的核心特点是通信距离短、成本低，以及功耗低。作为一项较为"古老"的传输技术，蓝牙在传输方面的最大问题是只支持单向音频传输，在设计上缺乏主从设备之间的互动。这也导致蓝牙如果想要在未来的 AI 人机交互世界中找到自己的位置，需要更多的突破和创新。而且，过去很多技术的兴衰告诉我们，问题的原因并不出在技术本身，而是技术应用的方式。以什么样的方法使用、赋能蓝牙，从而让蓝牙技术在新的智能世界中获得一席之地，是我们主要考虑的方向。

大多数传统的蓝牙设备厂商在蓝牙技术或音频领域上技术积累深厚，随着 AI 的兴起，它们也积极拥抱 AI，尝试蓝牙与 AI 技术的结合，以提升产品的附加价值，甚至进而实现企业转型。

但是，对于传统的芯片厂商来说，进入 AI 领域所需的投入会较大。比如，搭载 AI 的产品具有很大的开发与设计难度，而且产品的开发周期可能会特别长，从而影响企业的产品布局。再比如，大多数硬件设备厂商普遍擅长硬件的设计与开发，在 AI 方面没有技术积累，缺乏相应的技术支持，因此硬件设备厂商进行 AI 开发的短期收益并不明显，投入风险相对较高。

除了技术因素外，AI 交互作为人机交互入口，背后还需要丰富的应用内容来提供支撑。要想让蓝牙设备具备智能，不仅需要人机交互技术，还需要一整套符合产品定位的内容库。没有内容的 AI，犹如没有知识的成人，并不是真正的 AI。

这些挑战对于蓝牙设备厂商而言，意味着长期且巨大的投入，更意味着风险。

为了打造完整的 AI 蓝牙生态链以及协同众多设备厂商，小米公司在自身的技术和产品积累的基础上，打造了 AI 蓝牙生态环境，推出了蓝牙 AI 开放平台，将小米在人工智能领域的技术积累输出到合作伙伴和生态链企业。这是小米开放战略的一部分。

小米公司 AI 蓝牙生态对外主要的开放接口是小爱开放平台，该平台提供了 AI 核心基础的语音服务、技能服务和蓝牙服务。

2.4.2　小米 AIoT 布局

前文提到，在全球各科技巨头纷纷布局 AIoT 的形势下，小米公司也加大了其在人工智能领域的投入，全面布局 AIoT 开放平台及开放生态。这不仅可以提高小米公司的用户数量、设备连接数量和设备日活率等，还能增强用户对小米产品的黏度，从而使用更多的小米产品。

小米 AIoT 开放平台是一个以智能家居场景为出发点，深度整合 AI 和 IoT 能力，为用户、软硬件厂商和个人开发者提供智能场景及软硬件生态服务的开放创新平台。小米已经推出了空调、门锁、电视、音响、扫地机器人、空气净化器、冰箱和洗衣机等数十个品类的智能家居产品。结合云计算、大数据、人工智能、互联网及物联网技术，背靠 3 亿的用户和品牌影响力，小米已经将自己的产品推进到智能家居、个护、运动出行、影音文娱等各个场景。

小米通过提供平台来开放各种技术能力，也提供特定行业的整套产品智能化解决方案，帮助开发者将传统硬件产品变为智能产品，以降低智能产品的开发门槛和成本。这可以帮助开发者更加聚焦于产品和体验，从而更加灵活、高效地满足用户的个性化、定制化的智慧生活需求。

在 AIoT 领域，小米布局早，积累厚，已经形成了强大的生态链体系，线上/线下渠道都已打通，再加上 AI、场景和大数据相互作用下的不断迭代，小米未来的发展还会更快。

小米 AIoT 已落地到多个应用场景，包括影音娱乐、家庭安防、智能卫浴、智能照明、幼长关爱、智能睡眠、智能厨房和环境控制等，如图 2-2 所示。

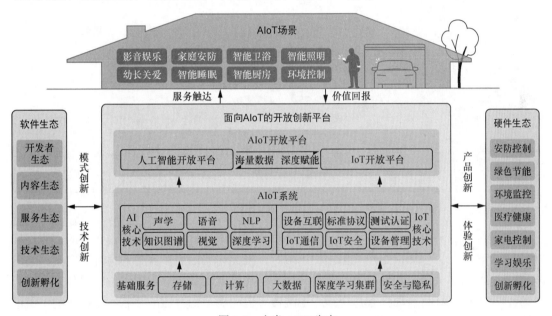

图 2-2　小米 AIoT 生态

下面将在智能生活、家庭安防、智能睡眠和幼长关爱这 4 个方面，对小米 AIoT 进行介绍。

1. 智能生活

小爱语音服务搭配智能硬件设备，不仅可以释放用户的双手，而且还能让用户享受科技带来的美好生活，如图 2-3 所示。

对于长辈，使用成套的智能设备有一定的复杂性，甚至还会给他们带来一些恐惧感。5.0 版本的小爱同学提供的智能生活助手，目的就是要解决这些问题，让用户在面对种类繁多的智能设备时，可以很简单地进行操作。即，用户只要对小爱同学说句话，就可以由小爱同学完成相应的操作。因此，即使面对较多的智能设备，用户也能得到较好的、一致的使用体验。

以小米的小爱触屏音箱 Pro 8 为例，只要用户说出"小爱同学，发现设备"，音箱就自动扫描和连接智能设备，完成智能设备的配网和绑定。用户再也不用担心将设备买回家，家里人不会使用的窘境。

图 2-3 智能生活

不仅如此，小爱音箱还支持创建专属的自定义场景，将家中的蓝牙设备联网，并与其他智能设备联动。例如，用户早上出门上班时，当关闭家门后，家中的电灯、空调、加湿器等设备将自动关闭，扫地机器人开始打扫；当晚上下班回家，用指纹或密码打开入户大门后，家中的电灯将自动亮起，空调、加湿器等自动调节到合适的状态，电视启动，窗帘关闭等。

这些设备都是在以小爱同学为中控的基础上，营造出了更聪明的家居系统，给我们的生活提供了更多的便利。

2. 家庭安防

当代社会，随着便捷生活的推进，安全问题也不容忽视。对于单身独居女士，当有快递员、外卖员等陌生人敲门时，可能具有较大的不确定性。安全起见，并不推荐她们开门。在这种情况下，用户可以将小爱触屏音箱与智能门铃联动，当有人来访并按门铃时，音箱屏幕将实时显示门外画面，并选择变声对讲模式，为用户的语音进行变声（如选择成年男性的声音）。还可以将智能摄像头接入小米智能家居的网络体系，让其接受小爱同学的控制。然后用户通过语音交互的方式就可以在手机上调出摄像头的实时监控画面，随时查看家里的情况。家庭安防的简单介绍如图 2-4 所示。

图 2-4　家庭安防

3．智能睡眠

据调查，人们的压力越来越大，这导致睡眠问题日益严重，越来越多的人都开始重视睡眠问题。小爱同学致力于打造睡眠智能环境，提供舒适的睡眠体验。智能睡眠的简单介绍如图 2-5 所示。

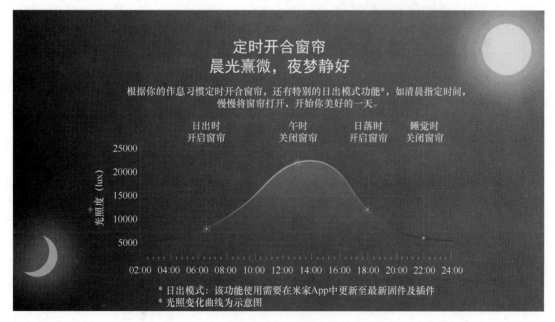

图 2-5　智能睡眠

以智能闹钟为例，用户可以将家中的智能设备进行联动，在睡眠时，将电话、电视、灯光等调整到勿扰模式，将加湿器、空调等调节至恒温恒湿状态，甚至在睡前播放白噪声，以辅助睡眠。当到达设定的起床时间后，会有轻柔音乐唤醒、天气播报，并同时自动拉开窗帘等。

4. 幼长关爱

小爱同学新增的方言切换和儿童模式更适合老年人与小朋友使用。尽管大部分老年人不能准确使用普通话，但是依然可以使用小爱同学，原因在于小爱同学支持多种方言。它不仅能听懂各种方言，还能根据提问给出合适的答案。

在儿童模式下，小爱触屏音箱在识别出儿童面部后，会自动过滤不适合儿童观看的内容，并增加看视频防沉迷、距离保护等多重儿童保护措施，从而使得儿童养成良好的习惯。儿童保护的简单介绍如图 2-6 所示。

图 2-6 儿童保护

小爱同学在手机、电视和音箱等设备上的落地，使得它成为用户的智能生活助理。用户在每时每刻都会有各种各样的语音场景。例如，用户在下班回家后，让小爱同学推荐音乐；用户躺在沙发上时，让小爱同学播放自己爱看的电视剧；用户进入车里后，让手机上的小爱同学打开导航；用户在办公室，让小爱同学创建代办事项。

除了上述这些独立的使用场景，复杂的智能家庭交互场景也日渐增多。例如，用户通过语音来控制家庭智能设备的开关和模式设置。小爱同学基于场景上下文，自主判断最佳执行设备，从而可以在防打扰的前提下，智能选择距离最近的电视播放用户想看的影视剧。

从全球来看，谷歌在 2014 年收购了智能家居设备制造商 Nest，在 2016 年发布了 Google Home 智能音箱，并在 2019 年将 Google Home 与 Nest 整合，构建了以 Google Assistant 为中心的智能家居平台。苹果于 2010 年在 iOS 上率先发布了智能语音助手 Siri，并在 2016 年开发了基于 HomeKit 的智能家居平台，借助于该平台，可通过苹果系列产品上的 Apple Home 应用和 Siri 控制经过苹果 MFi 认证的智能设备。

小米公司也已建立起全面的 AI 和智能家居物联网能力体系（即 AIoT 体系），实现了设备异构融合、自然交互和生态赋能，且整体性能优于国外的同类技术。

2.4.3　小爱开放平台

小爱开放平台为设备接入 AI 提供了跨场景、跨平台的多种解决方案。这些解决方案提供了基础的 AI 语音服务、技能服务和蓝牙等服务。同时，为了降低开发者开发人工智能产品的难度，小爱开放平台提供了产品的创建、开发、测试、产品认证和产品发布等一系列完整的接入流程，以辅助设备厂商方便快速地融入小米生态体系，开发基于小米 AI 服务的产品。

设备在接入小爱开放平台后，就具有了 AI 能力，就可以使用小爱同学提供的各种 AI 服务，如语音交互对话、控制其他智能家居设备等。

以接入小爱开放平台的设备控制小米智能家居设备为例，其大致控制流程如图 2-7 所示。

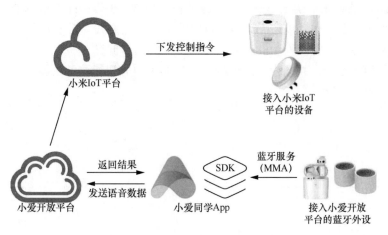

图 2-7　智能家居控制流程示意图

从图 2-7 中可以看出，小爱同学 App、小爱音箱和耳机等接入产品共同组成了人机交互的入口，它们通过小爱开放平台内部的智能语音引擎（也称为小米大脑）提供的后台 AI

服务，可完成用户交互，并控制小米 IoT 平台下的设备。

在实际场景中，用户在手机或者蓝牙设备上唤醒小爱同学。小爱同学 App 上的语音服务 SDK 将采集到的用户语音数据进行处理，然后上传到小爱开放平台。开放平台在处理后再返回处理结果。如果用户语音的解析结果是控制其他设备，则小爱开放平台会对接相应的小米 IoT 平台，并通过 IoT 平台下发指令，控制相应的智能家居设备。

那么，蓝牙设备是怎么参与这个过程的呢？这主要体现在如下两方面。

- 大多数智能家居设备对低功耗有要求，对成本有限制，因此它们大多通过蓝牙技术构建本地局域网。这样的智能家居设备有蓝牙 Mesh 灯、Mesh 开关和蓝牙网关等。
- 智能蓝牙语音设备，如 TWS 耳机、智能蓝牙音箱、闹钟和车机等，通过蓝牙连接手机等方式，实现互联网的连接，从而实现了蓝牙设备对 AI 服务的访问（这也是本书即将重点介绍的内容）。

这二者的结合，使得蓝牙在人机交互入口和终端占据了重要的位置。小爱开放平台的 AI 解决方案由下面 3 部分构成。

- 小爱蓝牙服务：这是一套完整的蓝牙解决方案，适用于 Android、iOS、Windows 系统及其他蓝牙设备，主要实现主机与设备之间的数据交互，且交互方式遵循小米自定义的智能蓝牙协议 MMA。该协议具有内容精简、兼容性好的特点。
- 小爱智能语音引擎：提供基于小米 AI 的人工智能服务，可以精确识别语音，听懂语义，实现为用户打造的定制化语音服务。
- 小爱同学 App：提供了设备连接管理、用户管理和固件升级等功能，还使用了 MMA，从技术框架上形成了平台级的标准协议。小爱智能语音引擎让用户在普通的蓝牙设备上也可以使用智能、自然的语音交互方式，而小爱同学 App 则解决了蓝牙设备在智能应用中的智能交互与内容的结合问题。

这 3 部分相互结合，共同为蓝牙设备厂商打通了通向智能设备的坦途，使得产品更容易开发，也更便于落地。

第 3 章

小米人工智能开发实践

3.1 小米人工智能简介

小米公司创立于 2010 年 4 月，是一家专注于智能硬件和电子产品研发的移动互联网企业，同时也是以手机、智能硬件和 IoT 平台为核心，构建智能家居生态建设的创新型科技企业，致力于让全球每个人都能享受科技带来的美好生活。小米目前有全球最大的消费类物联网（IoT）平台，连接了 2.52 亿台以上的智能设备（不含智能手机和个人电脑），覆盖了 200 个国家和地区。

小米最重要的核心业务是智能手机。得益于功能机向智能机转化的大潮、电商渠道的发展、小米极致性价比的产品策略，以及注重用户体验的产品理念，小米积累了大量用户。同时，小米在产品性能、工业设计和技术创新等方面不断突破，带来了产品品质的不断提升，为小米赢得了良好的口碑。随着用户量的不断积累，小米以智能手机为基石，不断向外拓展智能产品品类。

3.1.1 小米生态链

2014 年，小米启动生态链计划，旨在对智能硬件企业进行孵化和培养。小米的生态链部门在市场上投资硬件企业的速度非常快。被投资的企业遵循打造高性价比、爆款产品的核心策略，贯彻和推行小米的品牌认知，在起步阶段即得到了小米的品牌与资金支持。

小米生态链产品最初从小米手机的周边切入，比如小米移动电源、活塞耳机等，后来扩展到智能硬件，比如小米手环、空气净化器和小米插线板等。小米生态链围绕智能家居生活，业务范围不断壮大，产品种类越来越广泛，如扫地机器人、智能网关、智能插座、智能家庭传感器和小爱音箱等。小米的生态链业务培育出多家具有国际影响力的智能硬件领军企业，如华米、云米、紫米和石头科技等公司，带动了智能家居产业的持续高速增长。

在启动生态链计划的同时，小米也在研发 IoT 连接模组的软硬件系统，以提供整个 IoT 解决方案。小米研发的 IoT 模组经过不断打磨与优化，成本持续降低。生态链企业在获得这些智能模组后，可在相关智能产品中内置小米 IoT 模块，并接入小米云服务。随着技术的不断成熟以及物联网设备种类的不断扩展，小米推出了米家 App 来实现物联网设备的联网与控制，并在后台推出了小米 IoT 开发者平台以提供技术支持。用户在手机上下载并安装 App 后，通过网络即可与智能设备建立连接，获得对智能设备的控制权限。

图 3-1 所示为小米部分生态链产品及其推出时间。

图 3-1 小米部分生态链产品

3.1.2 小米智能语音助手

2017 年，小米推出了智能语音交互平台小爱同学。小米通过对声学、语音识别、计算机图像视觉、深度学习和云服务等领域的人工智能技术的创新，整合了小米、生态链企业及第三方物联网设备，将所有的场景化需求串联在一起，为用户提供了更加智能的物联网体验。

小爱同学跨设备支持小米电视、小米盒子、小米智能音箱、小米手表、儿童故事机等产品。用户通过与小爱同学交互，可以听音乐、查天气、定闹钟和搜索信息等，同时还能与空气净化器、扫地机器人、电饭煲、台灯与空调等 IoT 智能设备联动，使得用户通过语音命令即可实现对智能设备的控制。

截至 2021 年 2 月，小爱同学的月活用户超过 6000 余万，总用户超过 1.6 亿，成为国内最活跃的中文智能语音助手之一。图 3-2 所示为小爱同学的主要成长历程。

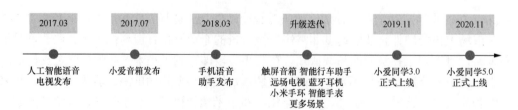

图 3-2 小爱同学的主要成长历程

3.2　小米人工智能开发

小米在向市场、向用户推出智能设备加速设备普及的同时，也将其在人工智能领域的能力进行对外输出，以帮助更多的厂商接入人工智能服务。图 3-3 所示为小米人工智能系统架构图，描述了小米人工智能服务的主要系统架构和运行流程。它的核心部分是小米小爱智能语音引擎（亦称为小米大脑）。

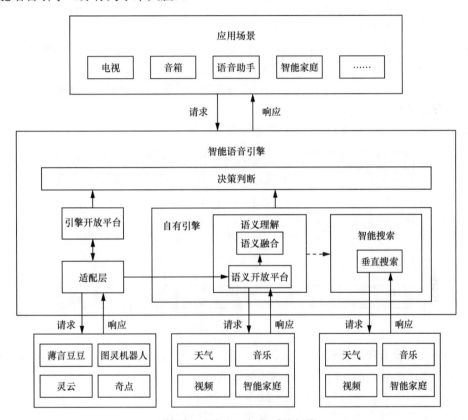

图 3-3　小米人工智能系统架构

小米小爱智能语音引擎负责提供人工智能服务，它通过统一的 API 和 SDK，将 AI 功能进行封装，对外提供相应服务。小米小爱智能语音引擎的内核是基于小米的大数据和机器学习平台，同时它也是一个开放平台，可以集成第三方的数据、内容、服务以及人工智能技术。

3.2.1　小米小爱智能语音引擎

小米小爱智能语音引擎是一个基于人工智能技术的云端智能引擎，为手机、电视、音箱等硬件设备上的交互接口提供后台支撑，以实现更加智能和自然的人机交互方式。

小米小爱智能语音引擎的核心功能由 4 部分组成。

- 自动语音识别（Automatic Speech Recognition，ASR）：负责把语音精准地转化为文本，其架构支持对接第三方的语音识别引擎，并提供统一接口，以便开发者自由选用其中任何一个。
- 自然语言处理（Natural Language Processing，NLP）：对文本进行处理和理解，转为结构化的查询表达，其中包括上下文（Context）和对话（Dialogue）的管理，以及对各种垂直领域的丰富支持。
- 智能搜索引擎（Intelligent Search Engine，ISE）：整合各个垂直领域的优质内容和服务，查询并返回最符合用户需求和当前上下文的结果。
- 语音合成（Text To Speech，TTS）：为返回结果添加语音回答，实现更流畅自然的人机交互。

ASR、NLP 、ISE 和 TTS 之间的关系如图 3-4 所示。

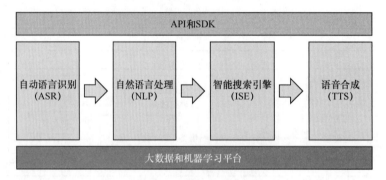

图 3-4　模块关系图

小米小爱智能语音引擎调用 ASR、NLP 和 TTS 服务，在小米的大数据和机器学习平台的帮助下实现更加智能、自然的人机交互方式。

小米小爱智能语音引擎的系统架构如图 3-5 所示。

小米小爱智能语音引擎在工作时，主要的交互流程如下。

1．用户使用客户端发起语音请求，语音 SDK 处理语音数据，MIoT（小米物联网平台）SDK 负责从授权系统获取 token，为后面控制 MIoT 设备的流程做准备。

2．语音接入和控制模块调用 ASR 服务，将语音数据转换为文本数据。可选择多个厂商的 ASR 服务（具体可由设备厂商在开放平台配置一个或多个 ASR、TTS 库），根据语料评测结果以及返回的内容数据进行评分。ASR 结果按照分数进行排序后存放在列表中，供后续流程的模块使用。

3．语音接入和控制模块还会对用户信息进行授权和认证操作，帮助用户完成登录流程。

4. NLP 和语义控制中心模块对 ASR 文本数据进行处理和理解。ASR 文本数据的理解和处理包括整个对话过程中上下文的理解和分析，该处理过程也会从设备开放平台、内容选择系统和技能开放平台获取数据。

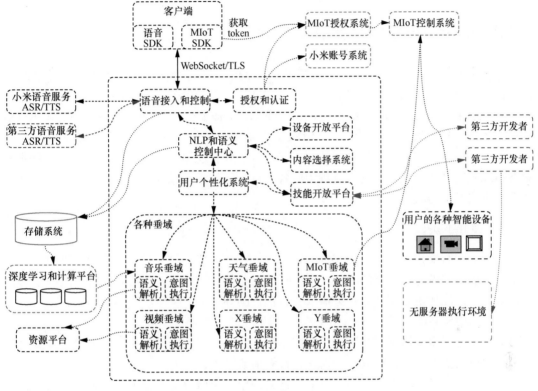

图 3-5　小米小爱智能语音引擎的系统架构

5. NLP 和语义控制中心模块会使用存储系统对数据进行中转处理，同时将数据放到深度学习和计算平台进行深度学习。

6. NLP 和语义控制中心模块将与深度学习平台协同处理后的数据，下发到垂域控制中心进行语意理解。垂域（Domain）指的是某一个领域，它包含这个领域特有的语料、知识和常见说法。

7. 语意控制中心根据语意理解的结果选择合适的垂域。垂域结果包括两部分：语义解析和意图执行。

8. 普通的处理结果经由 NLP 和语义控制中心模块，转发给语音接入和控制模块。语音接入和控制模块会调用语音合成服务，将解析后的语义文本数据转为语音数据。NLP 和语义控制中心会将 MIoT 垂域的结果传给 MIoT 控制系统，由后者来控制用户的各种智能设备。

9. 返回给客户端的是语音和意图执行的数据，客户端播放对应的语音数据以及执行对应的意图。

小米小爱开放平台为小米小爱智能语音引擎封装了外部交互接口，以 SDK 的形式提供给各个硬件平台的开发者使用。

3.2.2 小米小爱智能语音引擎 SDK

小米小爱智能语音引擎 SDK 应用在硬件平台的客户端上，负责客户端和服务器之间的通信。它提供了各种人机交互接口以供客户端使用，客户端通过调用接口可以实现各种人机交互的效果。该 SDK 已经支持 Android、iOS、macOS、Windows、Linux 和 FreeRTOS 等操作系统的各个版本。本节讲述的 SDK 是在 Linux 平台上用 C++开发的 SDK 版本。

为了方便客户端和服务器之间的通信，小米小爱智能语音引擎 SDK 定义了一套基于 WebSocket 的通信协议，把交互过程中的各种行为和结果抽象成通信过程中的消息。下面介绍一下该通信协议。

1. 通信协议

小爱人工智能语音服务（AI Voice Service，AIVS）协议是小爱智能引擎提供的一个通信协议，供客户端与服务器的通信使用。智能设备借助这套协议，可以实现小爱同学的各种语音能力，比如语音识别、音频播放和音量控制等。

小爱 AIVS 协议包括 3 部分：指令、事件和上下文状态。

- 指令：服务器下发给客户端的结果或者命令，客户端接受相应的结果，或执行对应的操作，比如播放一个语音、暂停播放等。
- 事件：客户端将发生的事情上报给服务器，由服务器进行记录并识别。比如客户端在建立与服务器的连接后，发给服务器的全局配置信息、开始语音输入等。
- 上下文状态：客户端当前所处的环境信息，一般是上报事件和下发指令时携带的状态信息，比如是否有音乐正在播放、当前语音播报的音色信息等。

小爱 AIVS 协议有 3 层结构，自下而上分别为传输层、消息格式和协议指令集，下面将分别介绍。

1. 传输层

传输层定义了客户端和服务器如何传输数据。小爱语音服务以 WebSocket 传输协议为基础进行数据的传输。客户端与服务器始终保持连接状态，服务器通过该连接，可主动向客户端下发指令。借助于 WebSocket 协议，客户端和服务器只需要完成一次握手，就可以创建持久性的连接，并进行双向数据传输，因此能更好地节省服务器资源和带宽。

下面介绍一下如何建立、保持连接。

客户端使用标准的 WebSocket，客户端和服务器在首次建立连接时需要交换 HTTP 报头数据。客户端在通过第一个网络请求建立 TCP 连接之后，交换的数据不再需要发送 HTTP 报头。

客户端发送的数据格式如下所示。

```
GET /speech/v1.0/access HTTP/1.1
Upgrade: websocket
Connection: Upgrade
host: speech.ai.xiaomi.com
Authorization: MIOT-TOKEN-V1
App_id:xxx,access_token:yyy
Sec-WebSocket-Key: hj0eNqbhE/A0AbCDEFYYw==Sec-WebSocket-Version: 13
```

其中，

- Upgrade 这里的 websocket 参数表明这是 WebSocket 类型的请求；
- Sec-WebSocket-Key 是 WebSocket 客户端发送的一个 Base64 编码的密文，要求服务器必须返回一个对应加密的 Sec-WebSocket-Accept 应答，否则客户端会抛出"Error during WebSocket handshake"错误，并关闭连接；
- Authorization 是必需的字段，用于鉴权，服务器通过鉴权才能完成连接，进行后续通信。

服务器在收到客户端发送的消息并处理后，返回如下格式的数据（与客户端发送的数据的格式类似）。

```
HTTP/1.1 101 Switching Protocols
Upgrade: websocket
Connection: Upgrade
Sec-WebSocket-Accept: K7DJLdLabcdeF/MOpvWFB3y3FE8=
```

其中，

- Sec-WebSocket-Accept 的值由服务器采用与客户端一致的密钥计算出来后，返回客户端；
- HTTP/1.1 101 Switching Protocols 表示服务器接受 WebSocket 协议的客户端连接，经过这样的请求响应处理后，两端的 WebSocket 连接握手成功，双方后续就可以进行 TCP 通信了。

为了保持物理连接不断，客户端需要每隔一段时间 ping 一次服务器。若服务器正常，则返回 ping 响应，物理连接得以保持；否则客户端应该立即关闭当前的物理连接，并尝试建立新的连接。

2. 消息格式

消息格式定义了数据传输的格式。在消息格式中，不同的字段代表不同的含义。指令、事件和上下文状态都是基于约定的消息格式编写的。小爱 AIVS 协议基于 WebSocket 传递

JSON 消息。客户端请求的 JSON 消息为事件（event）或上下文状态（context），服务器响应的 JSON 消息为指令（instruction）。

下面看一下请求/响应的 JSON 消息格式。所有 JSON 消息的定义都遵循了如下通用格式（event、instruction 的 header 会有其他字段）。

```
{
    "header": {
        "namespace": "Namespace",
        "name": "Name",
    },
    "payload": {
        //不同的 name 用不同的数据格式，映射到唯一的一个类的定义
    }
}
```

其中，

- header 指明了具体类型，在确定类型后即可确定如何读取 payload 内容（namespace 表示的是类别，name 是指明具体功能）；
- payload 指明了具体的内容，不同 header 对应的 payload 定义不同，详情请参考小爱开放平台的指令说明（小爱开放平台→资源中心→语音服务平台→开发手册→指令说明）。

（1）上下文状态（context）

上下文状态消息的格式如下。

```
{
    "header": {
        "namespace": "Namespace",
        "name": "Name",
    },
    "payload": {
        // context payload
    }
}
```

（2）事件（event）

下面通过如下实例来看事件消息的格式。

```
{
    "header":{
        "id":"2f664c8a52acea1200d490d16e701b08",
        "name":"Synthesize",
        "namespace":"SpeechSynthesizer"
    },
```

```
    "payload":{
        "text":"播放刘德华的音乐"
    }
}
```

事件消息的字段说明如下。

- 上面的消息表示客户端向服务器发送了一个 TTS（语音合成）事件，要求将"播放刘德华的音乐"的文字内容转为语音数据。
- 事件可能会包含多个 context。
- 事件的 header 包含 id 字段，该字段是该事件消息的唯一标识。原则上所有事件消息的 id 都是唯一的（只有一种例外：ASR 语音流前后的 Recognize 和 RecognizeStreamFinished 事件是成对出现的，要求每一对事件的 id 相同）。

（3）指令（instruction）

下面通过如下实例来看指令消息的格式。

```
{
    "header":{
        "namespace":"SpeechSynthesizer",
        "name":"Speak",
        "id":"fa8708dfc7224d53b9b6abcedff6bc88",
        "dialog_id":"2f664c8a52abcedf00d490d16e701b08"
    },
    "payload":{
        "text":"播放刘德华的音乐",
        "sample_rate":16000,
        "codec":"MP3"
    }
}
```

指令消息的字段说明如下。

- 上面的消息表示服务器下发给客户端，且由客户端查询"播放刘德华的音乐"事件的结果信息。
- id 字段是该指令消息的唯一标识，所有指令消息的 id 都是唯一的。
- dialog_id 字段是对话 id，标识该指令响应的是哪个事件，并与该事件的 id 一致。

3. 协议指令集

协议指令集定义了客户端具备的能力，比如语音输入、语音输出和音乐播放等。每个协议指令集都包含多个指令和事件，例如客户端下发播放音乐的指令。客户端向服务器发送的消息内容具有如下格式。

```
{
    "header" : {
```

```
        "namespace" : "AudioPlayer",
        "name" : "PlayFavorites",
        "id" : "4e6e44db345840cabcdef67ba4ce79e4",
        "dialog_id" : "ca382657bdabcdefa575cab12a6d8162"
    },
    "payload" : {
        "type" : "MUSIC"
    }
}
```

上述消息格式内容的解读请查看小爱开放平台的指令说明，这里不再赘述。

2. 接口

小米小爱智能语音引擎将 AI 服务的能力抽象成协议的各种消息，在整个 AI 交互过程中主要的工作就是进行消息的发送和接收。该引擎在启动之前需要进行一些初始化相关的工作，比如完成用户鉴权相关的参数、网络连接相关的参数、ASR 及 TTS 配置信息和客户端信息的初始化。在初始化完成之后，就可以启动引擎。由于启动会有一些耗时操作，所以要求启动过程在后台线程中进行。引擎启动之后就可以通过消息的发送和接收接口来实现各种 AI 服务。

小米小爱智能语音引擎 SDK 对外的接口类如下所示。

```
/**
* AIVS SDK 交互的主要类
*/
class AIVS_EXPORT Engine
{
    public:
    /**
    * 初始化引擎实例
    * @param config 客户端配置信息
    * @param authType 客户端采用的鉴权类型
    * @return Engine 实例
    */
    static std::shared_ptr<Engine> create(std::shared_ptr<AivsConfig> &config,
            std::shared_ptr<Settings::ClientInfo>&clientInfo, int32_t authType);
    /**
    * 注册客户端需要实现的能力
    * @param capability 客户端实现的能力
    * @return success:true fail:false
    */
    virtual bool registerCapability(std::shared_ptr<Capability> capability);

    /**
    * 启动引擎，并以阻塞式网络连接云端，直到连接结束才返回
```

```
 * @return success:true fail:false
 */
virtual bool start();

/**
 * 向服务器发送事件
 * @param event 客户端构造的事件
 * @return success:true fail:false
 */
virtual bool postEvent(std::shared_ptr<Event> &event);

/**
 * 向服务器发送 ASR 语音数据
 * @param data 语音数据
 * @param length 数据长度
 * @return success:true fail:false
 */
virtual bool postData(const uint8_t *data, uint32_t length);

/**
 * 上传任何类型的二进制数据，用于唤醒数据上传等特殊场景
 */
virtual bool postRawData(const uint8_t *data, uint32_t length);
};

class AIVS_EXPORT InstructionCapability : public Capability
{
    public:
    virtual const std::string& getName() const { return NAME; };
    /**
     * 处理服务器下发的指令
     * @param instruction 服务器下发的指令
     * @return success:true fail:false
     */
    virtual bool process(std::shared_ptr<Instruction> &instruction) = 0;

    /**
     * 处理服务器下发的二进制数据
     * @param data 数据指针
     * @param length 数据长度
     * @return success:true fail:false
     */
    virtual bool process(const uint8_t *data, uint32_t length) = 0;

    public:
    static const std::string NAME;
};
```

1. 引擎调用初始化

初始化引擎调用的接口为：

```
std::shared_ptr<Engine> create(std::shared_ptr<AivsConfig> &config,
                               std::shared_ptr<Settings::ClientInfo> &clientInfo,
                               int32_t authType);
```

接入小米开放平台的客户端在与小米小爱智能语音引擎进行交互前，需要完成身份鉴定操作，以保证接入设备的安全性。各种鉴权方式的介绍请参考小米小爱开放平台官网，这里不再赘述。在客户端与服务器建立长连接（WebSocket 连接）后，客户端需要向服务器上报一些基本的参数配置，服务器也会保持相关状态，所以在引擎启动之前需要准备好这些参数。

接口的 config、clientInfo 参数用于为身份鉴定和基本参数配置提供数据。config 是 AivsConfig 的引用对象，AivsConfig 类中定义了鉴权、网络连接配置、ASR 行为配置和 NLP 行为配置相关字段。clientInfo 是 ClientInfo 的引用对象，ClientInfo 类中定义了客户端信息的相关字段。

鉴权是在客户端和服务器在首次建立连接时，通过交换 HTTP 的报头数据来完成的，报头中的鉴权相关字段是从 config 对象中获取的。基础参数配置是通过客户端向服务器发送 GlobalConfig 事件消息完成的，GlobalConfig 事件消息对象的数据来源于 config 和 clientInfo 对象。GlobalConfig 事件消息的数据格式表 3-1 所示。

表 3-1　GlobalConfig 事件消息的数据格式

参数名	类型	是否必需	说明
asr	object	可选	ASR 配置参数，详见开发手册（小米小爱开放平台->语音服务平台->开发手册）中 AsrConfig 的说明
tts	object	可选	TTS 配置参数，详见开发手册中 TtsConfig 的说明
client_info	object	可选	客户端信息，详见开发手册中 ClientInfo 的说明
pre_asr	object	可选	详见开发手册中 PreAsrConfig 的说明
push	object	可选	推送相关的配置信息，用于后续小爱给设备推送信息，详见开发手册中 PushConfig 的说明
sdk	object	可选	小爱 SDK 相关的信息，详见开发手册中 SDKConfig 的说明
locale	object	可选	小爱设备地域相关的配置，详见开发手册中 LocaleConfig 的说明

2. 启动引擎

启动引擎调用的接口为 virtual bool start()。

引擎在启动时会先创建一个 WebSocket 长连接，在需要交互 HTTP 报头的数据时，把

config 中鉴权相关的字段写入进来。在连接建立成功之后，会根据 config 和 clientInfo 对象中的字段生成 GlobalConfig 对象，将 GlobalConfig 事件消息发往服务器，进行基础参数的配置。

在引擎启动成功后，客户端和服务器之间建立连接，随后通过客户端定时发送 ping 数据包（opcode=0x09）、服务器响应 ping 数据包（opcode=0x0A）的心跳机制来维持该连接。连接建立后，客户端就可以从 WebSocket 中收发数据。

3. 发送和接收数据

SDK 为客户端准备了 3 个发送数据的接口：一个是 postEvent 接口，用于向服务器发送事件消息；另外两个是 postData 和 postRawData 接口，用于直接向服务器发送数据。客户端创建了处理服务器数据的功能类 xxxInstructionCapability，它继承了 InstructionCapability 类，并实现其提供的虚拟接口。通过 registerCapability 接口进行注册后，就可以在 process 接口中处理从服务器接收的数据。

在小米开放平台中，小米人工智能支持的能力被定义成各种指令。客户端调用 postEvent、postData 和 postRawData 接口向服务器发送请求，服务器在收到请求后进行处理，并将结果返回给客户端。各种请求被通信协议封装成事件消息和上下文消息，处理结果则被封装成指令消息。

3.2.3 小米小爱智能语音引擎后台架构

小米小爱智能语音引擎的后台负责智能语音交互的最终实现，它的核心业务逻辑是调度 ASR、NLP 和 TTS 服务，来处理客户端发送过来的消息。小米小爱智能语音引擎后台的业务架构如图 3-6 所示。

SpeechWebSocket 是智能语音服务的顶层调度器，它接收/返回数据（文本/语音），根据请求中的指令集调用不同的 Dispatcher 来处理。指令集指的是 PreASR、ASR、NLP 和 TTS 的指令集合，SpeechWebSocket 会根据这个指令集合来调用对应的接口。

在消息的处理过程中，ASR、NLP 和 TTS 是一个标准的完整过程。我们可以将其理解为：一段语音数据被识别成文本，然后由 NLP 处理完毕，最终由 TTS 生成语音返回。

PreASR 是在 ASR 之前对语音进行解码的服务，一般应用于音箱上。因为音箱的语音数据是经过编码后再传输的，无法直接调用 ASR 接口，所以需要先对音箱的语音数据进行解码。

Dispatcher 用来调用具体的服务接口（如 XiaoMiAsr），并对数据进行处理（如调用多家的 ASR 返回多份文本数据，并对多份文本数据进行分析和挑选），同时也会将处理的结果返回给上层（SpeechWebSocket）。

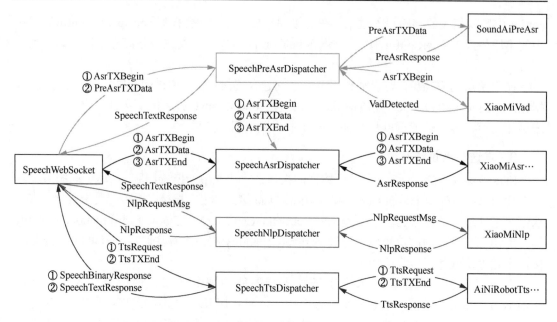

图 3-6 小米小爱智能语音引擎后台的业务架构

Dispatcher 模块的功能说明如表 3-2 所示。

表 3-2 Dispatcher 模块的功能说明

Dispatcher 模块	功能说明
SpeechPreAsrDispatcher	对语音进行解码，然后把解析后的语音交由 AsrDispatcher 进行处理；调用 VAD 服务，检测人声的开始和结束。这个环节由 PreASR 和 ASR 一起完成，这也是 Dispather 对音箱和非音箱进行数据处理的不同之处（后面的章节会讲到）
SpeechAsrDispatcher	调用多家 ASR 服务（小米、猎户、思必驰等），把语音数据传递给 ASR 接口并返回文本数据
SpeechNlpDispatcher	ASR 返回的文本数据调用 NLP 的接口进行处理。这里注意的是，部分空查询也会调用 NLP，业务逻辑会进行最终的判断
SpeechTtsDispatcher	需要返回语音时，会调用这个接口，接口将文本转成语音流，并返回给客户端（TTS 也有多家服务，如小米、猎户、百度等）

上述内容是对智能引擎后台整体业务逻辑的介绍，接下来会详细介绍每个核心模块，以便读者进一步了解小米小爱智能语音引擎的后台业务处理逻辑。

1. SpeechWebSocket

SpeechWebSocket 服务的交互流程如图 3-7 所示。

SpeechWebSocket 服务的实现逻辑如下。

1. SpeechWebSocket 服务的 receive 函数接收到 Client 的请求消息（JSON 格式），构

建一个 cmds 指令列表。可参考图 3-7 右上角 processCmd 中的区块，其中一个区块代表一条指令。

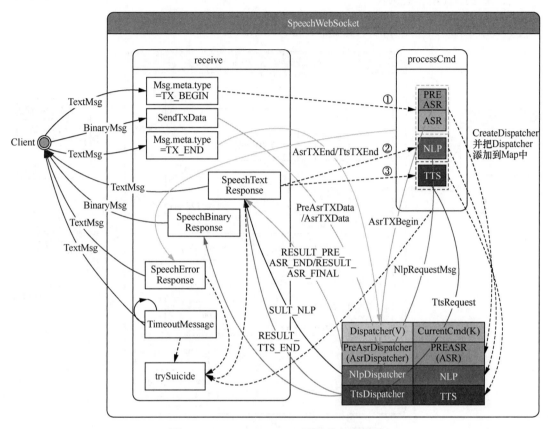

图 3-7 SpeechWebSocket 服务的交互流程

2．receive 函数调用 processCmd 函数，从 cmds 指令列表中获取第一条指令（同时也删除这条记录，以保证 processCmd 函数下次只需要获取列表中的第一条指令）。processCmd 函数根据指令构建对应的 Dispatcher。请参考图 3-7 右下角中表格，这是一张哈希表，用于维护指令和 Dispatcher 的对应关系。

3．Client 通过消息的方式调用当前 Dispatcher 的服务，上一个 Dispatcher 服务返回的结果可以作为当前 Dispatcher 服务的输入。

4．当前 Dispatcher 返回的消息又被 receive 函数捕获到并进行处理，然后再调用 processCmd 函数（第 2 步）来处理下一条指令；以此类推，直到 cmds 指令列表中的每一条指令都执行完毕。

需要注意的是，在 cmds={PREASR, ASR, NLP, TTS}时，processCmd 获取到 PREASR 时，会检查下一个指令是否为 ASR。如果是，则会把这两个指令合在一起处理（即

PREASR+ASR），同时把 PREASR、ASR 这两条记录都删掉。

2. PreAsrDispatcher

PreAsrDispatcher 服务的交互流程如图 3-8 所示。

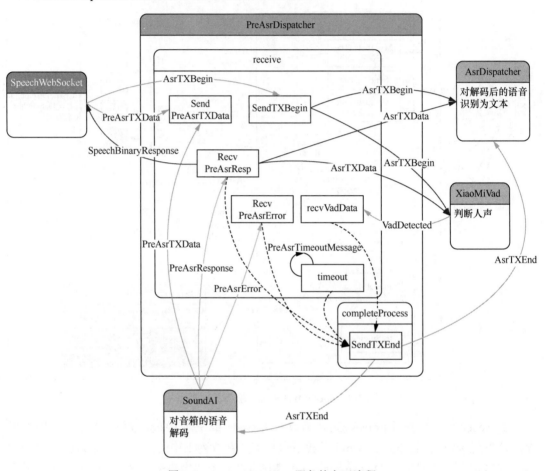

图 3-8　PreAsrDispatcher 服务的交互流程

PreAsrDispatcher 需要和 SoundAI、XiaoMiVad 和 AsrDispatcher 模块进行数据交互。表 3-3 是这几个模块的功能说明。

表 3-3　与 PreAsrDispatcher 进行交互的模块以及功能说明

模块	功能说明
SoundAI	SoundAI 用于对音箱的语音进行解码。由于语音是分片的，在对某个分片进行解码时可能会失败。需要注意的是，SoundAI 调用的是 HTTP 接口，因此返回的每个语音分片不一定是有序的（这里有个重组的逻辑）

续表

模块	功能说明
XiaoMiVad	对 ASR 的数据进行人声判断，判断人声的开始和结束，并将结果告知上层服务
AsrDispatcher	由于 PreAsrDispatcher 主要是对语音进行解码，因此为了让结构更合理，SoundAI 返回的结果直接转发给 AsrDispatcher，而不是返回给 SpeechWebSocket 后再转发给 AsrDispatcher（这也就是为什么指令 PREASR+ASR 要一起处理）

PreAsrDispatcher 服务的实现逻辑如下。

- SoundAI 对收到的语音流数据进行解码。由于语音流是分片的，因此 SoundAI 处理完一个语音分片就将其转发给 XiaoMiVad 和 AsrDispatcher 模块。
- recvVadData 处理 XiaoMiVad 模块的结果数据，如果 VAD（语音活性检测）判断人声结束，则向 AsrDispatcher 发送 AsrTXEnd 事件。
- PreAsrDispatcher 会把 SpeechWebSocket 处理的数据传给 AsrDispatcher，由 AsrDispatcher 返回结果。所以图 3-3 中只有 SpeechBinaryResponse 数据返回到 SpeechWebSocket 模块，这是 cmds 指令列表只有 PreAsr 没有 ASR 情况时才会出现的结果。

3. AsrDispatcher

AsrDispatcher 服务的交互流程如图 3-9 所示。

AsrDispatcher 的核心业务逻辑是根据接收到的数据调用多个 ASR 服务（即由不同厂商提供不同的 ASR 服务），以处理数据和获取处理结果。AsrDispatcher 的复杂业务逻辑在于如何合理有效地处理多家 ASR 服务的返回结果。选择多 ASR 厂商（Vendor）的原因是因为可以降低 ASR 的单点故障，以及有更大的选择最优结果的空间。同时选择的多样化也带来了复杂度提高、延迟增加等问题。所以，如何合理有效地处理多家 ASR 的返回结果就显得尤为重要。

多 ASR 厂商结果的处理逻辑如下。

- 在图 3-9 所示的每个 ASR 厂商和结果的对应关系的表中（图 3-9 的底部）可以看到，要对结果进行正常和错误的区分。如果只有一个厂商，显然处理逻辑就简化很多。
- 由于语音流是分片的，因此 ASR 返回的结果也是不断更新的。

来看一个例子。假设一段语音的文本是"今天天气怎么样？"，这段语音被分成 3 个分片。当第 1 个分片发送给 ASR 接口时，这时还未发送第 2 个分片，但 ASR 可能已经返回部分结果，如"今天天气"。等整段语音都发送完毕后，ASR 才会给出最终的结果，用户看到的现象则是文字在屏幕上实时显示和更新。

- RecvAsrResponse 在收到一个 ASR 结果后（结果中标记了这个 ASR 是由哪个厂商提供的），先更新对应厂商的 ASR 返回结果。如果是错误信息，也是同样的方式更新。

- 如果某个 ASR 服务返回的 AsrResponse 已经标记为完成（说明当前 ASR 服务认为语音已经处理完），AsrDispatcher 就需要去遍历其他厂商的结果，然后判断是否要返回结果。
- 虽然有多个厂商提供的 ASR 服务，但是怎么从多个结果中选择返回哪个呢？每个厂商都会有个离线评测结果（每天通过语料进行评测），将这个评测结果作为一个基础分，然后再根据返回的结果（例如厂商 A 返回空，而厂商 B 返回不为空，则分数就会有区别）打分，分数最高的 ASR 结果排列在结果列表中的第一位。

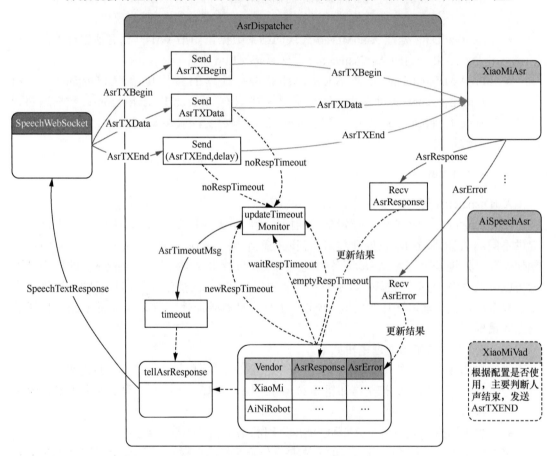

图 3-9　AsrDispatcher 服务的交互流程

4. TtsDispatcher

TtsDispatcher 服务的交互流程如图 3-10 所示。

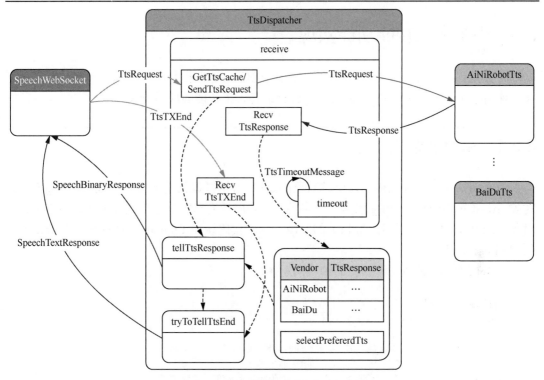

图 3-10 TtsDispatcher 服务的交互流程

TtsDispatcher 也可以有多个 TTS 厂商为其服务。因为 TtsDispatcher 只能给客户端返回其中一个 TTS 结果，所以在 RecvTtsResponse 收到 RtsResponse 后，有一个从多个服务中选择最优服务的逻辑。

TTS 服务返回结果的优选处理逻辑如下。

- 指定优选 TTS 的厂商（主要通过配置文件来指定），如果没有指定优选厂商，则根据其他逻辑进行选择。

- TTS 厂商返回 TtsResponse 结果后，如果 TtsDispatcher 还没有下发 TTS 数据到客户端，先缓存对应厂商的 TTS 数据。

- 如果返回的 TtsResponse 结果是优选厂商的，则 TtsDispatcher 就直接下发数据到客户端；如果不是，TtsDispatcher 则让超时定时器再等一段时间。如果定时器触发后还没有收到优选厂商的 TTS 数据，则下发先返回数据的厂商的 TTS（即这次不再使用优选厂商的 TTS 数据）。

TtsDispatcher 可不断获取 TTS 数据，并支持多次发送文本数据，即获得了一段文本返回的 TTS 数据后，可以继续发送另一段文本，如此循环。如果某一段文本过长，SendTtsRequest 会对其进行分段，避免因文本过长导致 TTS 服务返回数据的延迟太大。

3.3 小米人工智能功能实现

在介绍完了小米智能语音引擎的前后台实现后，接下来将通过具体的示例代码来介绍如何使用小米小爱智能语音引擎 SDK，进行语音人工智能的应用开发。

3.3.1 引擎初始化

引擎初始化的过程就是创建引擎对象的过程，引擎对象就是下述示例代码中的 gEngine 对象。AivsConfig 对象 config 设置了匿名鉴权、ASR 行为和网络连接相关的字段。ClientInfo 对象 clientInfo 中设置了客户端相关的字段。示例代码调用 Engine 类的静态方法 create 来创建 gEngine 对象。

引擎初始化的具体过程如下面的代码所示。

```
//初始化匿名鉴权的引擎
void initAivsDeviceAnonymous()
    {
    std::string ANONYMOUS_CLIENT_ID = "658975852104519680";
    std::string ANONYMOUS_DEVICE_ID = getDeviceId();
    std::string ANONYMOUS_SIGN_SECRET = "ZOggORzc4KoF123ABCKq1HZVqVFZ"\
                "gMuh8zvej3T3mJl3VNT68s4SuAbcDEFaXHjkn_-31vTcgHu9j9XJy3E2A7w";
    std::string ANONYMOUS_API_KEY = "s9J3Ppn_r7yRkZjXT8w0IP2AbcDEFaaMkLM-E_ClKEw";
    std::string ANONYMOUS_PACKAGE_NAME = "com.xiaomi.ai.test.android";
    std::string ANONYMOUS_CERT_MD5 = "75:e5:99:13:91:4f:0f:16:6d:50:a9:7f:0f:bb:ad:40";
    std::string ANONYMOUS_CERT_SHA256 = "16:a7:99:b8:f2:b9:50:24:66: "\
                    "c6:a9:1a:fc:2e:b5:7d:5f:51:ed:f9:2d:7f:79:7e:9a:7d:ce:ff:8e:71:88:6c";
    std::shared_ptr<aivs::AivsConfig> config = std::make_shared<aivs::AivsConfig>();
    //鉴权相关参数设置
    config->putString(aivs::AivsConfig::Auth::CLIENT_ID, ANONYMOUS_CLIENT_ID);
    config->putString(aivs::AivsConfig::Auth::Anonymous::SIGN_SECRET, ANONYMOUS_SIGN_SECRET);
    config->putString(aivs::AivsConfig::Auth::Anonymous::API_KEY, ANONYMOUS_API_KEY);
    config->putString(aivs::AivsConfig::Auth::Anonymous::PACKAGE_NAME, ANONYMOUS_PACKAGE_NAME);
    config->putString(aivs::AivsConfig::Auth::Anonymous::CERT_MD5, ANONYMOUS_CERT_MD5);
    config->putString(aivs::AivsConfig::Auth::Anonymous::CERT_SHA256, ANONYMOUS_CERT_SHA256);
    //客户端信息设置
    std::shared_ptr<Settings::ClientInfo> clientInfo = std::make_shared<Settings::ClientInfo>();
    clientInfo->setDeviceId(ANONYMOUS_DEVICE_ID);
    config->putInteger(aivs::AivsConfig::KEY_ENV, aivs::AivsConfig::VAL_ENV_PREVIEW);
    //网络连接信息设置
    config->putBoolean(aivs::AivsConfig::Connection::ENABLE_LWS_FULL_LOG, true);
    config->putString(aivs::AivsConfig::Asr::CODEC, AivsConfig::Asr::CODEC_OPUS);
    //引擎的创建
    gEngine = aivs::Engine::create(config, clientInfo, aivs::Engine::ENGINE_DEVICE_ANONYMOUS);
    }
```

3.3.2 启动引擎

启动引擎指的是用初始化后的 gEngine 对象调用 start 接口,以创建 WebSocket 连接,从而完成身份鉴权以及基本参数的设置。连接创建完成之后的交互是通过实现对应Capability 的接口类来完成的。AuthCapabilityImpl 类负责提供以及更新 OAuth 鉴权相关的信息,MyInstructionCapability 类用来处理服务器返回的数据,ConnectionCapabilityImpl 类用来接收网络连接状态的变更信息,StorageCapabilityImpl 类用来实现 SDK 的数据持久化,ErrorCapabilityImpl 类用来进行引擎出错时的响应。Capability 接口类在实现后调用 registerCapability 接口进行注册。

启动引擎的示例代码如下。

```
//开启引擎
int startEngine()
{
    initAivsDeviceAnonymous();
    aivs::Logger::setLevel(aivs::Logger::LOG_LEVEL_DEBUG);
    //根据需求注册相应的 Capability
    gEngine->registerCapability(std::make_shared<MyInstructionCapability>());
    gEngine->registerCapability(std::make_shared<AuthCapabilityImpl>());
    gEngine->registerCapability(std::make_shared<StorageCapabilityImpl>());
    gEngine->registerCapability(std::make_shared<ConnectionCapabilityImpl>());
    gEngine->registerCapability(std::make_shared<ErrorCapabilityImpl>());
    if (!gEngine->start())  //耗时操作,不建议放到主线程(或 UI 线程)
    {
        std::cout << "ERROR: failed to start Engine" << std::endl;
        return -1;
    }
    return 0;
}
```

在 WebSocket 连接建立时,客户端发送 HTTP 请求,服务器会进行相应的 HTTP 响应。这个过程还涉及 HTTP 报头数据的交互,HTTP 请求的报头中包含了鉴权相关的字段。

HTTP 请求的数据格式如下。

```
GET /speech/v1.0/longaccess HTTP/1.1
Pragma: no-cache
Cache-Control: no-cache
Host: 120.133.33.225:8080
Upgrade: websocket
Connection: Upgrade
Sec-WebSocket-Key: w19lG+sRABCDEFhC0jl0HQ==
Sec-WebSocket-Version: 13
AIVS-Encryption-CRC:feb30824
```

```
AIVS-Encryption-Key:pubkeyid:TVFyD0ABcdEFkXe7XyboXQ, key:ABCDEFyuvy
Authorization:uvwryABCDEFabcdef
Client-Connection-Id:102e51dabcdefc23da2a7ef945f76412
Content-Type:Application/json
Date:Mon, 26 Apr 2021 06:22:42 GMT
Heartbeat-Client:90
```

HTTP 请求的字段说明如下。

- Authorization：鉴权字段。该字段的值由引擎初始化时传入的 CLIENT_ID、SIGN_SECRET 和 API_KEY 等字段，外加从 AuthCapabilityImpl 对象中获取的 ACCESS_TOKEN 字段，根据一定的规则计算得出。
- 其他字段请参考 3.2.2 节的介绍。

HTTP 响应的数据格式如下。

```
HTTP/1.1 101 Switching Protocols
Sec-WebSocket-Accept: /wURZUSmsRT9tZg1gH+0+TLxAt0=
Date: Mon, 26 Apr 2021 06:22:42 GMT
Host: 120.133.33.225:8080
Pragma: no-cache
Upgrade: websocket
Connection: Upgrade
Content-Type: Application/json
Authorization: DAA-TOKEN-V1 client_id: 9712345678680,api_key:XXXXXX
Cache-Control: no-cache
Heartbeat-Client: 90
Sec-WebSocket-Key: w19lG+sRZSPCHMhC0jl0HQ==
AIVS-Encryption-CRC: feb30824
AIVS-Encryption-Key: pubkeyid:TVFyD0WAbcDEFXe7XyboXQ,key:uvwABC
Authorization-Ready: ywdABC
Client-Connection-Id: 102e51d3a0b79c23abcdeff945f76412
Sec-WebSocket-Version: 13
```

HTTP 响应的字段说明如下。

- Authorization：OAuth 认证中服务器传给客户端的 Auth 数据。
- AIVS-Encryption-CRC 和 AIVS-Encryption-Key 字段：用来对后续交互的数据进行加解密。
- 其他字段参考 3.2.2 节的介绍。

在进行基本参数的设置时，客户端向服务器发送 GlobalConfig 事件消息。该消息的具体数据格式如下。

```
{
    "header":{
        "id":"b0ee062402581578746d388c0a5a2009",
        "name":"GlobalConfig",
```

```
            "namespace":"Settings"
        },
        "payload":{
            "asr":{
                "format":{"bits":16,"channel":1,"codec":"OPUS","rate":16000},
                "lang":"zh-CN",
                "partial_result":true,
                "vad":false
            },
            "client_info":{"device_id":"95C9D38A-F020-4F6C-95D0-D41C7F1BEFFC"},
            "sdk":{"lang":"CPP","version":2000055},
            "tts":{"audio_type":"STREAM","codec":"MP3","lang":"zh-CN"}
        }
    }
```

GlobalConfig 事件消息数据的字段说明如下。

- header：满足事件消息的字段要求，name 和 namespace 表示该事件用于设置全局的基本配置参数，事件名称可以在开放平台后台查询到。
- payload：事件消息的内容。这里的 asr 字段表示语音识别时，语音数据格式是 16KHz 的采样率（rate:16000）、16 位的采样精度（bits:16）、单声道（channel:1）和 OPUS 编码（codec:OPUS），下发语音内容时支持部分内容分段下发（partial_result:true），语音识别时不支持云端语音判停（vad:false）。client_info 字段表示客户端的唯一标识是 95C9D38A-F020-4F6C-95D0-D41C7F1BEFFC。sdk 字段表示该 SDK 是用 C++语言编写的，版本号是 2000055。tts 字段表示语音数据是以数据流的形式下发（audio_type:STREAM），编码格式是 MP3（codec:MP3），支持中文（lang:zh-CN）。

3.3.3　语音交互

完整的语音交互的过程可以精简为下面的步骤。

1. 用户发起请求：客户端连接引擎服务器。
2. 用户说话：客户端录取用户的语音，并实时上传至引擎服务器。
3. ASR 处理：引擎对音频进行 ASR 处理，得到文本。
4. NLP 处理：引擎通过语义分析，将匹配度最高的语意结果返回给用户。如播放歌曲，则启动音乐播放。
5. TTS 处理：引擎对 NLP 给出的文本内容进行语音合成。
6. 返回结果：引擎将 TTS 处理后的合成语音发送至客户端进行播放。

上述交互过程可以分为几个重要步骤：ASR、NLP 和 TTS。在一次语音交互中，可以按照上述的流程依次执行这些步骤。在实际的应用开发中，也可以根据具体情况，执行 ASR、NLP 和 TTS 中的某一个或者某几个。

接下来的内容将以使用小米小爱智能引擎 SDK，从不同功能的角度实现查询"今日天气"，作为例子来讲述。

1. 以语音输入的形式查询"今日天气"，执行完整的 ASR、NLP、TTS 步骤。

2. 以文字输入的形式查询"今日天气"，只执行 NLP 和 TTS 的步骤。

3. 语音输入"今日天气"，在文本框上显示文字内容"今日天气"。只执行 ASR 步骤，将"今日天气"的语音数据识别成文本内容。

4. 在文本内容输入"今日天气"，只执行 TTS 步骤，将文本内容"今日天气"合成语音数据。

1. 语音输入

语音输入时发起语音识别请求，客户端会先发送 SpeechRecognizer Recognize 事件消息，告知服务器语音识别开始，然后持续发送二进制的音频流数据。语音识别请求结束时会再发送 SpeechRecognizer RecognizeStreamFinished 事件消息，告知服务器该次语音交互完成。

发起语音查询的示例代码如下。

```cpp
int testAsrTtsNlp(const std::string &file)
{
    //发送语音识别开始的事件
    auto recognizePayload = std::make_shared<aivs::SpeechRecognizer::Recognize>();
    std::shared_ptr<Event> recognizeEvent;
    aivs::Event::build(recognizePayload, gEngine->genUUID(), recognizeEvent);
    gEngine->postEvent(recognizeEvent);
    int bufferSize = 4096;
    char *data = new char[bufferSize];
    gArsLoop = true;
    std::ifstream input(file.c_str(), std::ifstream::binary);
    while (gMainLoop && gArsLoop && !input.eof())
    {
        input.read(data, bufferSize);   //模拟麦克风录音，录音内容为"今天天气"
        int n = input.gcount();
        if (n > 0)
        {
            //发送音频流数据
            gEngine->postData((uint8_t *)data, n);
        }
        else
        {
            break;
        }
    }
    delete[] data;
    //发送语音识别的结束的事件
```

```
    auto finishPayload = std::make_shared<aivs::SpeechRecognizer::
                        RecognizeStreamFinished>;
    std::shared_ptr<Event> finishEvent;
    aivs::Event::build(finishPayload, recognizeEvent->getHeader()->getId(),
                        finishEvent);
    gEngine->postEvent(finishEvent);
    return 0;
}
```

客户端向服务器发送的 SpeechRecognizer Recognize 事件消息（用于开始语音识别）的数据格式如下。

```
{
    "header": {
        "id":"d2ef237d85febe69e0d8f7122be43d9b",
        "name":"Recognize",
        "namespace":"SpeechRecognizer"
    },
    "payload":{}
}
```

客户端向服务器发送的 SpeechRecognizer RecognizeStreamFinished 事件消息（用于结束语音识别）的数据格式如下。

```
{
    "header": {
        "id":"d2ef237d85febe69e0d8f7122be43d9b",
        "name":"RecognizeStreamFinished",
        "namespace":"SpeechRecognizer"
    },
    "payload":{}
}
```

客户端向服务器发送的音频数据是二进制数据流，数据类型为 WS_DATA_BINARY。其他消息是文本数据流，数据类型为 WS_DATA_TEXT。

客户端处理的查询结果就是服务器下发给客户端的指令消息，其类型如下。

- 表示 ASR 相关的指令 SpeechRecognizer RecognizeResult。
- 表示 NLP 相关的指令 Nlp StartAnswer、Template Toast、Template Weather、Suggestion ShowContextSuggestions、Nlp FinishAnswer、Dialog Finish。
- 表示 TTS 相关的指令 SpeechSynthesizer Speak、SpeechSynthesizer FinishSpeakStream。

客户端处理服务器下发消息的示例代码如下。

```
class MyInstructionCapability : public aivs::InstructionCapability
{
```

```cpp
public:
    //指令回调，回调数据是服务器下发的指令
     virtual bool process(std::shared_ptr<aivs::Instruction> &instruction)
    {
        std::cout << "process: " << instruction->toString() << std::endl;
        handleInstruction(instruction);    //处理服务器下发的指令
        return true;
    }
    //二进制数据回调，回调数据是服务器下发的 TTS 二进制流
    virtual bool process(const uint8_t *data, uint32_t length)
    {
        //处理代码省略，这里可以调用音频播放器，播放 TTS 二进制流
        std::cout << "process: data addr=" << static_cast<const void *>(data) << ",
                                   length=" << std::dec << length << std::endl;
        return true;
    }
};


void handleInstruction(std::shared_ptr<aivs::Instruction> &instruction)
{
    const std::string &ns = instruction->getHeader()->getNamespace();
    const std::string &name = instruction->getHeader()->getName();
    if (ns == aivs::SpeechRecognizer::NAMESPACE)    //ASR 相关的指令
    {
        if (name == aivs::SpeechRecognizer::RecognizeResult::NAME)    //ASR 结果
        {
            auto payload = std::static_pointer_cast<aivs::SpeechRecognizer::RecognizeResult>
                                                        (instruction->getPayload());
            auto results = payload->getResults();
            if (results.empty())
            {
                std::cout << "[WARN]no ASR result" << std::endl;
                return;
            }
            if (payload->isFinal())    //ASR 完成
            {
                //处理代码省略，这里可以将文本显示在设备的屏幕上
                std::cout << "[ASR.final]" << results[0]->getText() << std::endl;
            }
            else    //ASR 分段内容
            {
                //处理代码省略，这里可以将文本拼接，显示在设备的屏幕上
                std::cout << "[ASR.partial]" << results[0]->getText() << std::endl;
            }
        }
    }
    else if (ns == aivs::SpeechSynthesizer::NAMESPACE)    //TTS 相关指令
    {
        //开始下发 TTS 流的指令
```

```
        if (name == aivs::SpeechSynthesizer::Speak::NAME)
        {
            //客户端在收到该指令后，初始化本地 TTS 播放器
            std::cout << "[TTS]stream begin" << std::endl;
        }
        //TTS 流下发完毕的指令
        else if (name == aivs::SpeechSynthesizer::FinishSpeakStream::NAME)
        {
            /* 处理代码省略，收到此指令后，表示服务的 TTS 流已经全部下发完毕。
               客户端根据自身 TTS 播放器特点，来决定后续事情 */
            std::cout << "[TTS]stream end" << std::endl;
        }
    }
    else if (ns == aivs::Dialog::NAMESPACE)
    {
        //当前事件的结果全部下发完毕，会话结束
        if (name == aivs::Dialog::Finish::NAME)
        {
            auto dialogId = instruction->getHeader()->getDialogId();
            std::cout << "[Dialog]finish eventId=" <<
                    (dialogId.has_value() ? *dialogId : "null") << std::endl;
            gMainLoop = false;
        }
        else if(name == aivs::Dialog::Finish::NAME)
        {
        }
    }
}
```

服务器首先下发的是 ASR 文字内容。前文在讲解服务器处理逻辑时提到，语音数据是分片处理的，所以识别后的文字内容也是分为多条消息逐段返回的。假设返回的内容依次为：""、"今天"、"今天的天" 和 "今天的天气"，则相应的数据格式如下。

```
{
    "header": {
        "id":"9392c59459ee4d3dbead2b104b4d795d",
        "name":"Recognize",
        "namespace":"SpeechRecognizer",
        "dialog_id":"d2ef237d85febe69e0d8f7122be43d9b"
    },
    "payload":{
        "is_final":false,
        "results":[{"text":"","confidence":0}]
    }
}
{
    //省略部分内容，和上面 header 的内容一致
    "payload":{
```

```
        "is_final":false,
        "results":[{"text":"今天","confidence":0}]
    }
}
{
    //省略部分内容，和上面 header 的内容一致
    "payload":{
        "is_final":false,
        "results":[{"text":"今天的天","confidence":0}]
    }
}
{
    //省略部分内容，和上面 header 的内容一致
    "payload":{
        "is_final":false,
        "results":[{"text":"今天的天气","confidence":0}]
    }
}
{
    //省略部分内容，和上面 header 的内容一致
    "payload":{
        "is_final":true,
        "results":[{"text":"今天的天气","confidence":0}]
    }
}
```

在同一查询请求下，指令中的 dialog_id 字段的值与事件中的 id 字段的值是相同的，因此可以通过这两个字段来匹配同一个请求。返回的文字内容在用户界面上是逐条展示的，如果语速比较慢，用户界面上的文字显示就会和语音输入同步，呈现出现边说边显示的效果，也即实时上屏效果。is_final 字段为 ture 时，表示 ASR 结果下发完成，此时客户端可以开始准备处理 NLP 和 TTS 结果。

小米小爱智能语音引擎的服务器处理逻辑中描述的 SpeechWebSocket 模块，会将 ASR 结果作为参数传给 SpeechNlpDispatcher 模块，SpeechNlpDispatcher 模块会将其处理的 NLP 结果传回给 SpeechWebSocket，然后 SpeechWebSocket 将结果返回给客户端，同时也会调用 TtsDispatcher 模块来处理 NLP 处理结果中的 ASR 请求，最终将 TTS 结果返回给客户端。

ASR 流程完成后，客户端首先收到 NLP 开始的指令消息，其数据格式如下。

```
{
    "header": {
        "id":"d2ef237d85febe69e0d8f7122be43d9b",
        "namespace":"Nlp"
        "name":"StartAnswer",
        "dialog_id":"fb155d41d8496ceb339079afa6a3f61d"
        "namespace":"SpeechRecognizer"
    },
```

```
        "payload":{}
}
```

客户端在后面会陆续收到 NLP 和 TTS 结果，这些内容在小爱同学 App 上的最终展示效果如图 3-11 所示。

图 3-11 NLP 和 TTS 结果示意图

在图 3-11 中，有关天气情况的介绍内容来自于 Template 指令（关于 Template 指令及其模块的详细介绍，请参考小米小爱开放平台的相关资料）。该指令用来给用户展示更多、更详细的内容，它可以要求有屏幕的设备展示文字、图片等信息，要求有扬声器的设备播报语音信息等。Template 指令包括很多模块，图 3-11 中展示的内容主要来自于 Toast 和 Weather 模块。

Template 指令消息的数据格式如下。

```
{
    "header": {
        "id":"da7fe2e2251945309858b34e45eb7985",
        "namespace":"Template"
        "name":"Toast",
        "dialog_id":"fb155d41d8496ceb339079afa6a3f61d"
    },
    "payload":{
        "text":"武汉洪山今天晴，22 度到 31 度，和昨天差不多，空气质量指数 64，空气还可以",
        "query":"今天的天气",
        "display":{
            "full_screen":{
```

```
                    "task":"aab92e69374e4c7b8c6741fe02e574b9"
                }
            }
        }
    }
    {
        "header": {
            "namespace": "Template",
            "name": "Weather",
            "id": "866e187a26ff473996997efd5af8f46e",
            "dialog_id": "fb155d41d8496ceb339079afa6a3f61d"
        },
        "payload": {
            "weather": [{
                "date": "20210531",
                "aqi": "68",
                "location": "武汉",
                "high_temperature": "31℃",
                "low_temperature": "22℃",
                "icon": {
                    "description": "",
                    "sources": [{
                        "url": "http://cnbj1.fds.api.xiaomi.com/ai-open-file-service
/weather_icons/icon_sunny.png?GalaxyAccessKeyId=5151729087601&Expires=922337203685477
5807&Signature=Y0mTrX1WlzlRLtOp96DA8sUzAZ4="
                    }]
                },
                "weather_code": {
                    "from": "0",
                    "to": "0"
                }
            }],
            "skill_icon": {
                "description": "小米天气",
                "sources": [{
                    "url": "http://cnbj1.fds.api.xiaomi.com/ai-open-file-service/
weather_icons/icon_weather.png?GalaxyAccessKeyId=5151729087601&Expires=92233720368547
75807&Signature=6gaXQIBlR7sJI2Hu81vlSS6MS2k="
                }]
            },
            "launcher": {
                "url": "",
                "intent": {
                    "type": "activity",
                    "pkg_name": "com.miui.weather2",
                    "uri": ""
                }
            },
            "background": {
```

```
        "background_color": {
            "type": "GRADIENT",
            "colors": [-16748079, -13005349],
            "gradient_orientation": "TOPRIGHT_BOTTOMLEFT"
        },
        "dark_mode": false
    },
    "display": {
        "full_screen": {
            "task": "aab92e69374e4c7b8c6741fe02e574b9"
        }
    }
  }
}
```

Toast 模块的消息下发时，服务器会一起下发一个名为 SpeechSynthesizer Speak 的指令消息，让客户端同步语音播报该文字内容。

SpeechSynthesizer Speak 指令消息的数据格式如下。

```
{
    "header": {
        "namespace": "SpeechSynthesizer",
        "name": "Speak",
        "id": "8b49834bfe6247369666c61e55f015cd",
        "dialog_id": "fb155d41d8496ceb339079afa6a3f61d"
    },
    "payload": {
        "text": "武汉洪山今天晴，22 度到 31 度，和昨天差不多，空气质量指数 64，空气还可以",
        "sample_rate": 16000
    }
}
```

服务器接下来将会下发 TTS 语音内容，然后由客户端在 process(const uint8_t *data, uint32_t length)方法中对其进行处理。

在 NLP 和 TTS 内容下发完成之后，服务器会继续下发这些动作完成的指令消息。Nlp FinishAnswer 指令消息表示此次查询请求完成，SpeechSynthesizer FinishSpeakStream 指令消息表示 ASR 完成，Dialog Finish 指令表示此次会话完成。客户端收到 SpeechSynthesizer FinishSpeakStream 指令消息后，就可以结束本次查询。这些指令消息的数据格式如下。

```
{
    "header": {
        "namespace": "Nlp",
        "name": "FinishAnswer",
        "id": "41639b6dda7c440e9e5498280503b7eb",
        "dialog_id": "fb155d41d8496ceb339079afa6a3f61d"
```

```
        },
        "payload": {}
}
{
        "header": {
            "namespace": "SpeechSynthesizer",
            "name": "FinishSpeakStream",
            "id": "8aa910fe38154a7f83040e9953338e78",
            "dialog_id": "fb155d41d8496ceb339079afa6a3f61d"
        },
        "payload": {}
}
{
        "header": {
            "namespace": "Dialog",
            "name": "Finish",
            "id": "c96e9a1d639b435cbf270f00a4d3e80b",
            "dialog_id": "fb155d41d8496ceb339079afa6a3f61d"
        },
        "payload": {}
}
```

2. 文字输入

客户端在创建 NLP Request 消息时，gEngine 默认会启用 NLP 和 TTS 服务。因此在完成文字输入的功能时，客户端只需发送 NLP Request 事件即可。发起"今天天气"的文字输入，并进行 NLP 和 TTS 处理的示例代码如下。

```
int testNlpTts()
{
    //发送 Nlp.Request 事件
    auto nlpPayload = std::make_shared<aivs::Nlp::Request>();
    std::string query = "今天的天气";
    nlpPayload->setQuery(query);
    std::shared_ptr<Event> nlpEvent;
    aivs::Event::build(nlpPayload, gEngine->genUUID(), nlpEvent);
    gEngine->postEvent(nlpEvent);
    return 0;
}
```

发送 NLP Request 事件消息的数据内容如下。

```
{
        "header": {
            "id": "4dd7f63996e12f652c41fb1b227cbd97",
            "name": "Request",
            "namespace": "Nlp"
```

```
        },
        "payload": {
            "query": "\u4eca\u5929\u5929\u6c14"    // "今天天气"的 unicode 编码
        }
    }
```

除了没有下发 ASR 相关的内容以外，服务器下发的其他指令消息与语音输入时一样，这里不再赘述。

3. 语音识别

如果客户端只有独立的语音识别需求，此时需要在 SpeechRecognizer Recognize 事件消息中上加上对应的上下文。客户端示例代码如下。

```cpp
int testAsr(const std::string &file)
{
    //纯 ASR 请求，通过事件 context 禁掉 NLP 和 TTS
    std::vector<aivs::Execution::RequestControlType> disableTypes;
    disableTypes.push_back(aivs::Execution::RequestControlType::NLP);
    disableTypes.push_back(aivs::Execution::RequestControlType::TTS);
    auto control = std::make_shared<aivs::Execution::RequestControl>();
    control->setDisabled(disableTypes);
    std::shared_ptr<Context> context;
    aivs::Context::build(control, context);
    //发送语音识别开始的事件
    auto recognizePayload = std::make_shared<aivs::SpeechRecognizer::Recognize>();
    std::shared_ptr<Event> recognizeEvent;
    aivs::Event::build(recognizePayload, gEngine->genUUID(), recognizeEvent);
    recognizeEvent->addContext(context);    //添加禁止 NLP 和 TTS 的 context
    gEngine->postEvent(recognizeEvent);
    //省略部分代码
    return 0;
}
```

只有 ASR 功能的 SpeechRecognizer Recognize 事件消息的数据格式如下。

```
{
    "context": [{
        "header": {
            "name": "RequestControl",
            "namespace": "Execution"
        },
        "payload": {
            "disabled": ["NLP", "TTS"]
        }
    }],
    "header": {
```

```
        "id": "fc5aea5cce3fe7ddbeb2d8e3d7a6a29f",
        "name": "Recognize",
        "namespace": "SpeechRecognizer"
    },
    "payload": {}
}
```

需要说明的是，RequestControl Execution 是 context 类型的消息，用来在整个请求链路中去掉某些步骤，一般用于如下场景。

- 用于 SpeechRecognizer Recognize 事件消息（语音识别）的 context 时，disabled 为[NLP, TTS]，表示对该次用户的语音请求只进行 ASR 处理；disabled 为[TTS]，表示对该次用户的语音请求只进行 ASR 和 NLP 处理。
- 用于 Nlp Request 事件消息（语义理解）的 context 时，当 disabled 为[TTS]时，表示对该客户端的文本请求只进行 NLP 处理。

服务器下发的指令消息也与在语音输入查询时下发的 ASR 内容一样，都是在整个流程结束后下发 Dialog Finish 指令消息。该指令消息的数据格式如下。

```
{
    "header": {
        "namespace": "Dialog",
        "name": "Finish",
        "id": "ee53195f49b248708f109f1d69edd103",
        "dialog_id": "fc5aea5cce3fe7ddbeb2d8e3d7a6a29f"
    },
    "payload": {}
}
```

在 Dialog Finish 指令消息中，dialog_id 字段的内容与 SpeechRecognizer Recognize 事件消息的 id 字段值是一样的，这说明这两条消息是来自于同一次请求（会话）。

4. 语音合成

为了实现语音合成的需求，客户端需要发送 Synthesize SpeechSynthesizer 事件消息，示例代码如下。

```
int testTts()
{
    //发送 Tts.Request event
    auto ttsPayload = std::make_shared<aivs::SpeechSynthesizer::Synthesize>();
    std::string text = "今天天气";
    ttsPayload->setText(text);
    std::shared_ptr<Event> ttsEvent;
    aivs::Event::build(ttsPayload, gEngine->genUUID(), ttsEvent);
    gEngine->postEvent(ttsEvent);
```

```
    return 0;
}
```

发送 Synthesize SpeechSynthesizer 消息的数据内容如下。

```
{
    "header": {
        "id": "41ea52d940e7502a19a9c6d645d4a4fc",
        "name": "Synthesize",
        "namespace": "SpeechSynthesizer"
    },
    "payload": {
        "text": "\u4eca\u5929\u5929\u6c14"
    }
}
```

服务器下发的消息也与在语音输入查询时下发的 TTS 内容一样，都是在整个流程结束后，下发对应的 Dialog Finish 指令消息。

第 4 章

MMA 协议

4.1 协议简述

第 2 章和第 3 章阐述了小米人工智能的发展情况及小米在人机交互语音接口方面取得的进展。依靠在这些技术上取得的成功，小米打造了国内一流且具有海量用户的中文语音助手，并推出了小米小爱智能音箱、智能电视、智能扫地机器人、智能灯等众多支持语音输入或语音控制的智能家居产品。

这些产品给消费者的生活带来了极大的便利，也将智能家居生活带入了语音交互和控制的时代。除了智能家居，在个人生活、工作等环境中，是否也存在能够通过智能语音交互，以取代传统操作接口的机会呢？小米以过去的技术和产品研发为基础，也一直在相关领域进行探索。

2018 年，随着智能语音技术在生活中的广泛应用，蓝牙设备，尤其是蓝牙 TWS 耳机的兴起，可穿戴蓝牙设备的全面智能化成为迫切的需求。在小爱智能音箱的基础上，小米借助于在蓝牙语音遥控器领域的深厚技术积累，尝试推出了随身版的小米小爱蓝牙音箱。这款音箱放弃了智能音箱的 WiFi 联网方式，通过将蓝牙技术和手机 AI 能力结合，实现了在较低成本的情况下，对蓝牙设备的 AI 赋能，并取得了良好的效果。

小米由此开启了智能蓝牙语音从居家遥控器走向移动附件相关的智能个人生活、工作场景的历程，将蓝牙 AI 逐步拓展到 TWS 耳机、智能闹钟音箱、车载支架，甚至手表、手环等产品。而在这些产品幕后，为了支持蓝牙设备与手机 AI 的交互，小米定义了一套高效、开放和完整的通信协议规则，这就是小米移动配件（Mi Mobile Accessory，MMA）协议。

MMA 协议规范了 App 和设备进行交互时所传输数据的格式。如果 App 和设备都遵循这套协议，就好比它们之间有了能够承载更多信息的共同语言，可以实现复杂应用场景下的数据交互。

由于 MMA 协议主要针对设备之间通过蓝牙进行数据交互的应用场景，因此，MMA 协议还定义了蓝牙设备的广播格式、服务和数据传输通道。此外，MMA 协议还拥有良好的可扩展性，可以根据厂商需求或者设备的一些特殊功能进行协议定制和扩展。

图 4-1 所示为 MMA 协议在整个设备通信模型中所扮演的角色。

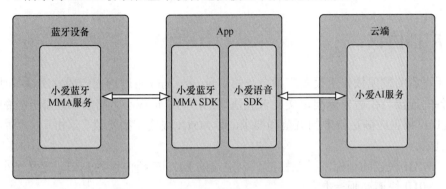

图 4-1　设备通信模型及 MMA 协议

蓝牙设备通过使用小爱蓝牙 MMA 服务（由小米向开发者提供）来使用 MMA 协议。通过该服务，蓝牙设备可以与同样遵循 MMA 协议（集成 MMA SDK）的 App 进行通信。此外，由于 App 可以通过语音 SDK 从云端获得由小爱 AI 服务提供的语音处理能力，因此集成了 MMA SDK 和语音 SDK 的 App，在蓝牙设备和本来与之相去甚远的小爱 AI 服务之间搭起了一座桥梁，使得原本功能单一的蓝牙设备获得了与用户进行智能语音交互的能力，极大地拓宽了蓝牙设备的应用场景。

MMA 协议不仅赋予了蓝牙设备为用户提供语音交互的能力，它还具有如下优点。

- 内容精简，占用资源少。MMA 协议在设计时充分考虑了设备的资源承载能力，所需的运行和存储空间较小，对设备规格的要求较低。MAA 协议对设备的规格要求如下。

  ➢ 支持蓝牙 4.0 或 4.0 以上，支持 BLE。

  ➢ 支持录音采集，推荐采样率：16kHz，推荐格式：S16_LE、单声道。

  ➢ 建议微控制单元（MCU）的主频不低于 120MHz。

  ➢ 如果支持 MMA 协议的音频编码，需预留 25KB 内存（可选）。

  ➢ 具有音频播放能力（可选）。

  ➢ 支持 HOGP/HFP/SPP/AVRCP/A2DP（可选）。

- 占用带宽小，支持流式传输，可适应 BLE 等低带宽场景。

- 兼容扩展性好。充分考虑了功能和产品扩展，能兼容历史产品，支持多厂商、多系列产品的扩展和复用。

- 覆盖场景广泛。不但支持厂商扩展，也支持不同厂商的同类型设备之间的通用功能扩展。

在对 MMA 协议有了初步的了解之后，接下来将详细介绍 MMA 协议的具体细节，包括广播格式及其内容、服务和传输通道、通信数据的格式以及协议的扩展定制。

此外，本章还会介绍 MMA 协议分别在设备安全性认证、连接、语音交互、OTA 升级、辅助中继、唤醒等场景下的应用，以及在这些场景下涉及的指令。

4.2　广播协议

蓝牙设备的发现依赖于设备广播自身的信息，当 App 通过扫描广播发现设备时，可以发起设备的连接。在蓝牙标准定义要求的基础上，为了适应小米特性和功能开发的要求，设备 BLE 广播也应满足特定的规范和要求，即 MMA 快连广播协议。该协议主要由以下两个部分组成。

- MIUI 快连动画标准：该标准以自定义的 BLE 广播协议为基础，定义了小米手机 MIUI 快连动画标准。
- 设备配置指令标准：该标准定义了设备与小米手机之间通过 HFP AT 自定义指令的数据交互标准。HFP AT 自定义指令交互数据的实例请参考 6.4 节。

4.2.1　基础广播协议

基础广播协议主要针对普通接入设备，不要求设备广播小米账号，通常适用于耳机、音箱等第三方产品。

基础广播协议的广播内容格式及各字段说明如表 4-1 所示。

表 4-1　基础广播协议的广播内容格式及各字段说明

字节	位	含义	值	说明
0	全部	长度	02	广播字段长度
1	全部	数据类型	01	设备支持的广播模式标识（Flag）
2	全部	值	06	Flag 的值
3	全部	长度	18	广播字段长度
4	全部	数据类型	FF	厂商指定数据
5	全部	厂商标识	8F	小米公司 ID
6	全部		03	
7	全部	长度	13	数据长度（不包含类型）
8	全部	广播类型	01	快连广播的类型为 0x01

续表

字节	位	含义	值	说明
9	全部	主标识	XX	设备的主标识,由小米手机部分配
10	全部	次标识	XX	设备的次标识,由小米手机部分配
11	全部		XX	
12	全部	计数器	XX	计数器取值范围(0x01~0xFF)
13	位 7	设备充电标识	0/1	标识设备充电状态
	位 6~0	设备电量百分比	XX	
14	位 7	耳机可连接标识	0/1	0:不可连接;1:可连接
	位 6	耳机可发现标识	0/1	0:不可发现;1:可发现
	位 5	TWS 主/从耳机连接标识	0/1	0:未连接;1:已连接
	位 4	耳机经典蓝牙配对标识	0/1	0:未配对;1:已配对
	位 3	耳机经典蓝牙连接标识	0/1	0:未连接;1:已连接
	位 2	"耳机都从收纳盒子中拿出"标识	0/1	0:未拿出;1:已拿出
	位 1	收纳盒开关标识	0/1	0:关闭;1:开启
	位 0	耳机左右耳标识	0/1	0:右耳机;1:左耳机
15	位 7~2	保留	0	保留字段
	位 1	小爱协议通道连接状态	0/1	0:SPP(Serial Port Profile)和 BLE 都未连接;1:SPP 和 BLE 都已连接
	位 0	MAC 地址段加密标识	0/1	0:未加密;1:加密
16	全部	配对手机的低地址部分(LAP)	XX	耳机最近一次连接手机的 MAC 的 LAP 字段
17			XX	
18			XX	
19	全部	设备非重要地址部分(NAP)	XX	设备经典蓝牙的 MAC 地址,如果 MAC 地址加密字段(字节 15)为 1,则该地址是加密的
20			XX	
21		设备高地址部分(UAP)	XX	
22			XX	
23		设备的低地址部分(LAP)	XX	
24			XX	
25	全部	保留	0	保留字段
26	全部	耳机电量	XX	TWS 耳机使用该字段
27		收纳盒电量	XX	
28~30	全部	保留	0	保留字段

其中,第 9 字节是设备的主标识,也称为企业 ID(Vendor ID),用于唯一地标识企业

ID。第 10～11 字节是设备的次标识，也称为产品 ID（Product ID），用于唯一地标识该企业 ID 下的唯一产品。值为"XX"表示值是不确定的，需根据实际情况填写。

4.2.2 同账号广播协议

随着个人智能设备的增加，跨设备互连的体验成为用户的一大痛点。用户在不同设备之间切换蓝牙设备的连接时，往往需要进行复杂的操作。为了解决这一问题，一些大厂商制定了自己的解决方案。如 Google 推出的 Google Fast Pair Service（GFPS），解决了蓝牙设备的用户在同账号主机之间切换时，需要用户确认配对的问题。

对于小米而言，智能电视、笔记本、手机和蓝牙设备之间的互连切换，同样存在体验问题。小米针对这一问题的解决方案就是同账号广播协议，该协议支持用户的手机、电视和小米笔记本等产品在相同的小米账号下，快速同步连接信息，从而省去繁琐的搜索和配对流程。

同账号广播协议的广播格式及各字段说明如表 4-2 所示。

表 4-2 同账号广播协议的广播格式及各字段说明

字节	位	含义	值	说明
0	全部	长度	02	广播字段长度
1	全部	数据类型	01	设备支持的广播模式标识（Flag）
2	全部	值	06	Flag 的值
3	全部	长度	12	广播字段长度
4	全部	数据类型	16	0x16 表示数据的类型为服务的数据
5	全部	服务 UUID	2D	服务的 UUID
6	全部		FD	
7	全部	广播类型	01	快连广播的类型为 0x01
8	全部	主标识	XX	设备的主标识，由小米手机部分配
9	全部	次标识	XX	设备的次标识，由小米手机部分配
10	全部		XX	
11	位 7	耳机可连接标识	0/1	0：不可连接；1：可连接
	位 6	耳机可发现标识	0/1	0：不可发现；1：可发现
	位 5	TWS 主/从耳机连接标识	0/1	0：未连接；1：已连接
	位 4	耳机经典蓝牙配对标识	0/1	0：未配对；1：已配对
	位 3	耳机经典蓝牙连接标识	0/1	0：未连接；1：已连接
	位 2	"耳机都从收纳盒子中拿出"标识	0/1	0：未拿出；1：已拿出
	位 1	收纳盒开关标识	0/1	0：关闭；1：开启
	位 0	耳机左右耳标识	0/1	0：右耳机；1：左耳机

续表

字节	位	含义	值	说明
	位 7～2	保留	0	保留字段
12	位 1	小爱协议通道连接状态	0/1	0：SPP 和 BLE 都未连接；1：SPP 和 BLE 都已连接
	位 0	保留	0/1	保留字段
13			XX	当耳机和小米手机配对时：
14			XX	手机生成 Account Key，Accout Key 高位的前 2 个字
15			XX	节不能全为 0，低 3 位字节可为任意值，一旦生成，
16	全部	账户密钥（Account Key）	XX	要保持不变。
				当耳机未配对过时：
17			XX	耳机生成 Accout Key，Accout Key 高位的前 2 个字节设置为 0，低 3 位字节是随机数，在耳机配对成功之前一直保持不变
18	全部	RSSI	XX	手机距离设备 0.5m 处，手机测得的设备信号强度值，当该值为 0x00 时，主机可将其忽略
19	全部	右耳机电量信息	XX	最高位代表是否充电，低 7 位代表电量（以百分比的形式给出）
20	全部	左耳机电量信息	XX	最高位代表是否充电，低 7 位代表电量（以百分比的形式给出）
21	全部	收纳盒的电量信息	XX	最高位代表是否充电，低 7 位代表电量（以百分比的形式给出）
22	全部	计数器	XX	开关设备，计数器加 1，只有当计数器变化时，手机才会弹出快连窗口。取值范围为 0x01～0xFF，0x00 为保留值
23～30	全部	保留	0	保留字段

　　如果读者想深入了解设备同账号广播协议在设备上的应用，可以参考 6.5.1 节同账号功能的开发指导内容，该节对同账号功能和流程进行了更详细的介绍。

4.3　服务和传输通道

　　当设备按照 MMA 协议周期性地发送 BLE 广播时，手机上集成了小米蓝牙 MMA 服务的小爱同学 App 等应用可以发现并识别该设备，由此启动设备连接和服务发现的过程，并与设备建立 MMA 通信连接。建立连接后，小爱同学 App 等应用即可控制蓝牙设备。

　　为了支持不同类型和不同场景的设备，MMA 协议支持以多种不同的通道方式与设备交互，主要有 RFCOMM 通道方式、BLE GATT 服务方式（即 BLE 通道方式）和 HFP SCO

通道方式。各传输通道的具体介绍如下。

4.3.1　RFCOMM 通道

RFCOMM 提供基于 L2CAP 协议的串口仿真，在蓝牙设备和主机间提供了稳定、高速的数据通道。由于 RFCOMM 具有技术成熟、传输速度快、兼容性和稳定性好等特性，因此，推荐它作为 MMA 协议的数据传输的主要通道。

为了区别其他厂商的服务定义，避免冲突，MMA 协议使用了小米向 SIG 申请的用于创建 MIUI 私有 RFCOMM 的 UUID（通用唯一识别码）：

```
0000FD2D-0000-1000-8000-00805F9B34FB
```

设备和 App 基于该 UUID 建立服务通道的连接后，即可在 RFCOMM 服务通道上传输数据。但对于部分操作系统，如 iOS，由于设备没有内置 MFi 认证芯片，即没有经过苹果相关的认证，因此 iOS 无法向 App 提供经典蓝牙操作的权限。也有部分设备不支持经典蓝牙。这些限制条件使得 BLE 通道方式成为实现小爱同学 App 和蓝牙设备之间通信的较好选择。

4.3.2　BLE 通道

受物理层限制，BLE 的传输带宽不高，但通过良好的软件设计，BLE 足以满足 MMA 协议的传输要求。因此单模产品，如鼠标、键盘和适配 iOS 的产品，均采用了 BLE GATT 服务作 MMA 协议的传输通道。为此，小米同样定义了一个私有的服务，称之为 MMA 服务，其 UUID 为 AF00。该服务包含了用于读/写数据的特性，其特性定义如表 4-3 所示。

表 4-3　MMA 服务的读/写特性

描述	UUID	属性	作用
特性（MMA RX）	0xAF07	Write without response、Dynamic	认证、语音流控制、MMA 命令控制
特性（MMA TX）	0xAF08	Notify	认证、语音流控制、MMA 命令控制

UUID 为 0xAF07 时，表示定义了 MMA 服务的接收特性；UUID 为 0xAF08 时，表示定义了 MMA 服务的发送特性。蓝牙设备利用这两个特性进行数据收发操作。如果设备对连接有加密要求，则需要在 MMA TX 特性的客户端特性配置描述符（Client Characteristic Configuration Descriptor）的属性权限（Attribute Permission）中添加可写鉴权（Writable with authentication）。

小米在采用 BLE 传输数据时，为了提高带宽的利用率，保证 BLE 的通信效果，除了调节连接参数外，也进行了一些技术创新，并申请了多项专利，以应对突发流量的及时传输。这些技术保障了小米蓝牙设备在采用 BLE 通道进行通信时的稳定性,同时还兼顾了设备的功耗和传输速率。

4.3.3 HFP SCO 通道

RFCOMM 通道和 BLE 通道这两种方式不仅满足了协议传输的带宽要求,且语音传输质量高,语音识别率也非常高,符合小米声学产品的认证要求。

但是,在某些特殊情况下,如果 MMA 协议通道没有建立或者正在建立过程中,此时如果设备从低功耗状态退出,并正在回连过程中,且来不及使用协议通道传输数据,这时小米手机上的小爱同学 App 通过与 MIUI 系统的配合,可支持从 HFP SCO 通道获取设备的语音数据,完成语音识别和响应。

当然,这种方式由于语音编码质量不高,会影响识别率和用户体验,因此并不是小米推荐的传输方式。

以上这 3 种通道基本涵盖了当前蓝牙技术上可供使用的有效传输方式,较好地满足了MMA 协议在数据传输方面的要求。

4.4 通信协议总体设计

在数据通路建立完毕后,在进行数据传输时,就需要考虑以什么样的方式来组织数据格式,从而实现高效的网络传输和管理。

针对应用层传输协议的组织格式,小米开发团队曾经考虑过 ProtoBuf、JSON 等更符合互联网思维的数据组织方式,但为了达到适应较小的蓝牙带宽、尽量提高带宽利用率的目的,团队借鉴蓝牙遥控器的开发经验,采用了传统的通信指令数据报格式。相比 ProtoBuf、JSON 等方式,在同等信息量的情况下,数据报格式的指令定义的数据量更小,使得程序在封装和解析时占用的计算资源更少。

开发团队设计了良好的数据传输和交互协议,可在保证传输带宽利用率的同时,仍然使得协议具有较好的交互体验和扩展性。该协议总体设计的核心特色如下。

- 应答式指令设计:指令类型分为请求指令、响应指令、数据指令和数据响应指令。请求指令用于发送命令或消息通知,响应指令用于回复需要执行方进行回应的请求指令,数据指令用于传输语音、OTA 包等数据,数据响应指令用于回复数据指令。
- 流式传输设计:协议支持流式传输,支持自重组,在非核心数据内容缺失或出错时,不影响下一个数据包的解析,具有较强的容错能力。

4.4.1   通信协议指令的总体设计

指令格式的总体定义如表 4-4 所示。指令是二进制数据流，由指令头和数据组成，指令以大端（Big Endian）方式进行组织。指令的长度取决于后面携带的数据的长度，依据数据长度的变化而变化。

表 4-4   指令格式

字节或位	名称	备注
位 15	Type	指令/响应标识 1：表示指令；0：表示响应
位 14	Response flag	请求响应标识 1：需要接收方回应；0：不需要接收方回应
位 13～11	Reserved	保留
位 10～8	来源/目标 App 的标识	默认为 0，即小爱同学 App
位 7～0	OpCode（操作码）	操作码指令空间标识，由小米定义
字节 2～3	Parameter length	所有参数的长度计数（不包括自身的长度）
字节 4～N	参数集合	根据实际情况而定

表 4-4 中的前 4 字节是指令头，从第 5 字节开始是参数集合，也即数据。第 2 字节和第 3 字节联合组成数据长度的计数，该计数值是从第 4 字节开始的后面所有数据的总长度。第 1 字节（即表中的位 7～0）是操作码（OpCode），长度是 1 字节，用于定义具体指令的编号，这个编号就是指令的唯一标识（即 ID）。第 1 字节可以定义 256 个一级指令。由于一级指令的数量有限，因此在定义指令时，尽量少占用一级指令，如果需要定义的指令较多，对于同一类型的指令，可以在参数里面扩展定义二级指令。第 0 字节（即表 4-4 中的位 15～8）的位 13～11 保留，待将来拓展使用。第 0 字节的位 15 和位 14 是重要字段，这2 个位有 4 种组合，代表 4 种指令的类型。

- 11：代表请求指令（也可以说是命令）。指令的接收方在收到指令并进行处理之后，需要响应（也可说是回应）请求方。
- 10：也代表请求指令，不过接收方不需要回应。因此，用通知来描述这种指令行为更为恰当。对于不太重要的或者发送次数较多的信息，可考虑以这种指令类型来实现。
- 00：代表响应指令，是对请求指令的响应（也可说是回应）。指令的接收方在处理完指令后进行回应，即以位 15 和位 14 置 0 的形式组成响应指令，将处理结果告知请求方。
- 01：这种组合在本协议设计中没有用到。

第 0 字节的位 10~8 用来对来源/目标 App 进行标识。在小米手机的 MIUI 系统中，集成了 MMA 服务（参考图 5-4）。该服务作为外部蓝牙设备和手机上各个 App 之间的桥梁，职责之一就是分发信息。蓝牙设备在向手机上的某个 App 发送信息时，需要携带目标 App 的标识，使得 MMA 服务可以准确地将信息转发给指定的 App；相对地，如果某个 App 发送信息给蓝牙设备，也需要将自身的标识放入信息，然后通过 MMA 服务将信息发送给蓝牙设备，从而使设备可以知晓信息来源。

在使用第 0 字节的位 10~8 来标识 App 时，有以下使用事项。

- 如果指令的接收方为主机的某个 App，则代表设备信息希望送达的目标对象：000（默认值）为小爱同学 App；001 表示 MIUI 系统； 010 表示小米穿戴 App；111 为广播消息，各目标方均可接收。
- 如果指令的接收方为设备，则代表设备收到的信息来源：000（默认值）为小爱同学 App；001 表示 MIUI 系统；010 表示小米穿戴 App。

需要注意的是，本章涉及的大部分指令、数据指令及它们的响应，其位 13~8 都被设置为 0（Reserved 状态），说明指令是来自或发往小爱同学 App。

下文在声明和使用指令的时候，不再对位 13~8 进行特别说明。

对于需要响应的指令，指令的接收方需在一定的时限内做出响应，因此指令发送方定义了一个指令发送超时的处理机制，进行相应的超时处理。该处理机制的默认超时时长为 2s，重传次数为 2 次。

1. 请求指令

App 和设备之间基于应答式指令（即请求指令和响应指令）进行交互。一次完整的交互从一方主动发送请求指令开始，直至收到另一方的针对该请求指令的响应指令为止（因为在通常情况下，需要对请求指令进行回复）。

比如，App 请求查询设备的信息，设备需发送对应的响应指令来回复这些信息；或者 App 通过发送请求指令来要求设备执行某个任务，需要设备回应执行任务的结果或状态。当然，在有些情况下，某一方也可以发送无须回复的带有通知性质的请求指令，如设备主动上报自身的电量信息。在 App 收到这样的指令后，只需要处理指令，并不需要回复设备。

请求指令是否需要接收方回应，由位 14（即请求响应标识）决定。请求指令的具体格式如表 4-5 所示。

表 4-5 请求指令

字节或位	名称	备注
位 15	Type	设置为 1
位 14	Response flag	可以设置为 0 或 1，根据应用场景决定是否需要对方回应
位 13~11	Reserved	保留

续表

字节或位	名称	备注
位 10~8	来源/目标 App 类型	默认为 0，即小爱同学 App
位 7~0	OpCode（操作码）	操作码指令空间标识
字节 2~3	Parameter length	所有参数的长度计数（不包括自身的长度）
字节 4	参数 1	指定为 OpCode_SN，即辅助序列号
字节 5~N	参数集合	根据实际情况而定

OpCode_SN 的设计和使用缘于如下场景：某一方连续发送具有相同 OpCode 的指令时，收到指令的一方依赖辅助序列号（称为 OpCode_SN，简称为 SN，占用 1 字节）来确定返回的处理结果对应的是哪一条 OpCode 指令。在这种情形下，可由 OpCode 和 SN 联合确定一条具体的指令，让收到 OpCode 的一方能准确地响应发送方。

OpCode_SN 在 MMA 协议设计上有如下特性。

- OpCode_SN 是一个全局变量，为所有 OpCode 共用，取值范围为 0~255。
- OpCode_SN 的初始值为 0，全局单调递增。当其值增加到 255 后，再从 0 开始，如此循环。
- OpCode 和 OpCode_SN 协同确定唯一的一条流式指令。所谓流式指令，指的是某一方连续发送的具有相同 OpCode 的指令。

2. 响应指令

当某一方收到一条需要进行响应的请求指令时，需要回复一条响应指令，且该响应指令的 OpCode 与请求指令的 OpCode 相同。响应指令的格式如表 4-6 所示。

表 4-6　响应指令

字节或位	名称	备注
位 15	Type	设置为 0
位 14	Response flag	设置为 0，不需要对方响应回复
位 13~11	Reserved	保留
位 10~8	来源/目标 App 类型	默认为 0，即小爱同学 App
位 7~0	OpCode（操作码）	操作码指令空间标识
字节 2~3	Parameter length	所有参数的长度计数（不包括自身的长度）
字节 4	参数 1	Status，指令执行状态码，长度为 1 字节
字节 5	参数 2	固定为 OpCode_SN，即辅助序列号
字节 6~N	参数集合	根据实际情况而定

从表 4-6 中可以看出，指令的发送方可以通过响应指令的第 4 字节（即 Status），得知

接收方执行指令的状态或者结果。

3. 数据指令

数据指令专门用于传输数据，如语音数据。它是一种特殊的请求指令，特殊性体现在指令的 OpCode 固定为 0x01。而第 5 字节为请求指令的 OpCode，表示当前传输的数据是由该请求指令引发的。

以 App 主动要求设备向 App 传输语音数据举例，首先 App 发起请求指令，要求设备打开麦克录音，将语音数据传给 App。设备在收到指令后，通过数据指令不断向 App 发送语音数据，数据指令里的第 5 字节就是 App 的请求指令的 OpCode。

数据指令的格式如表 4-7 所示。

表 4-7 数据指令

字节或位	名称	备注
位 15	Type	设置为 1
位 14	Response flag	可以设置为 0 也可以设置为 1，根据应用场景决定是否需要对方响应
位 13~11	Reserved	保留
位 10~8	来源/目标 App 类型	默认为 0，即小爱同学 App
位 7~0	OpCode（操作码）	固定为 0x01；发送数据看成是一个特殊的指令
字节 2~3	Parameter length	所有参数的长度计数（不包括自身的长度）
字节 4	参数 1	固定为 OpCode_SN，即辅助序列号
字节 5	参数 2	请求指令的 OpCode，由它发起了数据需求
字节 6~N	参数集合	数据分段的内容；如果业务有特殊需求，可扩展其他参数（如 CRC）

4. 数据响应指令

当接收方收到请求响应标识为 1 的数据指令时，需回复数据响应指令。数据响应指令的格式如表 4-8 所示。

表 4-8 数据响应指令

字节或位	名称	备注
位 15	Type	设置为 0
位 14	Response flag	设置为 0，数据响应指令不需要对方回复
位 13~11	Reserved	保留
位 10~8	来源/目标 App 类型	默认为 0，即小爱同学 App
位 7~0	OpCode（操作码）	固定为 0x01
字节 2~3	Parameter length	所有返回参数的长度计数

续表

字节或位	名称	备注
字节 4	参数 1	Status，指令执行状态码，长度为 1 字节
字节 5	参数 2	固定为 OpCode_SN，即辅助序列号
字节 6	参数 3	请求指令的 OpCode
字节 7~N	参数集合	根据实际情况而定

5. 指令执行状态码

在响应指令的格式定义中，响应指令的第一个参数是状态码（Status），表示指令的执行结果状态。状态码的长度为 1 字节，其值有预定义。

详细状态码清单如表 4-9 所示。

表 4-9　指令执行的状态码

序号	名称	备注
0	Success	指令执行成功
1	Fail	指令执行失败
2	Unkown_Cmd	未知指令
3	Busy	指令处理繁忙
4	No_Response	没有响应
5	CRC_Error	CRC 校验失败
6	All_Data_CRC_Error	所有数据 CRC 校验失败
7	Param_Error	参数错误
8	Response_Data_Over_limit	数据长度超范围
9	Not Support	不支持此操作
10	Partial_Operation_Failed	批量操作，部分操作失败
11	Unreachable	指令无法送达

需要特别说明的是，Unreachable 状态码用于需要辅助设备的通信场景。由于辅助设备和目标设备的连接突然中断等原因，App 借助辅助设备发往目标设备的指令无法送达，辅助设备需要向 App 回复响应指令，该响应指令的状态即为 Unreachable。

4.4.2　流式传输设计

一般在设计传输数据的方式时，通常将从下层接收的数据按照大小直接映射到相应的应用层的数据结构，由底层传输保证数据包的时序、差错控制和完整性。这种方式基本满足了大多数应用场景，但在面对复杂的网络环境时，这种方式在公用通道并发传输和对端异常数据的容错性方面，不能很好地满足要求，因此 MMA 协议引入了流式传输设计。

流式传输设计是在每个数据包的起始和结尾分别添加前导码和结束码，这样当程序在遇到错包时，可以准确地判断数据包的起始和结尾，从而可以丢弃错包，并准确定位到下一个数据包。

流式传输的优点主要表现在两个方面。

- 即使丢失不太重要的数据包，也不会影响系统运行和解析后续信息的准确度。
- 系统在发送数据包时，可以将多个加了前导码和结束码的小数据包组合成一个大数据包并一次发出，从而减少了空中传输的开销。

前导码和结束码的具体定义如下。

- 前导码：0xFEDCBA。
- 结束码：0xEF。

流式传输的数据包格式如下所示（其中的数据指具体传输的指令内容）。

0xFEDCBA	数据 1	0xEF	0xFEDCBA	数据 2	0xEF	……

由上可知，MMA 协议格式的设计及数据的传输，兼顾了终端设备的资源能力、传输带宽限制、传输稳定性和易用性等因素，同时资源占用小，有利于低成本设备的接入。

4.5　协议安全设计

设备安全在 AIoT 领域越来越重要。虽然蓝牙协议提供了完整的安全认证机制，但对于开放协议 MMA 来说，为了保障设备合法地与 App 通信，需要在数据交互前进行设备验证，只有符合认证要求的设备才可以与小爱同学 App 进行通信，验证不通过的设备则无法与小爱同学 App 交互。这也就避免了非法侵入的设备干扰正常的应用。

本节将介绍在 App 与设备进行通信时，协议安全设计是如何保障设备的合法性的。

4.5.1　安全认证流程设计

考虑到小米的核心目标是验证设备的合法性，数据内容的安全性则交由底层协议来保证。同时，对语音数据进行加密传输会消耗较高的计算资源，这对蓝牙芯片的硬件规格提出了更高的要求。

因此，为了兼顾安全性和成本，小米放弃了应用层数据的复杂加密技术（当然，随着设备能力的提升，也预留了对应的升级空间），采用了设备连接时互相挑战认证的方式。这一挑战认证过程大致分为两个阶段。

- 验证设备合法性阶段：App 校验设备的通信请求是否符合声明。
- 验证 App 合法性阶段：设备校验对端 App 是否符合声明。

安全认证的流程如图 4-2 所示。

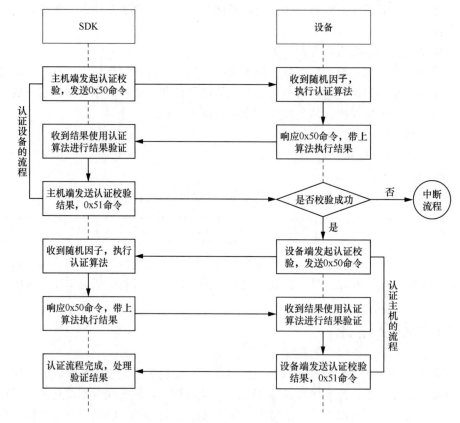

图 4-2   安全认证的流程

从图 4-2 可以看出，认证流程由 App 发起，对设备进行认证。

首先，App 向设备发送 0x50 指令（指令的 OpCode 是 0x50）发起认证，该指令包中包含设备认证需要的一个随机因子。

设备按照 MMA 协议解析指令包，获得随机因子。设备执行加密算法对随机因子进行加密，加密完成后，以响应指令 0x50 将加密结果返回给 App。

App 拿到加密结果后与本地的加密结果进行比较，以判断设备是否持有相同的加密算法和密钥，从而认证设备的合法性。

认证完成后，App 通过指令 0x51 将认证结果告知设备。如果认证失败，则中断认证流程。如果认证成功，App 和设备将调换角色，开始由设备对 App 进行上述流程的认证。只有设备对 App 认证成功后，认证流程才算正常结束。

4.5.2 协议安全指令设计

在上述的认证流程中，涉及 0x50 和 0x51 两个 MMA 指令，下面将介绍这两个指令的请求指令和响应指令。

1. 发起认证校验

发起认证校验的指令会携带一个随机因子，用于为对方计算加密结果，从而达到认证的目的。发起认证的指令格式如表 4-10 所示。

表 4-10　发起认证的指令

字节或位	内容	参数
位 15	Type	1
位 14	Response flag	1
位 13～8	Reserved	0
位 7～0	OpCode	0x50
字节 2～3	Parameter length	参数总长度，根据实际长度定
字节 4	OpCode_SN	根据实际情况而定
字节 5	version	认证算法版本号，默认为 01
字节 6～N	Random Factor	随机因子。MMA 协议 01 版本的算法使用的是 16 字节的随机因子

指令的第 5 字节表示选用适配的挑战算法版本。双方选择的挑战算法版本务必保持一致，否则验证会失败。

发起认证的响应指令格式如表 4-11 所示。

表 4-11　发起认证的响应指令

字节或位	内容	参数
位 15	Type	0
位 14	Response flag	0
位 13～8	Reserved	0
位 7～0	OpCode	0x50
字节 2～3	Parameter length	根据实际情况而定
字节 4	Status	指令执行状态码
字节 5	OpCode_SN	对应指令的 OpCode_SN
字节 6	version	认证算法版本号，默认为 01
字节 7～N	Result	执行认证算法得到结果

执行认证算法后,响应指令的第 4 字节填充指令执行成功的状态码。状态码的值可参考表 4-5。

2. 认证校验结果

认证发起方通过认证结果的指令返回加密结果的比对结果,即确认结果是否一致。认证结果的指令格式如表 4-12 所示。

表 4-12 认证结果的指令

字节或位	内容	参数
位 15	Type	1
位 14	Response flag	1
位 13～8	Reserved	0
位 7～0	OpCode	0x51
字节 2～3	Parameter length	0x0003
字节 4	OpCode_SN	根据实际情况而定
字节 5	version	认证算法版本号,默认为 01
字节 6	Pair Result	0 表示成功,其他值表示失败

认证结果的响应指令格式如表 4-13 所示。

表 4-13 认证结果的响应指令

字节或位	内容	参数
位 15	Type	0
位 14	Response flag	0
位 13～8	Reserved	0
位 7～0	OpCode	0x51
字节 2～3	Parameter length	0x0003
字节 4	Status	指令执行状态码
字节 5	OpCode_SN	对应指令的 OpCode_SN
字节 6	version	认证算法版本号,默认为 01

根据表 4-13 中的指令说明可以看出,当前的安全挑战设计满足设备双方相互认证的要求,同时预留了协议安全设计的升级扩展空间。比如,通过自由选择不同的算法版本,可以实现对不同产品采用不同的认证方式;甚至通过保留位来标识数据加密控制,实现对整体应用数据的可选加密传输。

4.6　设备连接和基础信息指令

在设备完成基础通道连接和安全认证后，设备和 App 之间即可使用 MMA 协议交互信息。为了保证设备基础体验的一致性，MMA 协议提供了设备间的通用指令，强制所有接入设备必须支持这些指令。

这些指令就是本节即将介绍的设备连接和设备基础信息指令。本节还会进一步介绍这些指令是如何应用到连接流程中的，以使读者对这些指令和连接流程有所了解。

4.6.1　设备连接相关的指令

由于不同主机的操作系统（如 Android、iOS 等）在权限控制上有所不同，或者由于产品规格、技术等限制，设备在连接时需要选择不同的连接方案。为了引导不同连接流程的走向，MMA 协议定义了相关指令，以支持不同的操作系统。

相关指令如下。

- 0x03：设备重启/关机。
- 0x04：App 向设备通知主机的操作系统类型。
- 0x06：App 通知设备断开当前经典蓝牙（BR/EDR）的连接。
- 0x07：设备将经典蓝牙的连接状态通知 App。
- 0x0A：App 通知设备切换连接通道。
- 0x0F：App 通知设备解除配对。

由于 iOS 的限制，只有经过苹果 MFi 认证的设备，App 才能与其配合进行经典蓝牙的应用开发。而进行 BLE 开发则不需要认证，可直接使用苹果向开发者提供的核心蓝牙开发框架（即 CoreBluetooth 框架），这也是 MMA 协议的传输通道在 iOS 上采用 BLE 的原因。

但是，CoreBluetooth 框架仅限于 BLE 开发，不支持经典蓝牙。针对此限制，MMA 协议中定义了 0x04、0x06 和 0x07 指令来解决 App 无法控制经典蓝牙的问题。

下面介绍的指令基本上是连接过程和连接类型相关的指令，这些指令的设计在本质上大多是为了兼容 iOS 的经典蓝牙的权限问题。如果产品设计不支持某些场景需求，开发者可与小米小爱团队协商，不提供部分指令的支持，只返回执行成功的响应即可。

1. 设备重启/关机指令

重启设备是 OTA 升级流程的最后一个环节，这也是目前该指令唯一的使用场景。设备重启/关机的指令为 0x03，指令格式如表 4-14 所示。

表 4-14 重启设备的指令

字节或位	内容	参数
位 15	Type	1
位 14	Response flag	1
位 13~8	Reserved	0
位 7~0	OpCode	0x03
字节 2~3	Parameter length	0x0002
字节 4	OpCode_SN	根据实际情况而定
字节 5	Value	0：重启；1：关机

第 5 字节定义的操作类型如下。

- 0x00：App 强制设备重新启动。
- 0x01：App 强制设备关机，用于 App 将设备彻底关机。
- 0x02~0xFF：保留。

重启设备的响应指令格式如表 4-15 所示。

表 4-15 重启设备的响应指令

字节或位	内容	参数
位 15	Type	0
位 14	Response flag	0
位 13~8	Reserved	0
位 7~0	OpCode	0x03
字节 2~3	Parameter length	0x0002
字节 4	Status	指令执行状态码
字节 5	OpCode_SN	对应指令的 OpCode_SN

2. App 向设备通知主机的操作系统类型

App 向设备通知主机的操作系统类型的指令，主要是让设备在连接时根据不同的平台执行不同的连接流程，其指令为 0x04。App 向设备通知主机的操作系统类型的指令格式如表 4-16 所示。

表 4-16 App 向设备通知主机的操作系统类型的指令

字节或位	内容	参数
位 15	Type	1
位 14	Response flag	1
位 13~8	Reserved	0

续表

字节或位	内容	参数
位 7~0	OpCode	0x04
字节 2~3	Parameter length	0x0002
字节 4	OpCode_SN	根据实际情况而定
字节 5	Value	1：小米手机；2：iPhone 手机；其他：非小米的 Android 手机

设备在收到该指令后，判断是否同时满足下面这 3 个条件。如果满足，则需要主动回连手机的经典蓝牙，以解决 App 无法通过 iPhone 的经典蓝牙连接设备的问题。

- 手机类型是 iPhone。
- 设备不是低功耗模式。
- BLE 和经典蓝牙都与手机配对过。

App 向设备通知主机的操作系统类型的响应指令格式如表 4-17 所示。

表 4-17 App 向设备通知主机的操作系统类型的响应指令

字节或位	内容	参数
位 15	Type	0
位 14	Response flag	0
位 13~8	Reserved	0
位 7~0	OpCode	0x04
字节 2~3	Parameter length	0x0002
字节 4	Status	指令执行状态码
字节 5	OpCode_SN	对应指令的 OpCode_SN

3. App 通知设备断开当前经典蓝牙

由于 iOS 在经典蓝牙的开发上存在限制，因此 iOS 上的 App 无法直接操作经典蓝牙，需要设备主动控制经典蓝牙连接状态。因此，App 在需要断开经典蓝牙的连接时，可以向设备发送 0x06 指令，让设备来断开经典蓝牙的连接。

App 通知设备断开经典蓝牙连接的指令格式如表 4-18 所示。

表 4-18 App 通知设备断开经典蓝牙连接的指令

字节或位	内容	参数
位 15	Type	1
位 14	Response flag	1
位 13~8	Reserved	0
位 7~0	OpCode	0x06
字节 2~3	Parameter length	0x0001
字节 4	OpCode_SN	根据实际情况而定

App 通知设备断开经典蓝牙连接的响应指令格式如表 4-19 所示。

表 4-19　App 通知设备断开经典蓝牙连接的响应指令

字节或位	内容	参数
位 15	Type	0
位 14	Response flag	0
位 13～8	Reserved	0
位 7～0	OpCode	0x06
字节 2～3	Parameter length	0x0002
字节 4	Status	指令执行状态码
字节 5	OpCode_SN	对应指令的 OpCode_SN

0x06 指令只用于 iOS，主要有以下两个使用场景。

- 用户从 App 上删除设备，并解除 App 和设备的关联时，希望同时断开经典蓝牙的连接。
- App 连接上设备的 BLE 之后，如果发现该设备的经典蓝牙已经与其他主机连接，则通过发送该指令来通知设备断开当前经典蓝牙连接的连接，并回连当前 App 所在的主机，从而保证设备的经典蓝牙和 BLE 连接上同一个主机。

4. 设备将经典蓝牙的连接状态通知给 App

在 iOS 中，当经典蓝牙的连接状态发生改变时，设备需要通过 0x07 指令主动通知 App，因为 App 无法感知 iOS 设备的经典蓝牙的连接状态变化。

设备将经典蓝牙的连接状态通知给 App 的指令格式如表 4-20 所示。

表 4-20　设备将经典蓝牙的连接状态通知给 App 的指令

字节或位	内容	参数
位 15	Type	1
位 14	Response flag	1
位 13～8	Reserved	0
位 7～0	OpCode	0x07
字节 2～3	Parameter length	0x0002
字节 4	OpCode_SN	根据实际情况而定
字节 5	Status	0：断开；1：连接；2：未配对

设备将经典蓝牙的连接状态通知给 App 的响应指令格式如表 4-21 所示。

表 4-21 设备将经典蓝牙的连接状态通知给 App 的响应指令

字节或位	内容	参数
位 15	Type	0
位 14	Response flag	0
位 13~8	Reserved	0
位 7~0	OpCode	0x07
字节 2~3	Parameter length	0x0002
字节 4	Status	指令执行状态码
字节 5	OpCode_SN	对应指令的 OpCode_SN

5. App 通知设备切换连接通道

MMA 协议支持 BLE 和 RFCOMM 两个通道。在部分特定场景下，App 需要通知设备将连接通道从 BLE 切换至 RFCOMM。

- 安全起见，设备会使用 BLE 且使用随机地址，而不使用经典蓝牙或静态地址：这导致 App 无法直接通过 BLE 的已有信息获取设备经典蓝牙的地址。此时，如果 App 需连接经典蓝牙，则需要通过 BLE 通道与设备进行交互，获取设备的经典蓝牙地址。因此 App 需要先连接 BLE 通道，在获取设备经典蓝牙的地址后，再通过获得后的地址切换到 RFCOMM 通道。
- 兼容芯片性能：部分设备的蓝牙芯片在从 BLE 切换到经典蓝牙模块时，需要一定的准备时间。App 发送切换连接通道的指令后，设备可在准备好之后再进行响应，App 在收到响应后再向设备发起经典蓝牙连接。这样一来，在 App 连接设备的经典蓝牙时，设备必定处于就绪状态，这样就可以防止设备过快切换连接而导致连接异常。

有鉴于此，MMA 协议规定使用 0x0A 指令切换连接通道。App 通知设备切换连接通道的指令格式如表 4-22 所示。

表 4-22 App 通知设备切换连接通道的指令

字节或位	内容	参数
位 15	Type	1
位 14	Response flag	1
位 13~8	Reserved	0
位 7~0	OpCode	0x0A
字节 2~3	Parameter length	0x0002
字节 4	OpCode_SN	根据实际情况而定
字节 5	Way	0：BLE 通信；1：RFCOMM 通信

App 通知设备切换连接通道的响应指令格式如表 4-23 所示。

表 4-23　App 通知设备切换连接通道的响应指令

字节或位	内容	参数
位 15	Type	0
位 14	Response flag	0
位 13～8	Reserved	0
位 7～0	OpCode	0x0A
字节 2～3	Parameter length	0x0002
字节 4	Status	指令执行状态码
字节 5	OpCode_SN	对应指令的 OpCode_SN

6. App 通知设备解除配对

App 使用指令 0x0F 删除设备，恢复设备的初始设置。App 通知设备解除配对的指令格式如表 4-24 所示。

表 4-24　App 通知设备解除配对的指令

字节或位	内容	参数
位 15	Type	1
位 14	Response flag	1
位 13～8	Reserved	0
位 7～0	OpCode	0x0F
字节 2～3	Parameter length	0x0001
字节 4	OpCode_SN	根据实际情况而定

App 通知设备解除配对的响应指令格式如表 4-25 所示。

表 4-25　App 通知设备解除配对的响应指令

字节或位	内容	参数
位 15	Type	0
位 14	Response flag	0
位 13～8	Reserved	0
位 7～0	OpCode	0x0F
字节 2～3	Parameter length	0x0002
字节 4	Status	指令执行状态码
字节 5	OpCode_SN	对应指令的 OpCode_SN

4.6.2 设备基础信息指令

设备的基础信息主要包括设备名字、设备地址、电量、设备能力和运行状态等。根据不同的需求，MMA 定义了如下指令。

- 0x02：App 获取设备的静态信息。
- 0x08：App 配置设备的信息。
- 0x09：App 获取设备的运行信息。
- 0x0E：设备主动上报运行信息。
- 0x10：App 通知运行状态。

1. App 获取设备的静态信息

设备的信息对连接流程和连接建立后的数据交互起着重要作用。MMA 定义了 0x02 指令，当 App 连接设备后，可使用该指令获取设备的静态信息。App 获取设备静态信息的指令格式如表 4-26 所示。

表 4-26 App 获取设备静态信息的指令

字节或位	定义	参数
位 15	Type	1
位 14	Response flag	1
位 13~8	Reserved	0
位 7~0	OpCode	0x02
字节 2~3	Parameter length	0x0005
字节 4	OpCode_SN	根据实际情况而定
字节 5~8	32 位的掩码	掩码的每一个位对应一种查询信息的类型

第 5~8 字节的掩码定义了 App 希望获取的设备静态信息的集合，掩码的每一位代表一种设备信息。掩码的长度为 32 位，即设备最多支持 32 种信息类型的获取。设备在收到 0x02 指令后，需要按照指令的第 5~8 字节的掩码，组织信息并回复 App。

App 获取设备静态信息的掩码说明如表 4-27 所示。

表 4-27 App 获取设备静态信息的掩码说明

字节或位	作用	备注
位 0	获取设备蓝牙的名称	设备蓝牙的名称
位 1	获取设备的软硬件版本号	版本号长度为 2 字节，均分为 4 段，每段 4 位，第 1 段为硬件版本号，后 3 段为软件版本号
位 2	获取设备的电池电量	设备的电池电量，设备需返回一个字节的电量值，电量值的最高位用于表示设备是否正在充电

续表

字节或位	作用	备注
位 3	获取设备的主标识/次标识	依次填写主标识的高字节/低字节、次标识的高字节/低字节
位 4	获取设备经典蓝牙的连接状态	0：断开；1：连接；2：未配对
位 5	获取设备当前运行的系统环境	0：正常系统；1：强制升级
位 6	获取设备 BootLoader 的版本号	版本号为 2 字节，分 4 段，每 4 位为一段
位 7	获取设备的多个电量	最多是 TWS 耳机设备的 3 个电量，即左右耳+收纳盒的电量，一共 3 字节，每个字节的最高位分别表示左右耳机、收纳盒是否正在充电
位 8	获取设备的语音编码类型	0：Speex（默认值）；1：OPUS；2：PCM（无须解码）
位 9	获取设备是否支持配置待机模式的信息	0：不支持（默认值）；1：支持
位 10	获取设备是否支持功能键配置的信息	0：不支持（默认值）；1：支持
位 11	获取设备是否支持热词的信息	0：不支持（默认值）；1：支持
位 12	获取设备支持的文本编码格式	0：UTF-8（默认值）；1：UTF-16；2：UNICODE；3：GBK2312 注：当前仅支持 UTF-8
位 13	获取设备的类型	0：默认的设备类型或不支持；1~15：表示 15 种设备类型，具体的设备类型可以协商定制，比如设备颜色、设备样式等
……	未定义	

App 获取设备静态信息的响应指令格式如表 4-28 所示。

表 4-28 App 获取设备静态信息的响应指令

字节或位	内容	参数
位 15	Type	0
位 14	Response flag	0
位 13~8	Reserved	0
位 7~0	OpCode	0x02
字节 2~3	Parameter length	根据回复内容而定
字节 4	Status	指令执行状态码
字节 5	OpCode_SN	对应指令的 OpCode_SN
字节 6~N	Data	根据请求的掩码而定，由一个或多个 LTV 格式的数据帧组合而成

第 6~N 字节包含的是 App 请求的来自设备回复的一项或者多项设备信息。设备信息的数量由掩码决定，用于表示每一项设备信息的数据遵循 LTV（Length、Type、Value）格式，如图 4-3 所示。

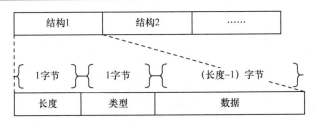

图 4-3 LTV 格式的组合数据帧

- 长度（Length）：类型和数据的长度，不包含自身的长度。
- 类型（Type）：占用 1 字节，其值为对应掩码位的序号。为了解类型值是如何定义的，来看这样一个例子。在表 4-27 中，获取设备软硬件版本号对应的类型是 1；获取设备的主标识/次标识对应的类型是 3。
- 数据（Data）：类型对应的数据，也即 Value（值）。

在回应和解析图 4-3 中的数据时，需要注意以下几点。

- MMA 协议约定，当无法获取到设备电量时，那么在设备回应设备电量的 LTV 结构中，Value 字段默认填充 0xFF。
- MMA 协议约定，设备返回的一个字节的电量值的最高位表示充电状态，1 表示充电中，0 表示未充电。以电量 100%为例，0x64（01100100）表示电量 100%且未充电，0xE4（11100100）表示电量 100%且正在充电。
- MMA 协议约定，电量的取值范围为 0～100，0 表示设备没有电，100 表示设备电量已满。设备根据实际情况上报。
- 为了支持单模 BLE 设备，可以不支持 MMA 协议中经典蓝牙相关的属性。

来看这样一个例子。用于获取设备多个电量值的请求指令为 0x00000080，设备回复的多个电量值为 FEDCBA00020007000004070506FF…其中末尾部分的 0x04070506 即为一个 LTV 格式的数据帧，0x04 表示参数组合中的 Length，0x07 对应掩码表的位 7，表示获取多个设备的电量值，0x0506FF 分别表示左耳（5%）/右耳（6%）/收纳盒（无法获取）的电量，后面的省略号表示本条回复数据中的其他省略信息。

2. App 配置设备的信息

App 可通过 0x08 指令配置设备的一些功能。配置设备信息的指令格式如表 4-29 所示。

表 4-29 配置设备信息的指令

字节或位	内容	参数
位 15	Type	1
位 14	Response flag	1
位 13～8	Reserved	0

续表

字节或位	内容	参数
位 7～0	OpCode	0x08
字节 2～3	Parameter length	根据实际情况而定
字节 4	OpCode_SN	根据实际情况而定
字节 5～N	Data	由一个或者多个 LTV 格式的配置项组合而成

第 5～N 字节的 Data 同样包含了一个或者多个 LTV 格式的配置项。配置项的类型和值如表 4-30 所示。

表 4-30　配置项的类型和值

类型	定义	值
0	配置设备功耗模式	0x00：打开低功耗模式（默认值）；0x01：关闭低功耗模式；0xFF：永不关机；0x02～0xFE：低功耗时长/待机时长，单位为分钟
1	配置设备功能键定义	功能键配置数据
2	配置设备热词	0x00：不支持设备热词；0x01：支持设备热词
3	是否支持新版本的省电模式	0x01：支持；非 0x01：不支持
4	配置降噪模式	0x00：正常；0x01：降噪；0x02：通透；0x03：抗风噪模式
5	配置游戏模式	0x00：关闭；0x01：打开
6	耳机入耳自动续播	0x00：入耳自动续播（默认）；0x01：入耳不自动续播
……	未定义	

配置设备信息的响应指令格式如表 4-31 所示。

表 4-31　配置设备信息的响应指令

字节或位	内容	参数
位 15	Type	0
位 14	Response flag	0
位 13～8	Reserved	0
位 7～0	OpCode	0x08
字节 2～3	Parameter length	0x0002
字节 4	Status	指令执行状态码
字节 5	OpCode_SN	对应指令的 OpCode_SN

3.　App 获取设备的运行信息

0x09 指令可以获取设备的经典蓝牙和 BLE 的地址，其中经典蓝牙的地址可以作为设备的唯一标识。此外，0x09 响应指令还包含了设备当前的状态和运行信息。App 获取设备的运行信息的指令格式如表 4-32 所示。

表 4-32　App 获取设备的运行信息的指令

字节或位	内容	参数
位 15	Type	1
位 14	Response flag	1
位 13-8	Reserved	0
位 7～0	OpCode	0x09
字节 2～3	Parameter length	0x0005
字节 4	OpCode_SN	根据实际情况而定
字节 5～8	32 位的掩码	每一个掩码位表示 App 要查询的设备的一种运行信息

第 5～8 字节的掩码说明如表 4-33 所示。

表 4-33　获取设备运行信息的掩码

字节或位	作用	参数
位 0	获取经典蓝牙地址	设备的经典蓝牙地址
位 1	获取 BLE 蓝牙地址	设备的 BLE 地址
位 2		废弃
位 3	获取经典蓝牙状态	0：未连接；1：已连接
位 4	获取设备当前的工作模式	0：正常模式；1：低功耗模式
位 5	获取设备定制配置信息	0x08 命令中配置的设备信息
位 6	获取主/从耳机连接状态	0：主/从耳机连接完成；1：主/从耳机连接中
位 7		废弃
位 8	获取辅助设备与目标设备连接状态	0：连接断开；1：连接中；2：连接完成
位 9	获取耳机的主动降噪状态	0：正常；1：降噪； 2：通透；3：抗风噪模式
位 10	耳机入耳自动续播	0：入耳自动续播（默认值）； 1：入耳不自动续播
位 11	查询耳机是否开启游戏模式	0：关闭；1：打开
……	未定义	

在使用该指令时，需要注意以下两点。

- 对单模 BLE 设备，不存在位 3 和位 6 这两个与经典蓝牙相关的属性。
- 位 6 如果为 1，说明主/从耳机还未连接完成，此时 App 不会发起经典蓝牙的连接。当设备完成主/从耳机的连接后，是否主动回连 App 的经典蓝牙则视情况而定。

获取设备的运行信息的响应指令格式如表 4-34 所示。

表 4-34　获取设备的运行信息的响应指令

字节或位	内容	参数
位 15	Type	0
位 14	Response flag	0
位 13～8	Reserved	0
位 7～0	OpCode	0x09
字节 2～3	Parameter length	根据回复内容而定
字节 4	Status	指令执行状态码
字节 5	OpCode_SN	对应指令的 OpCode_SN
字节 6～N	Data	根据请求的掩码而定，由一个或多个 LTV 格式的数据帧组合而成

4. 设备主动上报运行信息

App 在与设备成功建立连接后，如果设备的一些信息或者状态发生了改变，如电量降低、主/从耳机连接状态发生改变，或当前用户通过耳机切换了降噪模式等，设备可以通过 0x0E 指令主动上报给 App。

设备主动上报运行信息的指令格式如表 4-35 所示。

表 4-35　设备主动上报运行信息的指令

字节或位	内容	参数
位 15	Type	1
位 14	Response flag	0
位 13～8	Reserved	0
位 7～0	OpCode	0x0E
字节 2～3	Parameter length	根据实际长度而定
字节 4	OpCode_SN	根据实际情况而定
字节 5～N	Data	由一个或多个 LTV 格式的数据帧组成

对于这种通知或者信息同步类型的指令，接收方无须回应，因此可将位 14 的 Response Flag 设置为 0。

第 5～N 字节的 Data 包含 LTV 格式的数据帧，数据帧的类型和值的定义如表 4-36 所示。

表 4-36　设备主动上报的数据帧的类型和值

类型	作用	值
0	上报设备的电量（支持多电量上报）	电量规则可参考 0x02 指令的掩码表的电量规则。设备电量低于阈值 20%时，需主动上报至少 1 次
1	上报主从设备的连接状态	0：主/从耳机连接完成；1：主/从耳机连接中；2：主/从耳机连接断开
2	上报设备是否能录音的状态	0：本地不可录音（TWS 耳机未入耳）； 1：本地可以录音（TWS 耳机入耳）
3	辅助设备上报其与目标设备的连接状态	0：断开；1：连接
4	上报耳机降噪的状态	0x00：正常模式；0x01：降噪模式； 0x02：通透模式；0x03：抗风噪模式
……	未定义	

在表 4-36 中，类型为 2 的这一项用于设备上报录音的状态。比如，在 TWS 耳机未入耳时是不可录音的，设备需要上报该事件。

5. App 通知运行状态

App 使用指令 0x10 告知设备其某些情况下的状态。App 通知运行状态的指令格式如表 4-37 所示。

表 4-37　App 通知运行状态的指令

字节或位	内容	参数
位 15	Type	1
位 14	Response flag	1
位 13～8	Reserved	0
位 7～0	OpCode	0x10
字节 2～3	Parameter length	根据实际长度而定
字节 4	OpCode_SN	根据实际情况而定
字节 5～N	Data	由一个或多个 LTV 格式的数据帧组成

第 5～N 字节的 Data 所包含的数据帧的类型和对应的值的定义如表 4-38 所示。

表 4-38　App 运行状态的数据帧的类型和值

类型	作用	值
0	App 将会话状态通知设备。若此轮会话结束，设备需忽略 App 触发的语音开始请求，直到设备发起新的语音开始请求	0：语音会话空闲状态； 1：语音会话开始，音频数据流正在传给服务端； 2：语音会话处理中，服务端正在处理语音会话； 3：语音播放状态，得到会话结果后，音频流数据正在播放时的状态

续表

类型	作用	值
1	App 将所在主机与设备的经典蓝牙的连接状态通知给设备。设备会连接多台主机,主机向设备发送该命令后,设备会将其虚拟地址和经典蓝牙连接状态进行绑定,设备在回连主机的经典蓝牙时就可以选择准确的主机进行回连	0:未连接; 1: 正常连接
……	未定义	

App 通知运行状态的响应指令格式如表 4-39 所示。

表 4-39　App 通知运行状态的响应指令

字节或位	内容	参数
位 15	Type	0
位 14	Response flag	0
位 13~8	Reserved	0
位 7~0	OpCode	0x10
字节 2~3	Parameter length	0x0002
字节 4	Status	指令执行状态码
字节 5	OpCode_SN	对应指令的 OpCode_SN

本节内容介绍了在各种场景下,App 如何连接设备以及 App 如何获取设备基本信息的指令。如果设备没有相关的应用场景需求,开发者可视情况只实现部分指令。

4.6.3　设备连接流程

在介绍了设备连接和基础信息相关的指令后,下面来看一下设备的连接流程,如图 4-4 所示。

从图 4-4 所示的连接流程图可以看出,App 和设备整体的连接流程分为如下 3 部分。

- BLE/SPP 连接流程:这里的连接属于底层蓝牙通道的连接,SPP(亦可以说是 RFCOMM)用于 Android,BLE 则用于 iOS,这两个系统的 App 都是通过调用系统提供的操作蓝牙设备的接口,驱动主机的蓝牙系统去连接设备。对于 iOS,由于它与设备的蓝牙通信基于 BLE 协议,因此这里的连接包括探寻 GATT 服务 AF00 以及该服务下的 AF07 和 AF08 特性,即 MMA 协议指定的服务 UUID 和读/写特性的 UUID,详细描述请参考 4.3 节。
- 设备认证流程:这一步即为 4.5 节所描述的认证流程,旨在检验设备的合法性。只有认证通过的设备才能基于 MMA 协议进行通信。当然,在通信之前,必须要成功交换设备信息（这是连接流程的第三步）。

● 交换设备信息：到了这一步，主机和设备便开始基于 MMA 协议进行数据的交互——交换设备信息。设备交换的信息包括 App 发送 0x02 和 0x09 指令获取的设备的基础信息与运行信息。然后作为交换，App 会通过 0x0C、0x04 和 0x0A 指令分别告知设备其虚拟地址、手机类型以及指定连接的通道。这些信息对双方后续的正常运行和交互起着重要作用。

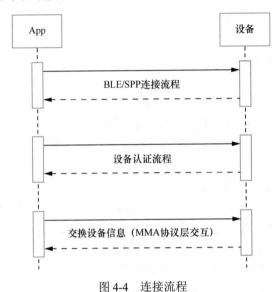

图 4-4　连接流程

4.7　智能语音传输

随着消费者不断追求高保真音频的极致体验，传统的高压缩比、低保真的音频编码和传输方式被逐渐抛弃。尤其是伴随着人工智能的发展，语音识别技术对语音的编码质量更是提出了严苛的要求，部分关键信息的丢失会直接影响语音识别的准确率和用户体验。

在蓝牙领域，由于音频是蓝牙的重要应用方向之一，因此蓝牙协议对音频提供了丰富的支持。如蓝牙音频传输协议 A2DP（Advanced Audio Distribution Profile，高级音频分发框架），为适用不同的播放延迟和清晰度要求，可支持 SBC/AAC/LHDC 等不同的音频编码格式。再如电话免提协议 HFP（Hand Free Profile），为提高通话质量，HFP 协议 1.5 版本的窄带（Narrow Band）编码采用了连续可变斜率增量调制（Continuous Variable Slope Delta Modulation，CVSD）；为了支持更广的音频宽度，后续的 HFP 1.6 版本升级成改良的子带编码（Modified SBC，MSBC）方式。

虽然上述音频传输和编码方案满足了音乐播放、通话等特定场景的需求，但并不十分契合智能语音识别场景，原因是音频在经过编码后，语音识别的准确率下降严重。

为兼顾带宽和语音识别效果，在语音编码传输的基础上，针对 MMA 协议重新设计了语音数据传输协议，在充分利用 MMA 协议流式传输特点的同时，保障了蓝牙语音的识别效果基本上与普通手机设备持平。

MMA 智能语音协议主要由语音数据编码格式和语音传输指令构成，下面将分别介绍这两部分的内容。

4.7.1　语音数据编码格式

4.6.2 节在介绍 App 获取设备静态信息的指令时讲到，蓝牙语音设备可以在 Speex、OPUS 和 PCM 编码格式中任选一种。依据产品规格和设备能力，开发者也可以与 MMA 协议维护团队协商制定特殊的编码格式作为语音数据的编码方式。小米推荐使用 MMA 协议已经集成的编码格式。

在 MMA 协议中，语音数据通过蓝牙通道进行传输。在进行语音识别时，对原始采样音频格式的要求为采样率 16kHz、单声道，采样格式为 S16_LE。同时，为了防止异常数据的干扰，MMA 协议增加了数据同步设计，其原理是 N 帧数据被编码后（推荐 N 的取值为 5），在编码后的数据前添加一个数据同步头，以提高对数据传输错误的容错性，使得在解码发现错误时可跳过这部分错误数据，继续解码。

编码后的语音数据的组织格式如表 4-40 所示。

表 4-40　语音数据的组织格式及说明

字节或位	内容	备注
字节 0～3	0xAAEABDAC	数据同步头的标识符
字节 4～5	Data length	每一帧数据编码后的数据长度（不包含该字段本身）
字节 6～N	Encoded data	N 帧数据编码后的数据

语音数据的数据同步头结合 MMA 数据包的前导头，保证了音频编码数据在具有较高容错性的同时，避免了因为单个数据包数据的损坏而影响后续数据流的解析。需要注意的是，对于编码后的数据（encoded data），编码要求输出的每一帧数据的长度都相同，即第 4～5 字节所指示的后续 N 帧编码数据，每帧的数据长度应相同。

语音数据指令的格式如表 4-41 所示，其中，响应标识（位 14）是 0，意味着 App 收到数据后，不需要回应设备，以节省交互开销。字节 5 的 0xD0 表示该指令所包含的数据为语音数据。

表 4-41　语音数据指令

字节或位	内容	参数
位 15	Type	1
位 14	Response flag	0
位 13～8	Reserved	0
位 7～0	OpCode	0x01
字节 2～3	Parameter length	根据内容而定
字节 4	OpCode_SN	对应指令的 OpCode_SN
字节 5	OpCode	0xD0
字节 6～N	Data	语音数据内容，格式可参考表 4-40

　　MMA 协议支持流式传输，指令传输和语音数据包的分割相对比较自由，但为提高数据包的有效载荷比，推荐数据包携带的语音数据在 200 字节以上。

4.7.2　语音传输指令

　　在介绍了语音数据包的组织格式后，本节开始介绍智能蓝牙语音的核心业务逻辑，即设备和小爱同学 App 是如何完成语音交互的。本节只对常用的设备启动短语音和设备启动长语音这两个场景进行介绍。

1. 设备启动短语音

　　设备在被本地语音或者按键唤醒后，即可开始录音，并按照 MMA 协议，将语音数据传输给 App 进行语音识别处理，整体过程如图 4-5 所示。

　　从图 4-5 可以看出，启动录音的请求是由设备发起的（由设备的本地语音唤醒或按键触发），而停止录音则是由 App 进行控制。这个停止处理的逻辑是，小爱同学 App 自动识别语音，检测设备传输的语音数据中是否包含人声，即语音活动检测（Voice Activity Detection，VAD）。如果有人声且没有超时，则继续接收音频并进行识别；如果超时，或者没有检测到人说话的声音，则通知设备停止录音，终止此次会话。

　　需要注意的是，VDD 在检测到没有人声后，App 就会命令设备停止录音，但在一定时间内，App 还可以请求设备开启语音交互，以支持 App 多轮会话的需要。VAD 可以位于云端，亦可集成在 App 内部。

　　下面介绍在语音交互过程中，设备和 App 使用到的语音相关的指令。

1. 开始语音输入

　　当用户按下设备的唤醒按键（或由设备的本地语音唤醒）时，设备会发送"请求开始语音交互"的指令给 App，询问 App 是否可以开启语音输入，并通过 App 对该指令的响应来获知结果。

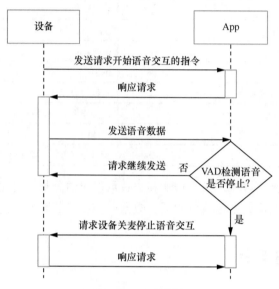

图 4-5　语音流程

设备请求开始语音交互的指令为 0xD0，其指令格式如表 4-42 所示。

表 4-42　设备请求开始语音交互的指令

字节或位	内容	参数
位 15	Type	1
位 14	Response flag	1
位 13~8	Reserved	0
位 7~0	OpCode	0xD0
字节 2~3	Parameter length	0x0002
字节 4	OpCode_SN	根据实际情况而定
字节 5	startWay	语音启动的方式，让 App 知晓触发语音的操作方式

字节 5 是语音启动的触发操作方式，目前支持如下 5 种（其中 0、2、3、4、5 均为短按类型）。

- 0：单击。
- 1：长按。
- 2：热词唤醒。
- 3：语音唤醒。

- 4：双击。
- 5：三击。

如果 App 存在多轮会话的需要，也可使用 0xD0 指令主动向设备发起语音交互请求。设备在收到指令后，开始录音和传输语音数据给 App。当 App 发送该指令时，可以不带 startWay 参数或将其设为 0。

设备请求开始语音交互的响应指令格式如表 4-43 所示。

表 4-43　设备请求开始语音交互的响应指令

字节或位	内容	参数
位 15	Type	0
位 14	Response flag	0
位 13～8	Reserved	0
位 7～0	OpCode	0xD0
字节 2～3	Parameter length	0x0002
字节 4	Status	指令执行状态码
字节 5	OpCode_SN	对应指令的 OpCode_SN

当 App 拒绝设备上报语音数据时，回应的 Status 不为 0，设备收到后则终止当前流程。App 不接受语音上报的可能原因有 App 正在使用主机的麦克作为语音输入源、App 正要升级设备固件等。

2. 停止语音输入

停止语音输入的指令由 App 向设备发送。当 App 的 VAD 检测到用户停止说话时，就会下发该指令告知设备关闭麦克风，停止传输语音数据（即结束语音交互）。停止语音输入的指令为 0xD1，其指令格式如表 4-44 所示。

表 4-44　通知设备停止语音的指令

字节或位	内容	参数
位 15	Type	1
位 14	Response flag	1
位 13～8	Reserved	0
位 7～0	OpCode	0xD1
字节 2～3	Parameter length	0x0001
字节 4	OpCode_SN	根据实际情况而定

通知设备停止语音的响应指令格式如表 4-45 所示。

表 4-45　通知设备停止语音的响应指令

字节或位	内容	参数
位 15	Type	0
位 14	Response flag	0
位 13~8	Reserved	0
位 7~0	OpCode	0xD1
字节 2~3	Parameter length	0x0002
字节 4	Status	指令执行状态码
字节 5	OpCode_SN	对应指令的 OpCode_SN

2. 设备启动长按语音

部分设备，如鼠标、键盘等，因设备厂商的需求，需要支持在长按语音键时开启语音输入。设备可以使用 0xD0 指令开启语音输入，然后使用 startWay 字段来区分语音键是短按还是长按。除了设备可以触发语音请求外，App 在进行多轮会话时，也可主动请求设备开启和结束录音。

4.8　OTA 设计

OTA（Over-the-Air Technology，空中下载技术）是一种通过无线网络下载和升级设备的技术。通过这种技术，设备无须通过有线连接即完成软件/固件的下载和升级，相对来说更加方便。

OTA 在智能设备中发挥了越来越重要的作用。借助于 OTA，产品在发布后不仅可以解决程序问题，改善功能，提升用户体验，而且可以分阶段发布产品功能，从而缩短开发周期，降低开发、试错成本。

蓝牙设备可以通过 App 进行 OTA 升级，传输通道可选择 RFCOMM 或 BLE。MMA 协议支持各种不同的 OTA 升级方案，如资源充足时的在线 OTA 升级、资源不足时的 BootLoader 升级或分阶段升级等各种方案。同时，MMA 的 OTA 协议设计兼容升级过程中出现的意外情况，如断电、传输失败等。在这些情况下，蓝牙设备可以再次进行升级，而不会被损坏。

4.8.1　OTA 流程

蓝牙设备通过 App 进行 OTA 升级的流程如图 4-6 所示。

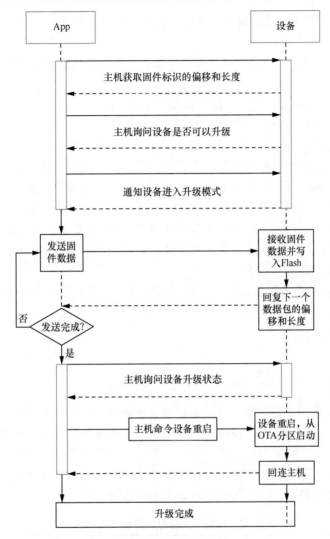

图 4-6　OTA 升级流程

OTA 升级流程可以分为以下几个步骤。

1．App 通过 0xE1 指令从设备获取升级文件标识信息的偏移和长度，然后根据这两个信息从云端下载的设备固件中获取固件的标识信息。

2．App 通过 0xE2 指令将获取到的升级文件标识信息发送给设备进行确认。

3．App 得知设备确认无误后，通过 0xE3 指令告知设备进入升级模式，准备开始发送升级数据。而设备会通过 0xE3 的响应指令，向 App 返回升级数据在设备固件中的偏移、长度以及是否需要加密的 CRC32 标记。

4．App 收到设备对 0xE3 指令的回复后，开始向设备发送升级数据。这一操作通过

0xE5 指令来完成。同时，设备也会以 0xE5 响应指令来告知 App 是否已接收完全部的升级数据。

5. 当 App 得知设备已经接收完全部的数据后，向设备发送 0xE6 指令，询问设备是否已经升级完成。

6. 当设备升级完成后，App 会向设备发送 0x03 指令使其重启，并在设备重启后重新连接设备。自此，用户便可以使用固件更新后的设备了。

在上述升级流程中，App 在发送任何一个指令后，如果设备执行指令失败或者设备回复了异常状态码，App 都会中断当前的升级流程，并向用户报告升级出错的原因。同时，在升级的过程中，App 可以向设备发送 0xE4 指令来主动要求设备退出升级模式。但是，该指令只对双备份系统的设备有效。对于单备份系统的设备，由于其资源紧张，因此在升级时，在执行完步骤 2 后，App 会向设备发送 0xE7 指令使其进入 BootLoader 模式，并且会断开蓝牙并重新连接。重连成功后，直接开始通过 0xE5 指令发送升级数据，之后的流程就和双备份系统的设备一致了。

在了解了 OTA 的整体升级流程后，接下来将详细介绍上述 OTA 流程中涉及的指令。

4.8.2　OTA 指令

1．读取设备固件标识信息的偏移和长度

App 向设备发送 0xE1 指令，向设备询问设备固件的标识信息在设备固件中的偏移地址和信息长度。然后，App 根据偏移地址和信息长度从服务器下载到的固件中读取标识信息，并通过 0xE2 指令将标识信息送往设备，由设备校验当前固件是否合法，如不合法，则终止 OTA 流程，防止设备因被写入异常数据而导致设备中的程序遭受破坏。

读取标识信息偏移和长度的指令格式如表 4-46 所示。

表 4-46　读取标识信息偏移和长度的指令

字节或位	内容	参数
位 15	Type	1
位 14	Response flag	1
位 13~8	Reserved	0
位 7~0	OpCode	0xE1
字节 2~3	Parameter length	0x0001
字节 4	OpCode_SN	根据实际情况而定

读取设备固件标识信息偏移和长度的响应指令格式如表 4-47 所示。

表 4-47　读取设备固件标识信息偏移和长度的响应指令

字节或位	内容	参数
位 15	Type	0
位 14	Response flag	0
位 13～8	Reserved	0
位 7～0	OpCode	0xE1
字节 2～3	Parameter length	0x0008
字节 4	Status	指令执行状态码
字节 5	OpCode_SN	对应指令的 OpCode_SN
字节 6～9	固件的文件标识信息的偏移	根据不同设备的实际定义而定
字节 10～11	固件的文件的标识信息的长度	根据不同设备的实际定义而定

在表 4-47 中，字节 10～11 表示 App 需要读取的固件标识信息的长度。App 通过这个参数读取固件中对应偏移地址开始的一段数据，即标识信息。这段标识信息数据通过 0xE2 指令发送给设备，用于让设备确认待升级的固件是否合法和可用。

设备的固件由标识信息和升级文件构成，标识信息放置于固件中设备商预定义的指定位置，其中有 MMA 预定义的 10 字节、保留的 4 字节，以及设备厂商的私有信息。需要注意的是，在设备固件的标识信息中，从偏移地址开始的 10 字节有固定含义。例如，假设固件的标识信息的偏移地址为 0x000200，则这 10 字节分别表示如下。

- 0x000200：主标识（即企业 ID）高字节。
- 0x000201：主标识（企业 ID）低字节。
- 0x000202：次标识（即产品 ID）高字节。
- 0x000203：次标识（产品 ID）低字节。
- 0x000204：设备版本号高字节。
- 0x000205：设备版本号低字节。
- 0x000206：升级文件长度高字节。
- 0x000207：升级文件长度次高字节。
- 0x000208：升级文件长度中字节。
- 0x000209：升级文件长度低字节。

2. 询问设备是否可升级的指令

App 向设备发送 0xE2 指令，询问设备当前状态是否满足升级要求。询问设备是否可升级的指令格式如表 4-48 所示。

表 4-48　询问设备是否可升级的指令

字节或位	内容	参数
位 15	Type	1
位 14	Response flag	1
位 13~8	Reserved	0
位 7~0	OpCode	0xE2
字节 2~3	Parameter length	根据实际情况而定
字节 4	OpCode_SN	根据实际情况而定
字节 5~N	所读取的固件文件标识信息	根据实际情况而定

询问设备是否可升级的响应指令格式如表 4-49 所示。

表 4-49　询问设备是否可升级的响应指令

字节或位	内容	参数
位 15	Type	0
位 14	Response flag	0
位 13~8	Reserved	0
位 7~0	OpCode	0xE2
字节 2~3	Parameter length	0x0003
字节 4	Status	指令执行状态码
字节 5	OpCode_SN	对应指令的 OpCode_SN
字节 6	是否可升级	根据实际情况而定

字节 6 的值的定义如下。

- 0x00：系统可以更新且系统是单备份。
- 0x01：设备电量低，无法支撑升级。
- 0x02：升级固件信息错误，无法升级。
- 0x03：系统可以升级且系统是双备份。
- 0x10：双耳断连。App 提示"双耳断连，请关盖后开盖重新升级"。
- 0x11：收纳盒关闭，无法升级。
- 0x12：无设备或单设备放入收纳盒，无法升级。
- 0x13：单耳模式不可升级。App 提示"单耳模式不可升级，请重新配对"。

其中，0x00~0x0F 范围内的值为通用设备的状态码，而 0x10~0x1F 范围内的值为 TWS 耳机的状态码。

3. 通知设备进入升级模式的指令

App 向设备发送 0xE3 指令，通知设备进入升级流程，然后设备开始 OTA 升级。通知设备进入升级模式的指令格式如表 4-50 所示。

表 4-50　通知设备进入升级模式的指令

字节或位	内容	参数
位 15	Type	1
位 14	Response flag	1
位 13～8	Reserved	0
位 7～0	OpCode	0xE3
字节 2～3	Parameter length	0x0001
字节 4	OpCode_SN	根据实际情况而定

通知设备进入升级模式的响应指令如表 4-51 所示。

表 4-51　通知设备进入升级模式的响应指令

字节或位	内容	参数
位 15	Type	0
位 14	Response flag	0
位 13～8	Reserved	0
位 7～0	OpCode	0xE3
字节 2～3	Parameter length	根据实际情况而定
字节 4	Status	指令执行状态码
字节 5	OpCode_SN	对应指令的 OpCode_SN
字节 6	是否进入了升级模式	根据实际情况而定
字节 7～10	第一块升级数据在固件内部的偏移地址	根据实际情况而定
字节 11～12	第一块升级数据的长度	根据实际情况而定
字节 13	升级数据块是否携带 CRC32 标记	根据实际情况而定

部分参数的说明如下。

- 字节 6：0 表示成功，1 表示失败。成功时需要返回第一个升级数据块的偏移地址和长度（字节 7～10）。
- 字节 7～10：设备所需要的第一块升级数据在固件内部的偏移地址。
- 字节 11～12：设备所需要的第一块升级数据的长度。
- 字节 13：升级数据块是否携带 CRC32 标记（该标记是可选的）。不填或者 0 表示不需要携带 CRC32，1 表示需要携带 CRC32。

4. 强制设备退出升级模式的指令

App 向设备发送 0xE4 指令，通知设备退出升级流程。设备在收到该指令后回滚升级流程。强制设备退出升级模式的指令格式如表 4-52 所示。

表 4-52 强制设备退出升级模式的指令

字节或位	内容	参数
位 15	Type	1
位 14	Response flag	1
位 13～8	Reserved	0
位 7～0	OpCode	0xE4
字节 2～3	Parameter length	0x0001
字节 4	OpCode_SN	根据实际情况而定

对于存储器只有单分区的设备，在接收到 0xE4 指令后最好返回指令执行状态为失败的响应指令，因为强制退出升级模式会导致系统无法使用；对于存储器是双分区的设备，可以直接退出升级。强制设备退出升级模式的响应指令格式如表 4-53 所示。

表 4-53 强制设备退出升级模式的响应指令

字节或位	内容	参数
位 15	Type	0
位 14	Response flag	0
位 13～8	Reserved	0
位 7～0	OpCode	0xE4
字节 2～3	Parameter length	0x0003
字节 4	Status	指令执行状态码
字节 5	OpCode_SN	对应指令的 OpCode_SN
字节 6	退出结果	0：成功；1：失败

5. App 发送升级固件数据块的指令

App 向设备发送 0xE5 指令，该指令包含了升级固件数据块及校验信息。App 发送升级固件数据块的指令格式如表 4-54 所示。指令是否带 CRC32 标记，则依据设备回复 App 的 0xE3 指令的字节 13 中的内容而定。

表 4-54　App 发送升级固件数据块的指令

字节或位	内容	参数
位 15	Type	1
位 14	Response flag	1
位 13～8	Reserved	0
位 7～0	OpCode	0xE5
字节 2～3	Parameter length	根据实际情况而定
字节 4	OpCode_SN	根据实际情况而定
字节 5～N	升级数据块	根据实际情况而定
字节(N+1)～(N+4)	升级数据块的 CRC32 标记	根据实际情况而定

App 发送升级固件数据块的响应指令格式如表 4-55 所示。

表 4-55　App 发送升级固件数据块的响应指令

字节或位	内容	参数
位 15	Type	0
位 14	Response flag	0
位 13～8	Reserved	0
位 7-0	OpCode	0xE5
字节 2～3	Parameter length	0x000B
字节 4	Status	指令执行状态码
字节 5	OpCode_SN	对应指令的 OpCode_SN
字节 6	退出结果	0：成功；1：失败
字节 7～10	下一块数据的偏移	根据实际情况而定
字节 11～12	下一块数据的长度	根据实际情况而定
字节 13～14	传输延迟时间	根据实际情况而定

部分参数的说明如下。

- 字节 6：0 表示成功，非 0 表示失败。成功时，设备需要返回下一升级数据块的偏移地址和长度，当所有数据都传输完毕时字节 7～12 都填入 0，表示设备完成整体固件数据的接收。字节 6 支持的失败错误码可参考 0xE2 指令的字节 6。
- 字节 7～10：设备所需要的下一块升级数据偏移地址。
- 字节 11～12：设备所需要的下一块升级数据块的长度。
- 字节 13～14：设备请求发送数据的延迟。值为 0 时，不延迟，获取数据后直接发送；值不为 0 时，需要延迟对应的时间后才可以发送数据。时间单位为毫秒（ms）。

在使用 BLE 通道传输数据时，App 会按照 MTU 大小发送数据，如果数据块大小超过了 MTU，App 就会将数据分片后发送。设备需要在接收到完整的数据分片后，再进行后续操作。

6. 读取设备升级状态的指令

App 向设备发送 0xE6 指令，可获取设备升级状态。读取设备升级状态的指令格式如表 4-56 所示。

表 4-56　读取设备升级状态的指令

字节或位	内容	参数
位 15	Type	1
位 14	Response flag	1
位 13～8	Reserved	0
位 7～0	OpCode	0xE6
字节 2～3	Parameter length	0x0001
字节 4	OpCode_SN	根据实际情况而定

读取设备升级状态的响应指令如表 4-57 所示。

表 4-57　读取设备升级状态的响应指令

字节或位	内容	参数
位 15	Type	0
位 14	Response flag	0
位 13～8	Reserved	0
位 7～0	OpCode	0xE6
字节 2～3	Parameter length	0x0003
字节 4	Status	指令执行状态码
字节 5	OpCode_SN	对应指令的 OpCode_SN
字节 6	升级结果	根据实际情况而定

字节 6（即升级结果）可选的值如下。
- 0x00：升级完成。
- 0x01：升级数据校验出错。
- 0x02：升级失败。
- 0x03：加密密钥匹配。
- 0x04：升级文件出错。
- 0x05：BootLoader 不匹配。

设备在升级完成后退出升级模式。

7. 通知设备进入 BootLoader 模式的指令

App 向设备发送 0xE7 指令，通知设备进入 BootLoader 模式后进行升级。该指令适用于单备份系统的设备。对于单备份系统的设备，由于存储器空间有限，无法提供足够的空间来存储两份系统代码，因此系统设计者在存储一份系统代码的基础上，开辟了一小块存储空间，存储一个最小引导系统（即 BootLoader），用于与外部设备进行连接通信，以及进行本设备的 OTA 升级。

通知设备进入 BootLoader 模式的指令格式如表 4-58 所示。

表 4-58 通知设备进入 BootLoader 模式的指令

字节或位	内容	参数
位 15	Type	1
位 14	Response flag	1
位 13~8	Reserved	0
位 7~0	OpCode	0xE7
字节 2~3	Parameter length	0x0001
字节 4	OpCode_SN	根据实际情况而定

通知设备进入 BootLoader 模式的响应指令格式如表 4-59 所示。

表 4-59 通知设备进入 BootLoader 模式的响应指令

字节或位	内容	参数
位 15	Type	0
位 14	Response flag	0
位 13~8	Reserved	0
位 7~0	OpCode	0xE7
字节 2~3	Parameter length	0x0002
字节 4	Status	指令执行状态码
字节 5	OpCode_SN	对应指令的 OpCode_SN

4.9 扩展定制设计

MMA 协议是一个开放式的协议，除了通用的基本功能外，也提供了丰富的扩展方式。MMA 协议的扩展定制当前主要分为基于企业的扩展设计和基于功能的扩展设计。前者适用于定制企业自己的系列产品，开发企业专有的特色功能，后者主要应用于数量和功能不断增加的 TWS 耳机，便于对其进行功能扩展。

4.9.1 基于企业的扩展设计

基于企业的扩展设计方案主要用于企业扩展定制产品，为企业的系列产品提供独特、丰富的定制支持。MMA 预留了 0xF1 指令，可用于扩展基于产品的功能定制。基于企业的扩展设计继承基础协议指令的设计思想，通过扩展企业编码参数，实现指令的扩容。

基于企业的扩展设计在同一企业 ID（Vendor ID，VID）下，可支持 65535 款产品（由产品 Product ID[PID]定义），在单产品下可支持 255 个功能定义（由 Custom OpCode 定义）。

基于企业扩展的请求指令格式如表 4-60 所示。

表 4-60　基于企业扩展的请求指令

字节或位	内容	参数
位 15	Type	1
位 14	Response flag	1
位 13～8	Reserved	0
位 7～0	OpCode	0xF1
位 2～3	Parameter length	参数总长度（不包括自身长度）
位 4	OpCode_SN	根据实际情况而定
位 5～8	VID/PID	产品的 VID/PID，也即产品的主标识/次标识 注：依次填写 VID 的高字节/低字节、PID 的高字节/低字节
位 9	Custom OpCode	自定义指令
位 10～N	Other Parameter	其他参数

在表 4-60 中，OpCode 的值为 0xF1，是一级指令，由 MMA 协议定义；VID 代表公司，PID 代表公司的产品；Custom OpCode 是二级指令，可以有 256 个操作码，由公司自定义。

基于企业扩展的响应指令格式如表 4-61 所示。

表 4-61　基于企业扩展的响应指令

字节或位	内容	参数
位 15	Type	1
位 14	Response flag	1
位 13～8	Reserved	0
位 7～0	OpCode	0xF1
字节 2～3	Parameter length	参数总长度（不包括自身长度）
字节 4	OpCode_SN	根据实际情况而定
字节 5～8	VID/PID	产品的 VID/PID，也即产品主标识/次标识 注：依次填写 VID 的高字节/低字节、PID 的高字节/低字节
字节 9	Custom OpCode	自定义指令
字节 10～N	Other Parameter	其他参数

4.9.2 基于功能的扩展设计

随着使用 MMA 协议的 TWS 耳机越来越多,耳机的各种各样的新功能也在不断增加。为此,MMA 协议制定了 3 个通用的指令,以专门应对这种变化。这 3 个指令分别是 0xF2、0xF3 和 0xF4。

1. 0xF2 指令

该指令主要用于配置 TWS 耳机的各种功能,如音频模式、手势功能和降噪模式等。用于配置设备信息的指令格式如表 4-62 所示。

表 4-62　配置设备信息的指令

字节或位	内容	参数
位 15	Type	1
位 14	Response flag	1
位 13～8	Reserved	0
位 7～0	OpCode	0xF2
字节 2～3	Parameter length	根据实际情况而定
字节 4	OpCode_SN	根据实际情况而定
字节 5～N	Config Item	LTV 格式,根据实际情况而定
……	Config Item	LTV 格式,根据实际情况而定

配置设备信息的响应指令格式如表 4-63 所示。

表 4-63　配置设备信息的响应指令

字节或位	内容	参数
位 15	Type	0
位 14	Response flag	0
位 13～8	Reserved	0
位 7～0	OpCode	0xF2
字节 2～3	Parameter length	0x0002
字节 4	Status	指令执行状态码
字节 5	OpCode_SN	对应指令的 OpCode_SN

2. 0xF3 指令

该指令用于获取设备的配置信息。获取设备配置信息的指令格式如表 4-64 所示。

表 4-64 获取设备配置信息的指令

字节或位	内容	参数
位 15	Type	1
位 14	Response flag	1
位 13～8	Reserved	0
位 7～0	OpCode	0xF3
字节 2～3	Parameter length	根据实际情况而定
字节 4	OpCode_SN	根据实际情况而定
字节 5～6	Config type	配置项的类型，2 字节；可参考配置项的类型
……	Config type	第 N 个配置项的类型，2 字节；可参考配置项的类型

获取设备配置信息的响应指令格式，如表 4-65 所示。

表 4-65 获取设备配置信息的响应指令

字节或位	内容	参数
位 15	type	0
位 14	Response flag	0
位 13～8	Reserved	0
位 7～0	OpCode	0xF3
字节 2～3	Parameter length	0x0002
字节 4	Status	根据实际情况而定
字节 5	OpCode_SN	对应指令的 OpCode_SN
字节 6～N	Config Item	LTV 格式，根据实际类型的情况而定
……	Config Item	LTV 格式，根据实际类型的情况而定

3. 0xF4 指令

设备可通过 0xF4 指令将自身的配置项主动通知给 App。通知设备配置信息的指令格式如表 4-66 所示。

表 4-66 通知设备配置信息的指令

字节或位	内容	参数
位 15	Type	1
位 14	Response flag	1
位 13～8	Reserved	0
位 7～0	OpCode	0xF4
字节 2～3	Parameter length	根据实际情况而定

续表

字节或位	内容	参数
字节 4	OpCode_SN	根据实际情况而定
字节 5～N	Config Item	LTV 格式，根据实际情况而定
……	Config Item	LTV 格式，根据实际情况而定

通知设备配置信息的响应指令格式如表 4-67 所示。

表 4-67　通知设备配置信息的响应指令

字节或位	内容	参数
位 15	Type	0
位 14	Response flag	0
位 13～8	Reserved	0
位 7～0	OpCode	0xF4
字节 2～3	Parameter length	0x0002
字节 4	Status	指令执行状态码
字节 5	OpCode_SN	对应指令的 OpCode_SN

4. 配置项

在 0xF2、0xF3 和 0xF4 指令或者响应指令中，都包含了一个或多个配置项（Config Item），这些配置项都是按照 TLV 格式组织的。下面看一下 0xF2、0xF3 和 0xF4 这 3 个指令支持的通用配置项类型和可选值。开发者可与小米工程师进一步协商更多通用的扩展。

1. 音频模式

音频模式的配置项的类型为 0x0001，其值占用 1 字节，值的定义如下。

- -1：不支持。
- 0：普通模式（默认值）。
- 1：畅听模式。
- 2：高清模式。

畅听模式和高清模式的说明如下。

- 畅听模式：通过音量减半、关闭重力传感器（G-sensor）、关闭语音功能等实现长时间续航。
- 高清模式：音频采样率从最高 48kHz 提高到 96kHz。高清模式开启时，多点连接功能不可用。

2. 自定义按键

自定义按键的类型为 0x0002, 每种手势的值由 3 字节组成, 其格式为 KKLLRR (十六进制), 每个字节的说明如下。

KK 表示手势类型, 值的定义如下。

- 0x00: 单击。
- 0x01: 双击。
- 0x02: 三击。
- 0x03: 长按。

LL 表示左耳机的自定义按键, 值的定义如下。

- 0x00: 唤醒小爱。
- 0x01: 播放/暂停。
- 0x02: 上一曲。
- 0x03: 下一曲。
- 0x04: 增加音量。
- 0x05: 减少音量。
- 0x06: 降噪控制。
- 0xFF: 表示不做更改, 即保持原有配置。

RR 表示右耳机的自定义按键, 值的定义如下。

- 0x00: 唤醒小爱。
- 0x01: 播放/暂停。
- 0x02: 上一曲。
- 0x03: 下一曲。
- 0x04: 增加音量。
- 0x05: 减少音量。
- 0x06: 降噪控制。
- 0xFF: 表示不做更改, 保持原有配置。

按照组合值的定义, 0x010001 表示双击左耳唤醒小爱, 双击右耳播放/暂停。也可以对多个手势类型对应的操作进行自定义, 如 0x010001020203。在该组合值中, 前 3 字节 0x010001 定义了左/右耳机的双击手势所对应的操作, 而后 3 字节 0x020203 则定义了左/右耳机的三击手势所对应的操作。App 通过下发自定义的按键值 0xFF, 来表示不需要设备更改当前手势的定义, 如 0x0100FF 表示双击左耳唤醒小爱, 双击右耳维持原有配置。自定义的按键值 0x06 是降噪控制, 用来切换降噪模式 (后文有详细介绍)。它可以配合使用类型 0x000A, 组成降噪模式切换配置项, 用来控制耳机在哪几个降噪模式选项之间进行切换。

3. 自动接听

自动接听的类型为 0x0003，其值占用 1 字节，其定义如下。

- -1：不支持。
- 0：关闭（默认值）。
- 1：开启。

当该配置项的值为 1 时，如果在来电时佩戴着耳机，则自动接听电话。

4. 多点连接

多点连接的类型为 0x0004，其值占用 1 字节，其定义如下。

- -1：不支持。
- 0：关闭（默认值）。
- 1：开启。

在多点连接模式下，多部手机可同时连接同一部耳机。

5. 贴合度检测

贴合度检测的类型为 0x0005，其值占用 1 字节。当值为 0 时，表示关闭贴合度检测，值为 1 则表示开启贴合度检测。

6. 耳机贴合度

耳机贴合度的类型为 0x0006，其值包含 2 字节，格式为 LLRR（十六进制），其中，LL 为左耳贴合度，RR 为右耳贴合度。贴合度值的定义如下。

- 0x00：贴合度未知。
- 0x01：贴合度适中。
- 0x02：贴合度不适中。
- 0x03：耳机正常佩戴，可以开始贴合度检测。
- 0x09：耳机未正常佩戴，不支持贴合度检测。

贴合度分为两种情况：贴合度适中与不适中。当耳机无法获取耳机贴合度时，则返回 0x00，表示贴合度未知。

7. EQ 模式（音效模式）

EQ 模式的类型为 0x0007，其值占用 1 字节，其定义如下。

- 0：默认。
- 1：人声。
- 2：摇滚。
- 3：古典。
- 4：流行。

- 5：低音。
- 6：高音。

8. 配置/获取设备名称

配置/获取设备名称的配置项用于 App 配置蓝牙设备的名称，或者获取蓝牙设备的名称。该配置项的类型为 0x0008，其值为文本数据，长度根据具体的实现而定，而这段表示设备名称的文本的编码格式是通过 0x02 指令来获得（参考 0x02 指令的位 12）。

9. 查找耳机

查找耳机的类型为 0x0009，其值由 2 字节组成，用于用户寻找丢失的耳机。值的定义如表 4-68 所示。详细内容可参考 5.2.3 节。

表 4-68　查找耳机配置项的值

字节或位	内容	参数	说明
字节 0	Find_enable	0：关闭；1：打开	是否开启查找
字节 1	Earbud_id	1：左耳；2：右耳；3：双耳	耳机类型

10. 切换降噪模式

切换降噪模式的类型为 0x000A，其值占用 2 字节，其定义如表 4-69 所示。

表 4-69　降噪模式配置项的值

字节或位	内容	参数	说明
字节 0	left_mode_mask	位 0：关闭；位 1：降噪；位 2：通透	左耳可在哪些选项之间切换
字节 1	right_mode_mask	位 0：关闭；位 1：降噪；位 2：通透	右耳可在哪些选项之间切换

需要说明的是，左/右耳机的降噪模式分别用 3 个位表示，且至少包含其中两个位。例如，111（0x07）表示在“关闭”“降噪”“通透”三者之间切换；110（0x06）表示在“降噪”“通透”两者之间切换； 011（0x03）表示在“降噪”“关闭”两者之间切换；0000011100000111（0x0707）表示左右耳都可以在 3 个选项之间切换。

App 通过下发 0xFF，表示不需要耳机更改当前的配置。例如，0x07FF 表示左耳在 3 个选项之间切换，右耳维持原有配置。

11. 选择降噪等级

选择降噪等级的类型为 0x000B，其值由 2 字节组成。第 1 字节表示降噪模式，第 2 字节表示在该降噪模式下的降噪等级，定义如表 4-70 所示。降噪模式对应的可选降噪等级如表 4-71 所示。

表 4-70 降噪等级配置项的值

字节或位	内容	参数	说明
字节 0	anc_mode	0：关闭；1：降噪；2：通透	降噪模式
字节 1	anc_level	根据降噪模式确定，可参考表 4-71	降噪模式的等级

表 4-71 降噪等级

降噪模式	降噪等级选择
0：关闭	0：降噪关闭
1：降噪	0：均衡模式（默认值）；1：舒适模式；2：深度模式；3：自适应模式
2：通透	0：通透模式（默认值）；1：人声增强

耳机处于降噪模式时，可以选择降噪等级中的一种。耳机处于通透模式时，可以选择通透等级中的一种。例如，0x0101 表示当前耳机为降噪模式，而且降噪等级是舒适模式。

12. 防丢提醒

当耳机佩戴状态或出/入收纳盒状态发生变化时，可通过防丢提醒将耳机状态发送给 App。防丢提醒的类型为 0x000C，值占用 1 字节，其定义如表 4-72 所示。

表 4-72 防丢提醒配置型的值

字节或位	内容	参数	说明
字节 0	anti-lost	位 0：右耳入盒；位 1：左耳入盒；位 2：右耳佩戴；位 3：左耳佩戴	满足对应描述，对应位设置为 1，否则设置为 0

13. 畅听模式侦测

畅听模式侦测的类型为 0x000D，可用于打开/关闭畅听模式侦测，用来控制设备是否根据场景自动切换畅听模式。畅听模式配置项的值占用 2 字节，其定义如表 4-73 所示。

表 4-73 畅听模式配置项的值

字节或位	内容	参数	说明
字节 0	侦测开关	0：关闭侦测；1：打开帧测	关闭侦测，表示设备不会自动进入畅听模式；打开侦测，设备根据使用场景决定进入/退出畅听模式
字节 1	超时时间	有效值：0x00～0xFF	退出畅听模式后，自动关闭畅听模式的超时时间（时间单位为秒）；关闭侦测为 0 时，该字节无效

14. 主机前台的 App 包名

小爱同学 App 可通过类型为 0x000E 的配置项，向设备传递当前在主机前台 App 的包名。设备可针对该前台 App 进行优化处理，如耳机会针对部分游戏应用的音视频进行同步优化。该配置项的值为应用程序包名的文本数据，其值的定义如表 4-74 所示。

表 4-74 主机前台的 App 包名配置项的值

字节或位	内容	参数
字节 0~*N*	App 的包名	文本数据

文本数据（即表 4-74 中的"内容"）的编码方式和长度的说明如下。

- 编码方式是 App 利用 0x02 指令从设备得到的编码方式。
- 长度最大为 253 字节。

4.10 辅助中继设计

在有些场景下，App 和外部设备之间无法直接通信，需要通过辅助设备中转通信数据。例如，PC 没有蓝牙模块时，需外接蓝牙 Dongle 这样的辅助设备，间接与蓝牙鼠标进行通信。在这种场景下，有两种通信方式。

- App 与辅助设备进行通信。通过这种方式，App 可以控制辅助设备本身，如升级辅助设备的固件、设置辅助设备的功能等。
- App 经过辅助设备中转通信数据，与外设进行通信。

为了区分这两种通信方式，在 MMA 数据包的基础上，再添加 4 字节的前导头。前导头有两个：0xFFFFFFF0 或 0xFFFFFFF1。前导头为 0xFFFFFFF0 的数据包，表示这是 App 和辅助设备之间的数据，不涉及外设；前导头为 0xFFFFFFF1 的数据包，表示这是 App 和外设之间的数据，辅助设备只是作为桥梁，进行数据的中转处理。0xEF 为结束码。

App 和辅助设备进行通信时，完整的数据包格式如下。

0xFFFFFFF0	0xFEDCBA	数据包 1	0xEF	0xFEDCBA	数据包 2	0xEF	……

加上前导头 0xFFFFFFF1 的数据包表示由辅助设备转发，完整的数据包格式如下。

0xFFFFFFF1	0xFEDCBA	数据包 1	0xEF	0xFEDCBA	数据包 2	0xEF	……

PC 的外接蓝牙 Dongle 与蓝牙鼠标进行通信的详细过程如下。

1．App 发出的数据都送往 Dongle，Dongle 接收到数据后将其分为两部分：4 字节的前导头和 MMA 数据。当前导头为 0xFFFFFFF0 时，MMA 数据由 Dongle 自己进行处理；前导头为 0xFFFFFFF1 时，MMA 数据由 Dongle 发送给鼠标处理。

2．鼠标发送 MMA 数据给 Dongle，Dongle 在数据的头部加上前导头 0xFFFFFFF1 后再发往 App；若 Dongle 将自己的数据发往 App，则在数据的头部添加前导头 0xFFFFFFF0，然后再发往 App。

借助上述前导头，即可区分数据是流向 App、辅助设备，还是设备。这里的辅助设备亦可称为中继设备，它是 App 和设备之间的沟通桥梁。同时，为了维持辅助设备和设备的活跃状态，MMA 协议支持心跳保活功能。

心跳数据包用于判断通信方是否在线，其指令格式如表 4-75 所示。

表 4-75　心跳数据包指令

字节或位	内容	参数
位 15	Type	1
位 14	Response flag	1
位 13~8	Reserved	0
位 7~0	OpCode	0x41
位 2~3	Parameter length	0x0001
位 4	OpCode_SN	根据实际情况而定

心跳数据包的指令说明如下。

- App 和外部设备都可以发送心跳数据包。
- 指令的发送间隔时间推荐为 5s，发送方可根据实际情况自行调整。

心跳包的响应指令格式如表 4-76 所示。

表 4-76　心跳数据包的响应指令

字节或位	内容	参数
位 15	Type	0
位 14	Response flag	0
位 13~8	Reserved	0
位 7~0	OpCode	0x41
字节 2~3	Parameter length	0x0002
字节 4	Status	指令执行状态码
字节 5	OpCode_SN	对应指令的 OpCode_SN

4.11　唤醒设计

本节将介绍蓝牙设备与小爱同学在 MMA 协议数据通道未连接的情况下，用户发起语音唤醒的流程。

蓝牙设备在与主机上的小爱同学 App 建立了 MMA 协议通道连接的情况下，当用户按下设备的语音唤醒按键时，蓝牙设备会使用 MMA 协议发送 0xD0 指令来唤醒小爱同学

App，接着在本地不断录制用户的语音，并通过 MMA 协议通道将编码后的语音数据传输给 App。小爱同学 App 利用 MMA 蓝牙 SDK 将语音数据解码，接下来的 ASR、VAD、NLP 和 TTS 等操作都会交给语音 SDK 来完成。最终，蓝牙设备接收 App 返回的结果并将其呈现给用户。这就是设备基于 MMA 协议通道的语音唤醒、语音数据传输和处理的流程。

在上述的语音唤醒和语音数据传输的过程中，录音由蓝牙设备完成，而后续的解析处理则在小爱同学 App 上完成。蓝牙设备已经通过 MMA 协议通道与小爱同学 App 连接时，支持通过通道将语音数据传输给小爱同学 App。

但是，蓝牙设备并不能时刻保持协议通道的连接，在这种情况下，设备的录音应该怎么上送给小爱同学 App 呢？针对这种情况，如果蓝牙设备 HFP 已经与主机连接，蓝牙设备可以通过向主机发送 AT 和 BVRA 指令，激活主机默认的语音助手（如小爱同学 App），进行语音传输。整个流程如图 4-7 所示。

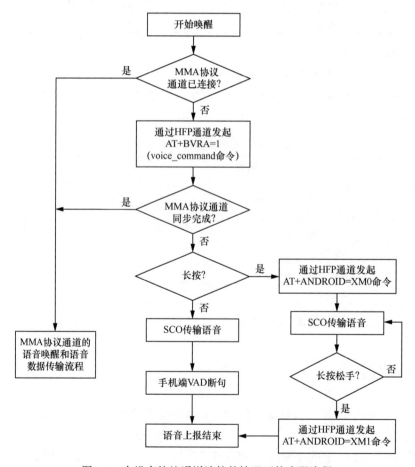

图 4-7　在没有协议通道连接的情况下的唤醒流程

　　从图 4-7 中可以看出，当用户使用蓝牙设备唤醒小爱同学 App 时（如按键唤醒），如果 MMA 协议通道连接已断开，此时蓝牙设备就会通过 AT 指令激活默认语音助手，并开始同步 MMA 协议通道。为了保证当前设备的唤醒语音不丢失，小爱同学 App 会与蓝牙设备建立基于 SCO 的通道，以接收蓝牙设备的语音数据，完成后续语音数据的处理。此时，语音唤醒和语音数据的传输就不再基于 MMA 协议，而是通过 AT 和 BVRA 指令唤醒小爱同学 App，并且在 MMA 协议通道建立连接之前，临时采用 SCO 通道来传输语音数据。当 MMA 协议通道建立成功后，就可以不再使用 SCO 方式，而是由蓝牙设备直接通过 MMA 通道与小爱同学 App 进行交互。

　　需要注意的是，当前只有小米手机支持长按操作指令。这一点还请开发者多加注意。

第 5 章

智能蓝牙在主机上的开发实践

5.1　小爱同学与蓝牙

小爱同学是小米公司于 2017 年发布的人工智能语音交互引擎，是用于智联万物的 AI 虚拟助理。小爱同学除了支持听音乐、查天气、翻译和闲聊等日常应用，还可以控制电视、扫地机器人、电饭煲、台灯和空调等智能家居设备。随着在技能方面的不断拓展，小爱同学还具备了点咖啡、买电影票和快递下单等技能。

用户可以在手机或蓝牙设备上使用小爱同学。用户只需对着手机或者具备唤醒功能的蓝牙耳机说唤醒词"小爱同学"，就可以唤醒设备并与其进行对话。比如，我们可以向小爱同学询问今天的天气，也可以让小爱同学播放喜欢的音乐。

这些功能的实现都离不开手机上的一款应用程序：小爱同学 App（如无特别说明，下文的 App 均指小爱同学 App）。该应用程序集成了小米的智能语音 SDK 和蓝牙 SDK。智能语音 SDK 负责解析用户的语音数据并理解其语义，然后使用语义在内容资源平台中查询结果，并将结果返回给 App，App 再将结果以合理的方式展示给用户。蓝牙 SDK 则负责管理蓝牙设备（蓝牙协议中的设备角色）和手机（蓝牙协议中的主机角色）之间的数据交互。

那么，这些功能具体是如何实现的呢？

接下来，本章将主要介绍蓝牙服务在主机上的开发实践。本章通过讲解蓝牙设备如何使用 MMA 接入小爱同学，来剖析小米蓝牙设备结合人工智能的总体技术架构以及实际应用开发场景。

5.1.1　蓝牙设备和小爱同学的总体技术架构

蓝牙设备和小爱同学的总体技术架构如图 5-1 所示。

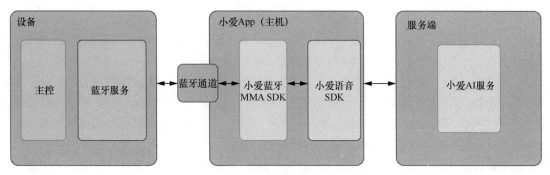

图 5-1　蓝牙设备和小爱同学的总体技术架构

从图 5-1 中可以看出，小爱同学的总体技术架构可以分为设备、小爱同学 App（主机）和服务器端（小爱 AI 服务）3 个模块。

- 设备：负责收集用户操作和语音数据，然后通过蓝牙服务将这些信息传输给小爱同学 App。蓝牙服务实现了 MMA 协议，将用户的操作、语音唤醒和语音数据封装成 MMA 协议数据，并使用双向认证的方式来保证数据传输的安全性。
- 小爱同学 App：小爱同学 App 集成了智能语音 SDK 和蓝牙 SDK。蓝牙 SDK 实现了 MMA 协议，负责主机和设备之间的通信。智能语音 SDK 负责从小爱 AI 服务获取 ASR、NLP 和 TTS 等能力，来实现各种智能交互。
- 小爱 AI 服务：小爱 AI 服务会处理用户语音数据（如 VAD 和 ASR 处理），调用 NLP 模块，然后根据请求语义的不同，由中控将请求分发到不同的垂域进行不同处理。各个垂域会处理各自的业务，如查询天气由天气垂域负责，翻译由翻译垂域负责。对于需要控制小米智能设备的请求，则由 AI 服务通知 MIoT 控制系统进行响应。

小爱 AI 服务和设备的开发分别在第 3 章、第 6 章进行介绍，本章主要介绍小爱同学 App 蓝牙相关的功能，以让读者了解 MMA 协议在主机上的应用。

5.1.2　小爱同学 App 与蓝牙

小爱同学 App 可以管理蓝牙设备，用户可以通过它来扫描、添加和删除蓝牙设备。用户在蓝牙设备上输入的语音会通过蓝牙无线通道传输给主机上的 App，然后由 App 和小爱 AI 服务进行交互。

用户在 App 上可以查看设备的基本信息，比如电量、设备颜色和软硬件版本信息等。也可以利用 App 修改设备的功能配置，如修改唤醒方式、降噪模式、手势控制和音效模式等。

下面介绍 MMA 协议在设备扫描、设备连接、语音交互和功能配置这 4 个方面的应用。

1. 设备扫描

在使用小爱同学 App 扫描蓝牙设备时，如果蓝牙设备遵循 MMA 广播发现标准协议，则可以被 App 发现并识别。具体的发现标准协议可以参考 4.2.1 节。

通过 App 的"添加蓝牙设备"入口，可以添加支持小爱同学 App 的蓝牙设备，如小米 Air2、Air2S 等。进入 App 的 "添加设备"界面后，会自动开启扫描。如果 App 扫描到的 BLE 广播符合 MMA 协议的广播格式标准，则会解析广播数据包，从而得到蓝牙设备 ID，并从云端获取相应设备的产品信息，将其显示在已发现设备列表中。

App 在扫描蓝牙设备时，每隔一段时间会根据扫描到的广播信息及信号强度来更新设备列表。例如，蓝牙 TWS 耳机放入收纳盒并关盖后或设备关机后，不再发送 BLE 广播，App 会刷新设备列表；当蓝牙设备因距离手机过远而导致信号强度降低时，App 会根据设备的信号强度重新排序，并为扫描得到的相同类型的蓝牙设备显示"距离最近"的提示；当蓝牙设备已经被其他手机连接时，App 会显示设备"已被配对"的提示，并提示用户重置设备。

2. 设备连接

当用户使用小爱同学 App 扫描到蓝牙设备之后，可以单击设备图标发起连接。App 可根据不同类型的蓝牙设备选择不同的数据传输通道，如使用 BLE 传输通道或者 RFCOMM 传输通道。

App 在和蓝牙设备完成连接并建立数据通道后，会主动发起 MMA 协议的双向认证流程。只有通过认证的蓝牙设备才能维持连接，否则 App 会主动断开设备的连接。通过认证后，App 会使用 MMA 协议获取蓝牙设备的运行状态信息，如设备电量、固件版本号等信息等。最后，如果蓝牙设备没有连接手机的经典蓝牙，App 会主动或提示用户连接耳机的媒体音频和手机音频，以确保 App 连接设备后，用户能够正常地听音乐和接打电话。

除了扫描连接方式，App 也会自动同步手机系统已连接的蓝牙设备。App 获取当前手机已连接的蓝牙设备，校验是否符合 MMA 协议要求，然后尝试连接该设备。如果设备通过小爱的认证流程，并且 App 可以通过 MMA 协议获取设备的产品 ID，则说明该设备是支持连接 App 的合法设备，双方可以继续通过 MMA 协议进行数据交互；否则说明 App 不支持该设备，从而中断连接流程。

3. 语音交互

用户通过说唤醒词"小爱同学"或按压唤醒按键唤醒设备后，设备开始采集用户的语音,然后通过蓝牙服务将语音数据传给 App,App 再调用小爱 AI 服务实现人机交互。语音交互的流程如图 5-2 所示。

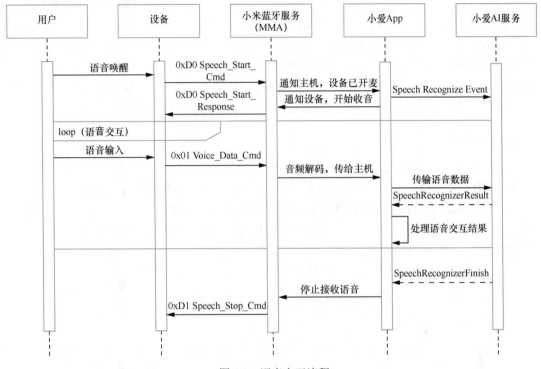

图 5-2 语音交互流程

语音交互的步骤如下。

1. 用户通过按下设备的唤醒按键或者发出"小爱同学"语音来唤醒小爱同学。设备通过蓝牙服务发送语音开启指令 0xD0,告知 App 开启语音交互。由于蓝牙服务遵循 MMA 协议,因此设备会按照 MMA 协议的指令包格式完成数据的封装,并通过数据通道将其发送给 App。

2. App 收到数据后,先由集成在 App 中的蓝牙 SDK 负责解析 MMA 协议格式的数据,在判断出设备请求传输语音数据后,SDK 会通知 App 应用层处理该请求。此时,App 应用层就会调用语音 SDK 相应的接口,开始处理语音数据。

3. App 执行 0xD0 指令的指定动作后,App 需要做出应答(设备发送了 0xD0 指令,App 对其做出应答)。所以此时 App 会向蓝牙 SDK 回复指令 0xD0 的处理结果(成功或失败等),然后蓝牙 SDK 完成处理结果的封装,并通过蓝牙传输给设备。此时,双方完成了一次完整的应答式的指令交互。

4. 设备在收到标识成功的状态应答后,便打开麦克风开始收音。当设备获取到用户的语音时,将语音数据实时地传输到 App。在此过程中,语音数据会由小米蓝牙服务(MMA)

进行编码，并按照 MMA 协议的要求进行封装，然后通过蓝牙数据通道传输给 App。

5. App 收到语音数据后无须回复设备（为了节省带宽，语音数据的传输自带校验，不进行确认应答），直接由蓝牙 SDK 按照 MMA 协议解包以获取语音数据，并对其进行解码，然后将解码后的语音数据交给语音 SDK。语音 SDK 通过 VAD 服务判断用户是否停止说话，同时由 ASR 将语音数据转换为文本。当检测到语音停止时，App 通过蓝牙 SDK 发送语音停止指令 0xD1 给设备。设备收到该指令后关闭麦克风，停止收音。此时，小爱 AI 服务通过解析语音数据获得了完整的文本（由 ASR 解析得到）。接着，由 NLP 模块对该文本进行语义解析，最终将匹配度最高的结果返回给 App，再由 App 呈现给用户。

4. 功能配置

用户通过 App 可以自定义设备的常用功能，例如，设置"单击""双击"耳机的触摸区域后可执行的功能；设置耳机的降噪、音效模式；开启、关闭查找耳机等功能。

用户在 App 上修改设备的配置时，App 会调用 MMA 的蓝牙 SDK 的接口，向设备下发修改设备信息的指令。设备在收到指令后更新配置信息。App 在用户操作设备时响应相关动作，并调用 MMA 服务相关的接口下发对应的操作指令。

用户修改设备功能的交互流程如图 5-3 所示。

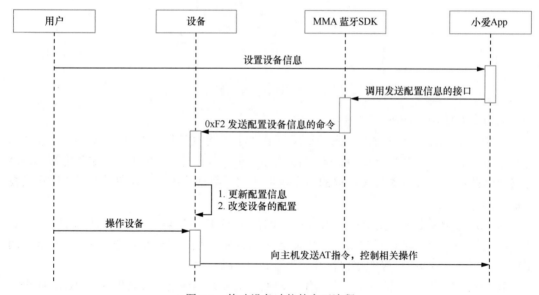

图 5-3　修改设备功能的交互流程

功能配置的操作步骤说明如下。

1. 设备连接成功之后，用户使用 App 进入设备信息页面。此时，用户可以根据喜好，为特定的操作选择不同的功能，如将双击耳机触摸区域设置为唤醒小爱同学，或者设置为开/关主动降噪等；当然也可以对左、右耳机进行不同的设置；也可以开启耳机的某些可选功能，如消息朗读、入耳状态检测等。

2．App 根据用户的设置生成对应的配置信息。MMA 协议规定，配置设备通用功能信息的指令为 0xF2，因此蓝牙 SDK 会将指令 0xF2 和配置内容进行封装，以标准 MMA 协议的格式通过蓝牙数据通道发送给设备。

3．设备在收到配置信息后，使用蓝牙服务对 MMA 协议格式的数据进行解封装，获取配置内容，然后执行具体的设备配置动作。如果是直接修改设备运行的功能，例如修改耳机降噪功能、音效模式等，耳机会立即响应；如果是修改设备配置功能，则会更新配置信息，在用户下次使用该项功能时生效。

4．设备关键信息发生变化时，也会通过蓝牙服务主动上报给 App。例如设备的电量发生变化后，App 会及时收到通知并在界面上更新电量信息，对用户进行提示。

5.2 小米小爱耳机开发实践

小米于 2021 年发布了 Mi11 Pro 手机和 FlipBuds Pro 无线耳机，由此成为全球首家支持高通 Snapdragon Sound 技术的耳机厂商。高通 Snapdragon Sound 技术涵盖了领先的音频产品组合，为小米全新发布的手机和耳机产品提供了最先进的系统级无线音频与连接技术。

在手机侧，Mi11 Pro 搭载骁龙 888 5G 移动平台，其 FastConnect 6900 移动连接系统支持顶级的 WiFi/蓝牙规格。在耳机侧，FlipBuds Pro 是全球首批搭载高通顶级 QCC5151 蓝牙音频 SoC 的耳机，为耳机带来了稳健的连接、更持久的续航和更好的舒适度。

采用 Snapdragon Sound 技术的小米手机在与耳机相连接时，在音质、语音通话、延迟和连接稳定性等方面，实现了领先的性能和极致的端到端体验。Snapdragon Sound 技术的特点如下。

- 由高通 aptX Adaptive 音频技术支持的 24bit/96kHz 高分辨率音频播放。
- 由高通 aptX Voice 32kHz 超宽带语音技术支持的超清晰语音通话。
- 在复杂的射频环境中，基于 aptX Adaptive 技术和 Qualcomm TrueWireless Mirroring 技术，自适应地提供更加稳定的连接。
- 基于高通 aptX Adaptive 动态编码协议和蓝牙 5.2 技术，带来超低延迟的影音游戏体验和音画同步的效果。

5.2.1 产品介绍

小米 FlipBuds Pro 耳机是一款 TWS 蓝牙耳机。该耳机采用高通 QCC5151 芯片，提供了更稳定的蓝牙连接体验以及更长久的电池续航。该耳机在降噪方面支持降噪模式和通透模式。其中，降噪模式可以设置为动态降噪，动态降噪又有 3 种等级可设置：舒适模式、均衡模式和深度模式。用户可根据实际需要，从手机中选择不同的降噪等级，来满足不同体验需求。通透模式可设置为默认的通透模式或者人声增强模式，后者有更优秀的人声体验。

小米 FlipBuds Pro 耳机同时支持长按切换降噪模式，可以通过长按耳机触控区域，在降噪模式和通透模式之间切换（其初始状态为降噪模式）。

FlipBuds Pro 耳机的具体规格如下。

- 外观：黑色。
- 按键：耳机配对键。
- 芯片：高通 QCC5151 芯片。
- 线控方式：无线控。
- 无线连接：蓝牙 5.0。
- 蓝牙协议：BLE/HFP/A2DP/AVRCP。
- 接口类型：USB Type C。
- 工作距离：10m（无障碍空旷环境）。
- 支持小爱同学：小米手机、其他 Android 手机和苹果手机（需下载小爱同学 App）。

5.2.2　技术架构

FlipBuds Pro 耳机支持使用小米手机的小爱同学 App 进行连接和管理。其他厂商的 Android 手机和苹果手机，可以从各自的应用商店下载小爱同学 App 来连接和管理耳机。

小爱耳机和手机之间进行交互的技术架构如图 5-4 所示。

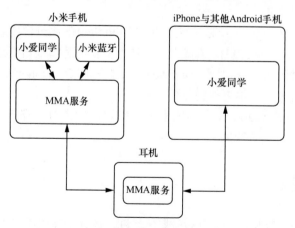

图 5-4　小爱耳机和手机进行交互的技术架构

当用户在小米手机上连接耳机或者更改耳机的设置时,耳机主要与 3 个模块进行交互:MMA 服务、小爱同学 App 和小米蓝牙。

- MMA 服务:MMA 服务是小米 MMA 协议在 MIUI ROM 层的实现。MMA 服务负责小米手机与耳机之间的通道连接、认证与数据传输,并为上层应用提供接口注册与数据中转,以保证多个应用与耳机同时交互的稳定性与可靠性。
- 小爱同学 App:小爱同学 App 负责与用户的交互、与云端的交互,以及通过 MMA 服务与耳机交互。比如,小爱同学 App 使用 MMA 服务下发控制指令给耳机,解码从耳机接收到的语音数据,然后上传到云端进一步处理。
- 小米蓝牙:小米蓝牙通过小米快连弹窗与耳机进行快速配对连接。连接成功后,耳机和手机之间通过 HFP AT 指令实现耳机状态及其他设置的配置与查询。小米蓝牙也可以通过 MMA 服务发送 MMA 控制指令给耳机,以设置耳机降噪模式、降噪等级和按键手势等耳机配置。

当用户使用苹果手机或者其他厂商的 Android 手机时,FlipBuds Pro 耳机会与安装在这些手机上的小爱同学 App 建立连接。如果是苹果手机,App 与耳机建立 BLE 连接;如果是小米之外的其他 Android 手机,App 则与耳机建立 RFCOMM 连接。

需要注意的是,在非小米公司生产的手机上,MMA 服务以 SDK 的形式集成在小爱同学 App 中,并非在 ROM 层实现。因此,非小米公司的手机不支持系统级别的快连弹窗功能,其余的功能与小米手机没有区别。

5.2.3 特色功能设计与实现

1. 快连弹窗

随着围绕着手机的蓝牙设备越来越多,从发现的众多蓝牙设备中选择目标蓝牙设备,并与之配对连接的过程也越来越烦琐。需要有一种快捷便利的连接方式,能主动帮助用户连接周围的蓝牙设备。

小米快连弹窗是小米手机的蓝牙快速连接机制。小米快连弹窗可以主动发现附近符合小米 MMA 协议规范的蓝牙设备,如蓝牙 TWS 耳机、音箱等。发现设备后,系统会弹窗提示用户是否需要连接该蓝牙设备。当用户单击连接后,系统会自动完成整个连接过程,用户也就获得了更好的连接体验。

小米耳机支持快连弹窗,手机可以在耳机从收纳盒取出时,自动弹窗,提示用户是否连接耳机。快连弹窗界面会显示耳机的连接状态、左右耳机和耳机收纳盒的电量、更多设置等信息。而常规的连接方式是,用户需要先打开蓝牙设置,然后扫描蓝牙设备,发现设备后才能配对、连接设备。小米快连弹窗可在发现蓝牙设备后,直接弹窗提示用户连接设备。小米快连弹窗的示例如图 5-5 所示。

发现FlipBuds Pro

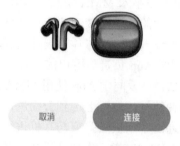

取消　　　连接

图 5-5　快连弹窗

1. 快连弹窗连接流程

快连弹窗的连接流程是，小米手机的后台服务程序会扫描耳机的 BLE 广播，只有在耳机符合小米蓝牙的快连格式时，手机才会弹窗展示给用户。快连弹窗的连接流程实现如下。

（1）耳机通过 BLE 广播协议将自身当前的状态广播出去（通过小米快连广播协议来广播格式参数）。

（2）手机在后台执行 BLE 广播扫描，并识别快连广播。

（3）手机扫描到耳机的快连广播后，弹窗提示用户发现耳机。

（4）用户根据弹窗的提示信息，完成耳机连接的操作。

除了耳机广播格式，耳机的状态也会影响快连弹窗。只有耳机的状态符合小米快连弹窗的弹窗规则后，才会触发快连弹窗的打开或关闭。

在快连弹窗的规则中，有以下几个关键点。

- 耳机在收纳盒中：
  - ➢ 收纳盒从关闭到打开：耳机需进行 BLE 广播，并持续广播 2～3min，广播间隔推荐为 40ms（厂商可根据实际情况定制策略，如在开始广播的 1min 内，广播间隔为 40ms，在其余时间段间隔为 50ms，以降低功耗）。如果在广播时间段内内没有手机连接耳机，则耳机可以停止广播，以节省电源消耗。
  - ➢ 耳机和手机连接后：耳机后续的状态信息由耳机通过 AT 指令通知手机更新，此时耳机不再需要发送 BLE 广播。
  - ➢ 收纳盒从打开到关闭：
    - ✧ 耳机需要持续进行 20s 的 BLE 广播，广播间隔推荐为 40ms。此时弹窗会提示收纳盒处于关闭状态，这让之前由于收纳盒打开时出现快连弹窗的手机，根据广播内容关闭弹窗。
    - ✧ 如果耳机已经与手机建立经典连接，耳机需发送 AT 指令以更新当前收纳盒的状态，从而方便已经连接的手机快速获取耳机的状态信息，更新状态。

- 耳机从收纳盒取出：
  - ➢ 此时耳机获取不到收纳盒的状态信息，因此手机会忽略收纳盒的状态信息（比如是否关闭、是否打开收纳盒和收纳盒电量信息等），不会根据耳机通知的收纳盒信息进行任何处理。
  - ➢ 耳机可以停止 BLE 广播，所有的状态信息通过 AT 指令更新。

只有符合小米快连广播格式的蓝牙设备才能接入小爱同学与快连弹窗。快连广播格式及说明请参考 4.2 节。

2.　自动取消配对弹窗

当手机连接蓝牙耳机时，通常需要先配对蓝牙耳机，以保证蓝牙连接的安全性。手机与蓝牙设备发起配对时，手机系统会弹出配对弹窗，提示用户是否需要与设备配对，如图 5-6 所示。

图 5-6　配对弹窗

为了提升蓝牙连接体验，小米蓝牙增加了自动取消配对弹窗的功能。当用户通过小爱同学 App 发起蓝牙配对来连接设备时，可以自动跳过配对弹窗和确认的步骤，在维持连接安全性的同时，减少用户的操作。

小米蓝牙提供了 createBondWithoutDialog 接口，用来取消配对弹窗。该接口有下面两个参数。

- deviceAddress：蓝牙设备地址。
- flag：值为 1 表示取消配对弹窗，值为 0 则会重置之前设置的标记，配对时会继续弹窗。如果 createBondWithoutDialog 成功取消弹窗则返回 true，否则返回 false。

2.　自动游戏模式

游戏模式是小米手机的特色功能，用户可以在手机的"设置"→"特色功能"→"游戏加速"中开启游戏模式。当将游戏应用添加到"游戏加速"中后，手机可以降低游戏延迟、提高帧率和提升续航能力。用户启动添加过的游戏时，手机会自动触发游戏加速的模式。

在小爱同学 App 的"蓝牙设备"→"设备详情"→"实验室"界面中，有一个"自动游戏模式"的开关。开启开关后，连上小米手机的 FlipBuds 耳机就会支持游戏模式。当用户进入游戏应用后，耳机自动触发声音超低延迟和音效增强效果；退出游戏后，耳机恢复到之前的声音设置。

这一技术背后的原理是，当 App 监听到游戏应用的进入或者退出后，通过 MMA 协议的主机配置设备信息指令（0x08）来控制耳机打开或者关闭游戏模式，实现超低延迟和音效增强效果。

App 首先判断用户是否已经开启游戏加速功能，如果没有开启，App 会提示用户前往手机，开启游戏加速。游戏加速是否开启的配置项保存在 Android 系统的 Settings.Secure 表的 PREF_OPEN_GAME_BOOSTER 字段中。如果用户已经开启了游戏加速，App 需要监听游戏应用的进入与退出。Settings.Secure 表的 GB_BOOSTING 字段表示当前是否有游戏应用正在运行。App 获取 GB_BOOSTING 字段的 URI，然后监听 GB_BOOSTING 字段的变化，如果发现游戏开启，则通知耳机触发声音超低延迟和音效增强效果；如果发现游戏退出，则恢复到之前的声音设置。

3. 自定义手势功能

用户可以通过小爱同学 App 的设备详情页或者系统设置的耳机蓝牙设置界面，调整耳机手势对应的功能。常用的耳机手势有单击、双击和长按，用户可以在手机上自定义每一种手势的功能，使之符合自己的使用习惯。

FlipBuds Pro 耳机支持自定义左/右耳机的各种手势的功能，支持的手势包括单击、双击、三击和长按。用户可以将这些手势自定义为唤醒小爱、播放/暂停、上一曲、下一曲等，也可以自定义为增加音量、减少音量和控制降噪模式等功能。

自定义手势功能的配置界面如图 5-7 所示。

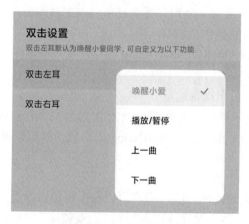

图 5-7　自定义手势功能

自定义手势功能的指令为通用配置设备信息指令 0xF2。按照 4.9.2 节对指令的描述，通用配置设备信息的指令包格式的定义如表 5-1 所示。

表 5-1　通用配置设备信息的指令包格式

字节或位	说明	参数值
位 15	指令/响应标识	1：表示指令
位 14	请求响应标识	1：表示需要回应
位 13～8	保留	0
位 7～0	OpCode，即操作码	0xF2
字节 2～3	参数长度	根据实际情况而定
字节 4	OpCode_SN，即操作码序列号	根据实际情况而定
字节 5～N	LTV	根据实际情况而定
……	LTV	根据实际情况而定

可以进行定义的配置项包括耳机的音频模式、自定义手势功能和降噪模式等多种功能。相应的功能由配置项的类型指定。其中，自定义手势功能的类型为 0x0002，值的格式为 KKLLRR。

- KK：手势的类型。其中，0x00 表示单击；0x01 表示双击；0x02 表示三击；0x03 表示长按。
- LL：左耳机的 KK 手势的功能。其中，0x00 表示唤醒小爱；0x01 表示播放/暂停；0x02 表示上一曲；0x03 表示下一曲；0x04 表示增加音量；0x05 表示减少音量；0x06 表示降噪控制；0x07 表示游戏模式；0xFF 表示不支持或无效值。
- RR：右耳机的 KK 手势的功能（与左耳机相同，这里不再赘述）。

在了解了设置自定义手势功能的指令和指令包格式后，接下来就可以轻松设置相应手势所支持的功能了。这里以设置"长按左耳机唤醒小爱"为例，进行详细的介绍。

App 下发的自定义手势功能的数据是指令包格式的。操作码是 0xF2，指令/响应标识的值是 1，表示这是一个指令包，请求响应标识的值也是 1，表示需要设备响应，而参数长度可由一个字节的操作码序列号加上 LTV 的长度来确定。其中，操作码序列号是一个辅助序列号，其作用是在发送相同的指令时，用来区分设备响应的是哪一个指令。操作码序列号每发送一条指令，就自动增加 1，保证不重复（溢出后，自动从 1 重新开始）。

那么，接下来的主要任务就是确定 LTV 了。根据上文对自定义手势功能配置项的描述，可以得到长按左耳机唤醒小爱的数据组合 KKLLRR 为 0x0300FF。其中，0xFF 表示不更改右耳机原有的长按手势的功能。那么自定义手势功能的配置项的值就确定了，其类型就是 0x0002（详情参考 4.9.2 节），长度为类型加上值的字节个数，即 0x05。自此，就得到了设置左耳机的长按手势为唤醒小爱同学的指令包数据：0xC0F20006000500020300FF，其各个部分的说明如表 5-2 所示。

表 5-2 指令包数据的说明

数据	0xC0	0xF2	0x0006	0x00	0x05	0x0002	0x0300FF
说明	表 5-1 中的位 15~8	操作码	参数长度	OpCode_SN	配置项的长度	配置项的类型	配置项的值

注意，这里假设 OpCode_SN 的值为 0x00。App 实际在向设备发送最终的指令包数据时，还会在其头部和尾部分别加上前导码 0xFEDCBA 和结束码 0xEF。

4. 切换降噪等级

目前，高端的 TWS 真无线蓝牙耳机大部分都提供主动降噪功能。当耳机开启主动降噪功能后，耳机会通过自身的降噪系统生成和外界噪声相当的反向声波，用来中和外界噪声，从而实现降噪功能。

小米 FlipBuds Pro 耳机支持两种降噪模式：动态降噪和通透模式，可以通过长按耳机触控模块实现降噪模式的切换。小米 FlipBuds Pro 耳机提供了降噪、通透和关闭这 3 种噪声控制的配置选项。除此之外，在每种降噪模式下可以选择合适的降噪等级，方便用户根据场景选择合适的降噪方式。当耳机处于降噪状态时，用户可以选择均衡模式（默认模式）、轻度模式、深度模式；当耳机处于通透状态时，用户可以选择通透模式（默认模式）、人声增强。降噪模式的选择界面如图 5-8 所示。

图 5-8 降噪模式的选择界面

5. 噪声控制

用户选择降噪耳机的降噪模式之后，可以在该模式下进一步选择降噪等级，以调整耳机的降噪强度。

切换降噪等级和自定义手势功能一样，同样采用 0xF2 指令进行设置。对于切换降噪等级的配置项，其类型定义为 0x000B（详情参考 4.9.2 节），值由降噪模式和降噪等级组成，各占 1 字节。降噪模式可选的值如下。

- 0x00：关闭。
- 0x01：降噪。
- 0x02：通透。

每个模式对应的可选等级如表 5-3 所示。

表 5-3 降噪等级

降噪模式	降噪等级选择
0x00：关闭	0x00：降噪关闭
0x01：降噪	0x00：均衡（默认为均衡）；0x01：轻度；0x02：深度
0x02：通透	0x00：通透（默认为通透）；0x01：人声增强

从表 5-5 可以看出，在降噪模式下，降噪的等级有 3 种，分别是均衡、轻度和深度。如果想要设置降噪模式的等级为"深度"，那么，配置项的值的第一个字节应为 0x01，表示降噪模式为降噪；对于表示降噪等级的第二个字节，其深度模式的值为 0x02，而切换降噪等级的配置项的类型为 0x000B。在配置项的类型和值都确定后，就可以得到配置的长度为 0x04 了，因此，设置深度降噪的完整的配置项内容为 0x04000B0102。

对于切换降噪等级的完整指令包，除了配置项数据外，其余字段值同样按照 MMA 协议规定的指令包格式进行填充。具体值的设定和说明可以参考自定义手势功能相关的内容。

6. 查找耳机

由于 TWS 耳机通常体积较小，在使用过程中很容易丢失，而且很难被发现。如果耳机在手机附近，而且耳机已经连接了手机的蓝牙，用户可以通过手机下发播放声音指令，让耳机持续播放音量逐渐变大的提示音，并维持一段时间，直到用户找到耳机。

小米 FlipBuds Pro 耳机支持查找耳机功能，通过让耳机发声来引导用户找到耳机。开启耳机查找功能时，用户可以选择左/右耳单独发声或者同时发声。开启后，被查找的耳机会发出音量渐强的蜂鸣声，用户可通过寻找声源定位到耳机。查找耳机的界面如图 5-9 所示。

图 5-9 查找耳机的界面

0xF2 指令专门用于设置或者开启耳机的某些功能，查找耳机也不例外。按照该指令的指令包格式，查找耳机的配置项格式如表 5-4 所示。

表 5-4 查找耳机的配置项格式

长度	类型	值
0x04	0x0009	查找状态+耳机 ID

查找耳机的配置项的值由查找状态和耳机 ID 组成，各占 1 字节。对于查找状态，其可选的值如下。

- 0x00：停止查找。
- 0x01：开始查找。

对于耳机 ID，其可选的值如下。

- 0x01：左耳。
- 0x02：右耳。
- 0x03：双耳。

如果想要查找左耳机，其配置项为 0x0400090101；如果查找两个耳机，其配置项为 0x0400090103；关闭查找的配置项则为 0x0400090003。其中，0x04 为配置项的长度，0x0009 为配置项的类型，剩下的 2 字节分别为查找状态和耳机 ID 的值，即是否开启查找和耳机类型。完整的指令包数据的定义同样可以参考自定义手势功能相关的内容。

可以看到，通过扩展的指令 0xF2 可以设置耳机各种不同的功能，为此只需变更相应的配置项内容即可。这充分地体现了 MMA 协议的灵活性。

5.2.4 手机蓝牙操作的实现

小爱同学不仅仅是语音助手，也是蓝牙耳机在手机上的客户端。小爱同学在手机上以 App 的形式存在，用户可以使用它管理耳机的扫描、连接，以及与耳机进行语音交互。用户还开通过 App 查看耳机的设备信息，以及设置耳机的功能键、降噪模式等功能，还可以对耳机进行 OTA 升级。

小米 FlipsBuds Pro 耳机的客户端支持 Android 和 iOS，本节将介绍小爱同学 App 在这两个系统上蓝牙操作的具体实现。

1. Android 系统

Android 蓝牙应用层的开发相对比较成熟，具体包括蓝牙扫描、蓝牙配对、蓝牙连接和蓝牙数据传输等几个方面。

1. 蓝牙扫描

Android BLE 使用 BluetoothLeScanner 来开启 BLE 扫描，使用参数 ScanSettings 配置扫

描选项，使用参数 ScanFilter 过滤扫描结果。当扫描到设备后，将触发 ScanCallback 回调，向 App 返回扫描结果。开启 BLE 扫描的示例代码如下。

```
mBluetoothLeScanner.startScan(scanFilters, mScanSettings, mScanCallback());
```

（1）ScanSettings（扫描设置）

ScanSettings 用来配置扫描选项，具体如下。

```
scanSettingBuilder = new ScanSettings.Builder();
scanSettingBuilder.setScanMode(ScanSettings.SCAN_MODE_LOW_POWER);
scanSettingBuilder.setMatchMode(ScanSettings.MATCH_MODE_STICKY);
scanSettingBuilder.setCallbackType(ScanSettings.CALLBACK_TYPE_ALL_MATCHES);
scanSettings = scanSettingBuilder.build();
```

（2）ScanMode（扫描模式）

ScanMode 一共有 3 种，分别是 SCAN_MODE_LOW_POWER、SCAN_MODE_BALANCED 和 SCAN_MODE_LOW_LATENCY。

- SCAN_MODE_LOW_POWER：低功耗模式，耗电最少。
- SCAN_MODE_BALANCED：平衡模式，在耗电和扫描频率之间进行平衡。
- SCAN_MODE_LOW_LATENCY：低延迟模式，扫描频率最高，功耗需求也高。

通常使用 SCAN_MODE_LOW_POWER 进行低功耗扫描，以节省手机电量。如果应用程序在后台，会强制使用低功耗模式进行扫描。

（3）MatchMode（匹配模式）

MatchMode 有 2 种：MATCH_MODE_AGGRESSIVE、MATCH_MODE_STICKY。

- MATCH_MODE_AGGRESSIVE：激进匹配模式，在信号强度弱、扫描发现次数少的情况下也能匹配设备。
- MATCH_MODE_STICKY：黏性匹配模式，被扫描的设备需要达到更高的信号强度阈值才能匹配。

（4）CallbackType（回调类型）

CallbackType 有 3 种：CALLBACK_TYPE_ALL_MATCHES、CALLBACK_TYPE_FIRST_MATCH 和 CALLBACK_TYPE_MATCH_LOST。

- CALLBACK_TYPE_ALL_MATCHES：返回所有符合过滤条件的广播包，在没有设置过滤条件时，返回所有的广播包。
- CALLBACK_TYPE_FIRST_MATCH：仅针对与过滤条件首次匹配的广播包触发回调。
- CALLBACK_TYPE_MATCH_LOST：当目标设备不再广播时，触发回调。

一般使用 CALLBACK_TYPE_ALL_MATCHES 接收所有的广播包。

（5）ScanCallback（扫描回调）

ScanCallback 返回所有符合过滤条件的扫描结果。它有 3 个回调方法，分别是 onScanResult、onBatchScanResults、onScanFailed。

用于处理扫描结果的示例代码如下。

```
mScanCallback = new ScanCallback() {
    @Override
    public void onScanResult(int callbackType, ScanResult result) {
        //处理扫描结果
        BluetoothDevice device = result.getDevice();   //获取设备
        byte[] scanRecord = result.getScanRecord().getBytes();   //获取广播数据
        int rssi = result.getRssi();   //获取信号强度
        scanResultHandle(device, rssi, scanRecord);   //处理广播数据
    }
    @Override
    public void onBatchScanResults(List<ScanResult> results) {
        //在这里处理批量扫描结果
    }
    @Override
    public void onScanFailed(int errorCode) {
        //在这里进行扫描失败结果的处理
    }
};
```

（6）onScanResult

onScanResult 回调方法中有 2 个参数：callbackType 和 result。callbackType 由 ScanSettings 设置，在 onScanResult 回调时会返回 callbackType。result 封装了扫描结果，从 result 可以获取发送广播的蓝牙设备，相应的代码如下。

```
BluetoothDevice device = result.getDevice();
```

也可以从 result 获取这次广播的信号强度，相应的代码如下。

```
int rssi = result.getRssi();
```

还可以从 result 中获取 ScanRecord。ScanRecord 中包括蓝牙设备名称、蓝牙数据包等广播内容，相应的代码如下。

```
byte[] scanRecord = result.getScanRecord().getBytes();
```

ScanRecord 包括广播和扫描回复，广播占据 31 字节，扫描回复占据 31 字节，它们的格式都遵循 SIG 的标准格式。

（7）onBatchScanResults

onBatchScanResults 用来返回一个批量扫描结果列表。当 ScanSettings 的 ReportDelay

大于 0 时，会返回批量的扫描结果列表。如果 ScanSettings 的 ReportDelay 为 0，则会通过 onScanResult 回调返回扫描结果。

（8）onScanFailed

onScanFailed 返回扫描出错时的错误码信息。如果应用程序扫描太频繁，会返回相应错误码 SCAN_FAILED_APPLICATION_REGISTRATION_FAILED。

有时候开启了扫描，但是没有扫描出任何设备，此时可以查看是否触发了 onScanFailed 方法。或者对比其他蓝牙 App（比如 NRF Connect），看它们能否正常扫描。在特殊情况下，可能需要重启蓝牙或者重启手机，通过重置蓝牙模块来解决。

（9）扫描的权限配置

扫描除了需要蓝牙权限，还需要位置权限，因此要保证手机的位置信息（GPS 等）处于开启状态。

```
<manifest xmlns:android="http://schemas.android.com/apk/res/android"
    package="com.xiaomi.aivsbluetoothsdk">
    <uses-permission android:name="android.permission.BLUETOOTH"/>
    <uses-permission android:name="android.permission.BLUETOOTH_ADMIN"/>
    <uses-permission android:name="android.permission.ACCESS_COARSE_LOCATION"/>
    <uses-permission android:name="android.permission.ACCESS_FINE_LOCATION"/>
    <uses-feature android:name="android.hardware.bluetooth_le"android:required="true"/>
</manifest>
```

（10）硬件支持 BLE

只有支持 BLE 的手机才能使用 BLE 相关的功能。在如下的代码中，当 android:required 为 true 的时候，App 只能强制运行在支持 BLE 的设备上；为 false 的时候，可以运行在所有设备上。目前对 BLE 提供支持已经成为智能手机的必备功能。

```
<uses-feature android:name="android.hardware.bluetooth_le" android:required="true"/>
```

（11）蓝牙权限

蓝牙操作一般至少需要如下权限。

```
<uses-permission android:name="android.permission.BLUETOOTH"/>
<uses-permission android:name="android.permission.BLUETOOTH_ADMIN"/>
```

BLUETOOTH 权限用来连接已配对的设备，BLUETOOTH_ADMIN 权限用来扫描和配对蓝牙设备。

（12）位置权限

因为蓝牙扫描可以根据信号的强度来确定蓝牙设备的位置，因此也需要声明位置权限。位置权限的设置如下。

```
<uses-permission android:name="android.permission.ACCESS_COARSE_LOCATION"/>
<uses-permission android:name="android.permission.ACCESS_FINE_LOCATION"/>
```

位置权限在 Android 6.0（M）版本及以上版本中需要动态申请。除了动态申请权限，还需要保证手机的位置服务处于打开状态。

```
private boolean isLocationEnable() {
    //判断用户的位置服务是否打开
    LocationManager locationManager = (LocationManager) getApplicationContext().
                                      getSystemService(Context.LOCATION_SERVICE);
    //判断用户的 WiFi 网络状态
    boolean networkProvider =
                        locationManager.isProviderEnabled(LocationManager.NETWORK_
PROVIDER);
    //判断用户 GPS 网络状态
    boolean gpsProvider = locationManager.isProviderEnabled(LocationManager.GPS_PROVIDER);
    //省略部分代码
}
```

2. 蓝牙配对

在手机扫描发现蓝牙设备后，需要通过蓝牙配对过程来确认双方的身份。只有配对通过，手机与设备之间才能建立安全连接。

（1）配对状态

配对状态有 3 种。

- BOND_NONE：未配对。远程设备未配对，没有链路密钥，传输过程不安全。
- BOND_BONDING：配对中。表明正在和远程设备配对。
- BOND_BONDED：已配对。远程设备已配对，存在共享的链路密钥，以后的数据传输是经过认证和加密的。

使用 getBondState 方法可以获取当前设备的配对状态，参考代码如下。

```
@RequiresPermission(Manifest.permission.BLUETOOTH)
public int getBondState() {
    //获取设备属性
    DeviceProperties deviceProp = mRemoteDevices.getDeviceProperties(device);
    if (deviceProp == null) {
        return BluetoothDevice.BOND_NONE;
    }
    return deviceProp.getBondState();    //返回设备绑定状态
}
```

（2）发起配对

使用 BluetoothDevice 的 createBond 方法可以发起配对。蓝牙的配对过程是一个异步过程，它会同步返回发起配对是否成功的信息。如果成功，则在后台进一步处理配对具体过程。当手机弹出配对弹窗且用户同意配对后，配对完成。

```
@RequiresPermission(Manifest.permission.BLUETOOTH_ADMIN)
public boolean createBond(BluetoothDevice device, int transport, OobData oobData) {
    //省略了部分代码
    Message msg = mBondStateMachine.obtainMessage(BondStateMachine.CREATE_BOND);
    msg.obj = device;
    msg.arg1 = transport;
    mBondStateMachine.sendMessage(msg);   //发送发起绑定的异步消息
    return true;
}
```

在配对过程中，Android 系统会发送 ACTION_BOND_STATE_CHANGED 广播通知配对状态的变化，App 可以从广播中获取绑定状态。部分参考代码如下所示。

```
case BluetoothDevice.ACTION_BOND_STATE_CHANGED: {
    BluetoothDevice device = intent.getParcelableExtra(BluetoothDevice.EXTRA_DEVICE);
    //获取设备的绑定状态
    int bond = device.getBondState();
    //不同配对状态处理逻辑，代码省略
}
```

（3）解除配对

使用 BluetoothDevice 的 removeBond 方法可以解除配对。但是 removeBond 是一个隐藏方法，需要通过反射进行调用。

```
@SystemApi
@RequiresPermission(android.Manifest.permission.BLUETOOTH_ADMIN)
public boolean removeBond() {
    final IBluetooth service = sService;
    if (service == null) {
        return false;
    }
    try {
        return service.removeBond(this);   //解除配对
    } catch (RemoteException e) {
        Log.e(TAG, "", e);   //打印异常错误
    }
    return false;
}
```

3. 蓝牙连接

蓝牙设备有 3 种：经典蓝牙设备、低功耗蓝牙（BLE）设备和双模设备。

- 经典蓝牙设备：仅支持经典蓝牙。
- 低功耗蓝牙（BLE）设备：仅支持 BLE。
- 双模设备：同时支持经典蓝牙和低功耗蓝牙。

BluetoothDevice 类给出了蓝牙设备的类型定义，参考如下。

```
public static final int DEVICE_TYPE_UNKNOWN = 0;  //未知设备
public static final int DEVICE_TYPE_CLASSIC = 1;  //经典蓝牙设备（BR/EDR）
public static final int DEVICE_TYPE_LE = 2;  //BLE 设备
public static final int DEVICE_TYPE_DUAL = 3;  //双模设备（BR/EDR/BLE）
```

当系统无法识别远程蓝牙设备的类型时，返回 DEVICE_TYPE_UNKNOWN，表示设备类型未知。需要注意的是，不同的蓝牙设备使用不同的连接方式，数据传输的方式也不相同。

（1）RFCOMM 连接

经典蓝牙设备使用 RFCOMM 连接时，蓝牙设备通过 UUID 构造 BluetoothSocket，使用 BluetoothSocket 的 connect 方法连接远程蓝牙设备。如果连接失败，connect 方法会抛出 IOException 异常。发起 RFCOMM 连接的代码如下。

```
bluetoothSocket = bluetoothDevice.createRfcommSocketToServiceRecord(uuid);
bluetoothSocket.connect();
```

小米向 SIG 报备的 RFCOMM 的 UUID 定义如下。

```
public static final UUID UUID_XIAOAI =
                    UUID.fromString("00002902-0000-1000-8000-00805f9b34fb");
```

（2）BLE 连接

BLE 设备使用 BLE 连接，示例代码如下所示。

```
bluetoothGatt = device.connectGatt(context, false, mBluetoothGattCallback,
                              BluetoothDevice.TRANSPORT_LE);
```

connectGatt 方法中的 BluetoothGattCallback 参数回调 BLE 连接的状态，示例代码如下。

```
private final BluetoothGattCallback mBluetoothGattCallback =
                    new BluetoothGattCallback() {
    @Override
    public void onConnectionStateChange(BluetoothGatt gatt, int status, int newState) {
        BluetoothDevice device = gatt.getDevice();
        if (status != BluetoothGatt.GATT_SUCCESS ||
                        newState == BluetoothProfile.STATE_DISCONNECTED) {
            //断开连接，处理代码省略
        } else if (newState == BluetoothProfile.STATE_CONNECTED) {
            //连接成功，处理代码省略
```

```
            } else if (newState == BluetoothProfile.STATE_CONNECTING) {
                //正在连接中，处理代码省略
            }
            //省略部分代码
        }
        //省略部分代码
    }
```

onConnectionStateChange 方法有 3 个参数，分别如下。

- gatt：该参数是 GATT 实例，所有 BLE 设备的连接和管理都遵循 GATT 协议。BLE 连接、数据读写由 BluetoothGatt 控制。
- status：当前连接/断连操作的状态。当 status 为 GATT_SUCCESS 时，表示本次连接操作执行成功。
- newState：当前蓝牙设备的连接状态，如 BluetoothProfile.STATE_CONNECTED 表示已连接状态，BluetoothProfile.STATE_DISCONNECTED 表示断连状态。

当蓝牙设备通过 connectGatt 连接后，所有的状态变化、服务发现和特性读写都会通过 BluetoothGattCallback 方法执行回调，以进行通知。

（3）经典蓝牙配置连接

经典蓝牙基于高级音频分发配置文件（Advance Audio Distribution Profile，A2DP）传输媒体音频，例如通过蓝牙耳机听音乐等。A2DP 使用不同的音频编码格式（如 SBC、LHDC、APTX 等），能实现不同质量音频的高效传输。

免提配置文件（Hands-Free Profile，HFP）可支持车用免提设备。HFP 提供了拨打电话、挂断电话、拒接来电和显示来电等功能。

经典蓝牙配置连接包括 A2DP 连接和 HFP 连接。A2DP 和 HFP 是蓝牙的两大经典、常用的 Profile，分别用于蓝牙听歌和蓝牙拨打电话。HFP 和 A2DP 的连接管理、连接状态的判断，都很类似。下面从 A2DP 的代理、连接状态判断、连接管理及活跃设备的切换这几个方面进行详细介绍。

A2DP 的所有操作，比如蓝牙设备 A2DP 连接状态的判断、连接 A2DP、断开 A2DP、活跃（Active）设备的切换，都是由 A2DP 代理控制的。A2DP 代理通过蓝牙适配器 BluetoothAdapter 的 getProfileProxy 方法获取。

```
public boolean getProfileProxy(Context context,
                    BluetoothProfile.ServiceListener listener, int profile) {
    if (mBluetoothAdapter == null || mainContext == null) {
        XLog.e(TAG, "this device is not supported bluetooth.");
        return false;
    }
    //获得蓝牙配置对应的代理
    return mBluetoothAdapter.getProfileProxy(mainContext, listener, profile);
}
```

通过 BluetoothProfile 的 ServiceListener 回调可以得到 A2DP 以及其他蓝牙配置的代理。

```
private BluetoothProfile.ServiceListener mServiceListener =
        new BluetoothProfile.ServiceListener() {
    @Override
    public void onServiceConnected(int profile, BluetoothProfile proxy) {
        if (A2DP == profile) {
            //得到 A2DP 代理
            mBluetoothA2dp = (BluetoothA2dp) proxy;
        }
        //省略部分代码
    }
    @Override
    public void onServiceDisconnected(int profile) {
    }
};
```

在判断 A2DP 的连接状态时，首先需要判断设备是否支持 A2DP。只有蓝牙设备的 UUID 列表中包含 A2DP 的 UUID 时，设备才支持 A2DP。

```
private boolean deviceHasA2dp(BluetoothDevice device) {
    ParcelUuid[] uuids = device.getUuids();   //得到设备的 UUID 列表
    if (null == uuids) {
        return false;
    }
    //遍历 UUID 列表
    for (ParcelUuid uuid : uuids) {
        if (uuid.toString().equals(BluetoothConstant.UUID_A2DP.toString())) {
            return true;   //如果含有 A2DP 的 UUID，返回真
        }
    }
    return false;
}
```

设备的 A2DP UUID 定义如下。

```
public static final UUID UUID_A2DP =
                    UUID.fromString("0000110b-0000-1000-8000-00805F9B34FB");
```

蓝牙设备的 A2DP 连接状态，可以在 isConnectedByA2dp() 方法中通过遍历 connectedDevice 查找，也可以根据 connectionState 进行判断。

```
public int isConnectedByA2dp(BluetoothDevice device) {
    int deviceA2dpStatus;
    List<BluetoothDevice> connectedDevices = mBluetoothA2dp.getConnectedDevices();
    if (null != connectedDevices) {
```

```
                //遍历 connectedDevices
                for (BluetoothDevice connectedDevice : connectedDevices) {
                    //从已连接的设备中查找
                    if (connectedDevice.getAddress().equals(device.getAddress())) {
                        return BluetoothProfile.STATE_CONNECTED;
                    }
                }
            }
            //获取设备的 A2DP 连接状态
            deviceA2dpStatus = mBluetoothA2dp.getConnectionState(device);
            return deviceA2dpStatus;
        }
```

A2DP 的连接和断连由 BluetoothA2dp 代理的 connect 与 disconnect 方法控制，同样，这两个方法都是隐藏方法，需要反射调用。A2DP 的连接和断连的示例代码如下。

```
private boolean connectByA2dp(BluetoothDevice device) {
    //省略部分代码
    //反射得到函数
    Method connect = btClass.getMethod("connect", BluetoothDevice.class);
    //反射调用，发起 A2DP 连接
    ret = (boolean) connect.invoke(mBluetoothA2dp, device);
    return ret;
}

private boolean disconnectFromA2dp(BluetoothDevice device) {
    //省略部分代码
    Class<BluetoothA2dp> btClass = BluetoothA2dp.class;
    //反射得到函数
    Method disconnect = btClass.getMethod("disconnect", BluetoothDevice.class);
    disconnect.setAccessible(true);
    //反射调用发起 A2DP 断连
    ret = (boolean) disconnect.invoke(mBluetoothA2dp, device);
}
```

从 Android 9.0 版本开始，手机蓝牙可以支持同时连接多个蓝牙设备，但同时只有一个设备能正常使用，该设备称为活跃（Active）设备。BluetoothA2dp 的 setActiveDevice 方法可以将指定设备设置为活跃设备。但是 setActiveDevice 方法是隐藏方法，因此需要反射调用。

当 setActiveDevice 调用成功后，系统会通过 BluetoothA2dp 广播状态变化，通过响应 ACTION_ACTIVE_DEVICE_CHANGED 事件来获取最新的活跃设备，示例代码如下。

```
@SdkConstant(SdkConstantType.BROADCAST_INTENT_ACTION)
public static final String A2DP_ACTION_ACTIVE_DEVICE_CHANGED=
        "android.bluetooth.a2dp.profile.action.ACTIVE_DEVICE_CHANGED";
public void registerReceiver() {
    if (null == mBluetoothAdapterReceiver) {
```

```
            mBluetoothAdapterReceiver = new BluetoothAdapterReceiver();
            IntentFilter intentFilter = new IntentFilter();
            intentFilter.addAction(BluetoothConstant.A2DP_ACTION_ACTIVE_DEVICE_CHANGED);
            CommonUtil.getMainContext().registerReceiver(mBluetoothAdapterReceiver,
                                                        intentFilter);
        }
    }
    private class BluetoothAdapterReceiver extends BroadcastReceiver {
        @Override
        public void onReceive(Context context, Intent intent) {
            //省略部分代码
            String action = intent.getAction();
            switch (action) {
              case BluetoothConstant.A2DP_ACTION_ACTIVE_DEVICE_CHANGED: {
                    BluetoothDevice device =
                    intent.getParcelableExtra(BluetoothDevice.EXTRA_DEVICE);
                    onActiveDeviceChanged(device);
                    break;
                //省略部分代码
            }
        }
    }
}
```

4. 蓝牙数据传输

在 MMA 协议中，经典蓝牙设备使用 SPP 通道（亦可以说是 RFCOMM 通道）传输数据，BLE 设备使用 BLE 通道传输数据。

（1）RFCOMM 数据传输

RFCOMM 数据传输使用 BluetoothSocket 读写数据。

- RFCOMM 数据读取：RFCOMM 通过 BluetoothSocket 的 BluetoothInputStream 读取数据。示例代码如下。

```
byte[] buffer = new byte[4096];
int read = bluetoothSocket.getInputStream().read(buffer);
```

- RFCOMM 数据写入： RFCOMM 通过 BluetoothSocket 的 BluetoothOutputStream 写入数据。示例代码如下。

```
bluetoothSocket.getOutputStream().write(data);
```

（2）BLE 数据传输

BLE 设备按照 GATT 协议传输数据。第 1 章在介绍低功耗蓝牙协议栈时讲到，GATT 协议定义了服务（Service），每个服务又可以包含其他服务。服务包含若干个特性（Characteristic），而特性由性质（Property）、值（Value）和描述符（Descriptor）组成。设备之间基于 GATT

协议进行通信，本质上就是对相应的特性进行读写操作。下面介绍一下 App 如何通过 BLE
通道与设备进行数据读写交互。

App 为了读取 BLE 设备的数据，需要先开启感兴趣的特性的特性通知，完成对客户端
特性的设置。开启特性通知后，App 即可收到远程设备的这个特性的数据。开启特性通知
的示例代码如下。

```
public static final byte[] ENABLE_NOTIFICATION_VALUE = {0x01, 0x00};
private boolean enableBleDeviceNotification() {
    //根据服务 UUID 获取服务
    BluetoothGattService gattService = bluetoothGatt.getService(serviceUUID);
    //根据特性 UUID 从服务中获取特性
    BluetoothGattCharacteristic characteristic =
            gattService.getCharacteristic(characteristicUUID);
    //开启特性通知
    boolean bRet = bluetoothGatt.setCharacteristicNotification(characteristic, true);
    if (bRet) {
        //根据 UUID 获取客户端特性配置
        BluetoothGattDescriptor descriptor =
            characteristic.getDescriptor(BluetoothConstant.UUID_CONFIG);
        //向 descriptor 写入表示通知开启的两位数值，设置特性通知
        descriptor.setValue(BluetoothGattDescriptor.ENABLE_NOTIFICATION_VALUE);
        tryToWriteDescriptor(bluetoothGatt, descriptor, 0, false);
    }
    //省略部分代码
}
```

当远程蓝牙设备的特性值发生变化时，BluetoothGattCallback 会回调 onCharacteristicChanged
方法。从 characteristic 可以读取蓝牙设备发送的数据，示例代码如下。

```
public void onCharacteristicChanged(BluetoothGatt gatt,
        BluetoothGattCharacteristic characteristic) {
    super.onCharacteristicChanged(gatt, characteristic);
    final byte[] data = characteristic.getValue();   //获得数据
    //省略部分代码
}
```

App 如果希望向设备写入数据，首先需要根据服务和特性的 UUID 查找到感兴趣的特性，
然后将数据写入特性，即通过 bluetoothGatt 将特性值写到远程蓝牙设备中，示例代码如下。

```
//查找到特性所在的服务
BluetoothGattService gattService = bluetoothGatt.getService(serviceUUID);
//从服务中查找到特性
BluetoothGattCharacteristic characteristic =
    gattService.getCharacteristic(characteristicUUID);
characteristic.setValue(mBlockData);   //填入数据
```

```
result = bluetoothGatt.writeCharacteristic(characteristic);  //将数据写入
```

如果系统报告写入数据完成，BluetoothGattCallback 函数会回调 onCharacteristicWrite 方法，向 App 通知写入结果，示例代码如下。

```
public void onCharacteristicWrite(BluetoothGatt gatt,
        BluetoothGattCharacteristic characteristic, int status) {
    //处理向 BLE 通道写入数据后的结果
}
```

2. iOS 系统

在 iOS 系统进行经典蓝牙的开发时，设备需要通过苹果的 MFi 认证。设备进行 MFi 认证的流程比较复杂，相应的芯片成本的造价也较高。在没有特殊要求的情况下，一般推荐 iOS 系统的开发者使用 BLE 进行设备的蓝牙程序开发。

小米 FlipsBuds Pro 耳机的蓝牙功能就是在 iOS 系统上使用 BLE 技术开发的。

在 iOS 系统上进行蓝牙应用开发时，主要使用 CoreBluetooth 框架（CoreBluetooth.framework）提供的接口来进行 BLE 开发，以实现设备发现、连接，以及与设备进行数据交互等功能。

1. 初始化

CoreBluetooth 中的本地中央设备由 CBCentralManager 对象表示。在进行 BLE 交互之前，需要生成一个中央设备管理器的实例，示例代码如下。

```
myCentralManager = [[CBCentralManager alloc] initWithDelegate:self queue:nil];
```

初始化方法为[initDelegate:queue:]，该方法有两个参数，具体用法如下。

- 第一个参数是 CBCentralManagerDelegate 的代理对象，主要用来接收蓝牙相关的事件。比如，当蓝牙状态更新时会触发 centralManagerDidUpdateState:方法。当扫描到设备、连接到设备和设备被断开等蓝牙行为被触发时，都会回调该方法。
- 第二个参数是分发事件的队列，指的是上面描述的这些事件是在哪个队列中分发的。如果为 nil，则表示在主队列中分发（主线程）；如果开发者需分别处理不同的事件，即在指定的队列或线程中完成处理，该参数就不能为 nil。

2. 发起扫描

设备管理器初始化之后，首要任务就是发现设备。通过调用管理器对象的 scanForPeripheralsWithServices:options:方法可以发现附近正在广播的设备，示例代码如下。

```
[myCentralManager scanForPeripheralsWithServices:nil options:nil];
```

该方法有两个参数，具体用法如下。

- serviceUUIDs：CBUUID 对象的数组，用来表示一组服务，只有设备支持的服务匹配该服务数组后，才会通知发现该设备。当该参数为 nil 时，表示所有设备都可以被扫描到。
- options：扫描的配置项有如下两项。
  - ➢ CBCentralManagerScanOptionAllowDuplicatesKey：值为 NSNumber 对象（默认为 false），表示一个设备是否重复接收广播事件。当值为 true 时，表示每收到一个广播包就生成一个发现事件并发送；当值为 false 时，则把同一设备的多个广播发现合并成一个发现事件。示例代码如下：

```
NSDictionary *optionDic =
               [NSDictionary dictionaryWithObject:[NSNumber numberWithBool:YES]
               forKey:CBCentralManagerScanOptionAllowDuplicatesKey];
[self.cbCentralManager scanForPeripheralsWithServices:nil options:optionDic];
```

  - ➢ CBCentralManagerScanOptionSolicitedServiceUUIDsKey：期望扫描设备的服务 UUID（对应一个 NSArray 数值）。

3. 获取广播结果

中央设备管理器扫描发现设备后，会调用委托对象（delegage）的 centralManager: didDiscoverPeripheral:advertisementData:RSSI:方法，被发现的设备会作为一个 CBPeripheral 对象返回。如果应用程序要操作发现的设备，就需要对其保持强引用，这样系统就不会释放该对象。下面的代码展示了使用一个属性对象对发现的设备进行强引用的方法。

```
- (void)centralManager:(CBCentralManager *)central
   didDiscoverPeripheral:(CBPeripheral *)peripheral
   advertisementData:(NSDictionary *)advertisementData
               RSSI:(NSNumber *)RSSI {
   NSLog(@"Discovered %@", peripheral.name);
   //discoveredPeripheral 属性为 strong 修饰符，这里对 peripheral 对象进行强引用
   self.discoveredPeripheral = peripheral;
   //省略部分代码
}
```

（1）广播数据格式

在蓝牙协议中，BLE 广播包的数据格式（包括广播和扫描响应）如图 5-10 所示。
BLE 的广播包有两种类型。
- 外围设备主动发送的广播包。
- 外围设备对中央设备的主动扫描进行响应的响应包。

广播数据包是由若干个数据单元组成的，数据单元的结构介绍如下（LTV 格式的数据组织方式）。

- 长度（Length）：1 字节，其值是整个数据单元的长度（不包括 Length 本身）。
- 广播类型（AD Type）：标记该数据单元的类型。比如 0x08 表示该数据单元是设备名称，0xFF 表示该数据单元是厂商自定义的数据。
- 广播数据（AD Data）：广播数据单元的有效数据，在不同的广播类型下意义不同。

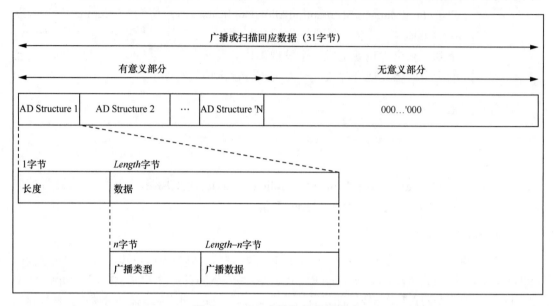

图 5-10　BLE 广播包的数据格式

（2）MMA 协议的广播数据

广播类型为 0x01，其值为 0x1A，表示设备同时支持 BLE 和 EDR 通道。广播类型为 0xFF 时，值就是二进制的字节流数据，表示设备的配置参数。它的数据格式和广播包数据一样，详情请参考表 4-1。

（3）数据的解析

在 Core Bluetooth 框架中，广播数据的解析将在委托方法 centralManager:didDiscoverPeripheral: (CBPeripheral*)peripheral advertisementData: RSSI:中进行。参数 advertisementData 是对广播数据的封装，示例数据如下。

```
{
    kCBAdvDataIsConnectable = 1;
    kCBAdvDataManufacturerData = {
        length = 38,
        //作为示意，这里省略了部分数据
        bytes = 0x8f031601 05f0664a 4e4e056c 52199cc2 ...;
    };
    kCBAdvDataRxPrimaryPHY = 1;
    kCBAdvDataRxSecondaryPHY = 0;
```

```
    kCBAdvDataTimestamp = "631435079.4759361";
}
```

key 为 kCBAdvDataManufacturerData 的值对应的是广播数据类型为 0xFF 的数据单元，其值表示设备的配置参数。MMA 协议中广播数据的解析代码片段如下。

```
-(void)centralManager:(CBCentralManager *)central
    didDiscoverPeripheral:(CBPeripheral *)peripheral
    advertisementData:(NSDictionary<NSString *,id> *)advertisementData
                RSSI:(NSNumber *)RSSI
{
    //广播数据中的厂商自定义数据，在 MMA 协议中表示设备的配置参数
    NSData *peripheralAdvData =
            (NSData*)advertisementData[@"kCBAdvDataManufacturerData"];
    XMAdvertisementModel *advertisementModel = [[XMAdvertisementModel alloc]
                    initWithAdvertisementData:peripheralAdvData];
    [self parseAdvertisementData:advertisementModel];
    //省略部分代码
}
- (void)parseAdvertisementData:(NSData *)advertisementData
{
    //表 4-1 中的字节 8
    NSData *typeData = [XMTools data:serviceData R:0 L:1];
    NSInteger typeValue = [XMTools dataToInt:typeData];
    //非快速配对类型的广播类型
    if (typeValue != 1) {
        return;
    }
    //表 4-1 中的字节 9、字节 10～11
    self.majorIDData = [XMTools data:advertisementData R:0 L:1];
    self.minorIDData = [XMTools data:advertisementData R:1 L:2];

    //表 4-1 中的字节 13
    NSData *flags1Data = [XMTools data:advertisementData R:4 L:1];
    uint8_t flags1Value = (uint8_t)[XMTools dataToInt:flags1Data];
    //解析设备的具体参数，详情请参考表 4-1 中的字节 14
    self.connectableFlag = (flags1Value >> 7) & (0x01);
    self.discoverableFlag = (flags1Value >> 6) & (0x01);
    self.masterSlaveConnectFlag = (flags1Value >> 5) & (0x01);
    self.classicBluetoothPairFlag = (flags1Value >> 4) & (0x01);
    self.classicBluetoothConnectFlag = (flags1Value >> 3) & (0x01);
    self.leaveBoxFlag = (flags1Value >> 2) & (0x01);
    self.boxSwitchFlag = (flags1Value >> 1) & (0x01);
    self.leftOrRightEarsFlag = (flags1Value ) & (0x01);
    //省略部分代码
}
```

4. 连接 BLE

（1）发起连接

中央设备管理器对象调用 connectPeripheral:peripheral options:nil 方法来发起对 BLE 设备的连接，示例代码如下。

```
- (void)connectEntity:(XMEntityModel *)entityModel
{
    //省略部分代码
    [self.cbCentralManager connectPeripheral:
        internalEntityModel.peripheral options:nil];
    //省略部分代码
}
```

（2）获取连接结果

连接成功后，会调用 centralManager:didConnectPeriphera 方法，连接结果的处理都是在该方法中进行的，示例代码如下。

```
//BLE 通道连接成功的回调方法
- (void)centralManager:(CBCentralManager *)central
        didConnectPeripheral:(CBPeripheral *)peripheral
{
    NSLog(@"Peripheral is connected");
    peripheral.delegate = self;
    //省略部分代码
}
```

在和发起连接的设备进行交互之前，可通过 peripheral.delegate = self 设置 peripheral 的委托对象为 self，以便当前的对象能收到 peripheral 的回调。回调方法请参考 CBPeripheralDelegate 协议，该协议定义在 CBPeripheral.h 中。

5. 重连 BLE

App 在某些特定场景下需要重新连接设备。下面针对典型的应用场景进行分析，并给出重连的方法。

（1）设备被动断开后重连

设备被动断开指的是设备和主机之间的连接超时，导致无线信号无法正常传输。一般在下面这些情况下，设备会被动断开连接。

- 设备和主机之间的距离变远，导致超出通信范围，从而出现连接断开。
- 设备和主机之间存在障碍物，导致信号无法穿透，从而出现连接断开。比如两者之间存在多面墙壁，虽然两者的距离不远，但是信号在穿越墙壁时发生衰减，导致无法正常通信。

BLE 连接断开后，会调用断开连接的回调方法。在该方法中需要进行重连的逻辑处理，示例代码如下。

```
//BLE 通道断开的回调方法
- (void)centralManager:(CBCentralManager *)central
      didDisconnectPeripheral:(CBPeripheral *)peripheral
                error:(nullable NSError *)error
{
    //断开原因是两者之间的通信超时，被判断为设备被动断开
    if (error.code == CBErrorConnectionTimeout) {
          disconnenctErrorCode = XMBLEFarDistanceDisconnect;
          errorInfo = @"he distance is too far, connection to timeout.";
          NSLog(@"BLE Disconnect ---> Info: The distance is too far, timeout.");
          //发起重连
          [self connectEntity:peripheral];
          //省略部分代码
    }
}
```

可以使用 connectPeripheral:peripheral options:nil 方法发起 BLE 连接。当设备和主机之间恢复连接后，会再次执行 BLE 连接成功的回调方法。

（2）设备主动断开后重连

用户主动关闭、重置设备以及设备由于硬件故障断开蓝牙连接，都属于设备主动断开，这就需要 App 进行重连。解决方式和上述场景中的一样，示例代码如下。

```
- (void)centralManager:(CBCentralManager *)central
      didDisconnectPeripheral:(CBPeripheral *)peripheral
                error:(nullable NSError *)error
{
    //断开原因是设备主动断开
    if (error.code == CBErrorPeripheralDisconnected) {
        disconnenctErrorCode = XMBLEDeviceInitiativeDisconnect;
        errorInfo = @"The specified device has disconnected from us.";
        //发起重连
        [self connectEntity:peripheral];
        //省略部分代码逻辑
    }
}
```

6. 连接 BLE 和经典蓝牙

对于 iOS 系统的小爱同学 App 来说，只有连接了设备的经典蓝牙和 BLE，才视为连接成功，进而才可以通过设备详情页来管理设备。

由于 iOS 系统中的 App 在设备不支持 MFi 认证时，无法修改和配置经典蓝牙，而只能通过 AVFoundation（iOS 标准库中的语音框架）来获取经典蓝牙与某个设备的连接状态，因此，App 在连接设备的经典蓝牙和 BLE 时，需要分开操作。这意味着，用户在 App 中

连接 BLE 设备时，并不会自动连接设备经典蓝牙，而只能弹窗来提示用户到系统设置中手动连接设备的经典蓝牙。在使用 CoreBluetooth 框架开发与经典蓝牙相关的应用程序时，这是不可避免的操作。

在 iOS 系统中，虽然 App 无法操作不支持 MFi 认证的设备的经典蓝牙，但是可以通过 AVFoundation 间接地获取到经典蓝牙与某个设备的连接状态。因此，当 App 判断设备的经典蓝牙与手机的经典蓝牙已经连接时，此时就可以自动连接设备的 BLE，减少用户的操作步骤，提升使用体验。

接下来将介绍 App 如何获取经典蓝牙的连接状态，以及在经典蓝牙未连接和已连接的情况下不同的处理逻辑。

（1）获取经典蓝牙的连接状态

CoreBluetooth 无法获取设备经典蓝牙的连接状态，也就无法直接判断手机与设备的经典蓝牙通道是否已经建立，但是可以通过 AVFoundation 间接地达成目标。

使用 AVFoundation 可以获取手机当前的音频输入/输出设备。如果设备是蓝牙设备，那么它的 UUID 就是设备的经典蓝牙地址，就可以通过匹配在设备的广播包中获取到的经典蓝牙地址来判断主机是否连接了该设备的经典蓝牙。相应的代码如下。

```
@implementation XADevice
//判断设备是否是当前主机的音频输出设备
- (BOOL)isAudioOutputPort
{
    if (self.classicBTAddress.length == 0) {
        return NO;
    }
    NSString *uid = [[AudioManager sharedManager] currentOutputDeviceUID];
    return uid.length > 0 && [uid isEqualToString:self.classicBTAddress];
}
@implementation AudioManager
- (NSString *)currentOutputDeviceUID
{
    NSString *resString;
    AVAudioSessionRouteDescription *currentRoute = [self.audioSession currentRoute];
    for (AVAudioSessionPortDescription *output in currentRoute.outputs) {
        if (!([output.portType isEqualToString:AVAudioSessionPortBluetoothA2DP] ||
                [output.portType isEqualToString:AVAudioSessionPortBluetoothHFP])) {
            //不是蓝牙设备，过滤掉（判断依据是没有 A2DP 或 HFP 的 UUID）
            continue;
        }
        //UUID 转换成经典蓝牙地址
        NSArray *items = [output.UID componentsSeparatedByString:@"-"];
        NSMutableString *addressString =
          [[NSMutableString alloc] initWithString:items.firstObject];
        NSString *realAddr =
          [addressString stringByReplacingOccurrencesOfString:@":" withString:@""];
```

```
                if ([realAddr length] > 0) {
                    NSAssert([realAddr length] == 12, @"标准的地址应该是16个字母！");
                    resString = [realAddr lowercaseString];
                    break;
                }
        }
        return resString;
}
```

（2）在输出源的变更通知中连接 BLE

用户使用 App 扫描并连接设备。当经典蓝牙未连接时，App 的内部实现逻辑是，App 发起对设备的连接时，会从广播包中获取到设备的经典蓝牙是否已连接的字段。如果设备的经典蓝牙未连接，则弹窗提示用户手动连接经典蓝牙。当用户连接了设备的经典蓝牙后，App 收到手机的音频输出源发生变化的通知，然后获取该音频输出源设备，使用其 UUID 和设备的经典蓝牙进行匹配，匹配之后就发起 BLE 连接。

监听经典蓝牙连接状态的变化、发起 BLE 连接的示例代码如下。

```
@implementation XABlueToothManager
- (void)addobservers
{
    //监听用户主动切换设备
    [[NSNotificationCenter defaultCenter] addObserver:self
                                 selector:@selector(handleRouteChange:)
                                 name:AVAudioSessionRouteChangeNotification
                                 object:nil];
}
//输出源变更的回调方法
- (void)handleRouteChange:(NSNotification *)notification
{
    NSString *curDeviceBTAddr = [[AudioManager sharedManager] currentOutputDeviceUID];
    //匹配正在连接的设备的经典蓝牙地址和输出源的 UUID
    if ([curDeviceBTAddr isEqualToString:connectDeviceObj.classicBTAddress]) {
        //连接设备的 BLE
        [self.class connectToDevice:deviceObj resultBlock:nil];
    }
}
```

（3）主动连接 BLE

App 在启动后会自动扫描设备。如果发现设备的经典蓝牙已连接，则主动发起 BLE 连接，无须用户再执行连接 BLE 的操作。示例代码如下。

```
//处理扫描到的设备
- (void)bluetoothSDK:(XMBluetoothSDK *)bluetoothSDK
            didFoundEntityWithEntityList:(NSArray<XMEntityModel *> *)entityList
{
```

```
[entityList enumerateObjectsUsingBlock:^(XMEntityModel *_Nonnull deviceEntity,
                            NSUInteger idx, BOOL *_Nonnull stop) {
    //判断设备的经典蓝牙是否已连接
    if ([deviceEntity isAudioOutputPort]) {
        [self connectBLEEntityModel:deviceEntity];
        *stop = YES;
    }
}];
}
```

7. App 重启后连接设备

App 在退出之后，设备管理器对象被销毁，主机（中央设备）也断开了 BLE 连接。再次启动 App 之后，会重连设备，其流程如图 5-11 所示。

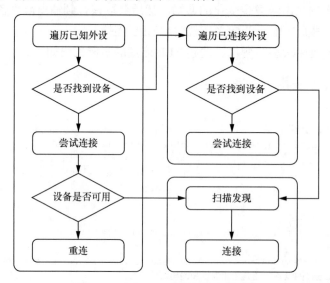

图 5-11　重启 App 后连接设备的流程

当 App 扫描到设备后，iOS 系统就会生成与之对应的设备对象，并将这个对象保存起来。每个对象都有唯一的标识，当设备被扫描到或者连接成功后，这个唯一的标识就会被 App 保存起来。App 在重启之后，将使用 App 之前保持的唯一标识作为参数，调用 retrievePeripheralsWithIdentifiers:方法查找已存在的设备对象。如果已存在，则对其发起连接，连接成功时，会调用委托对象的 centralManager:didConnectPeripheral: 方法。如果在重连时设备的地址发生了变化（比如说被重置），此时就无法连接该设备（对应图 5-11 中的"设备是否可用"流程）。

如果调用 retrievePeripheralsWithIdentifiers:方法时没有找到任何设备对象，则表示重连的设备之前没有被创建。此时可以从已连接（被另外的 App 连接上）的 BLE 设备中查找。

retrieveConnectedPeripheralsWithServices: 方法可以获取已被连接的设备对象。如果已连接的设备对象中还没有该设备，那么就需要重新发起扫描连接的流程了。

实现图 5-11 所示的连接流程的示例代码如下。

```
- (void)connectEntity:(XMEntityModel *)entityModel {
    NSArray *uuidArr = @[[[NSUUID alloc] initWithUUIDString:entityModel.UUID]];
    //根据 UUID 来获取已存在（系统创建过）的外设对象
    NSArray *peripheralArr =
        [self.cbCentralManager retrievePeripheralsWithIdentifiers:uuidArr];
    CBPeripheral *findPeripheral = nil;
    if (peripheralArr.count == 0) {
        //支持 MMA 协议的设备的 UUID
        CBUUID *UUID = [CBUUID UUIDWithString:XMBleServiceUUID];
        CBUUID *longUUID = [CBUUID UUIDWithString:XMBleLongServiceUUID];
        //获取已经连接（被其他 App 连接上）的外设对象
        NSArray *connectPeripherals = [self.cbCentralManager
                    retrieveConnectedPeripheralsWithServices:@[UUID,longUUID]];
        CBPeripheral *findPeripheral = nil;
        for (CBPeripheral *peripheral in connectPeripherals) {
            //在已连接的设备列表中发现了需要重连的设备
            if ([peripheral.identifier.UUIDString isEqualToString:entityModel.UUID]) {
                findPeripheral = peripheral;
                break;
            }
        }
        //需要重连的设备没连上，则重新扫描
        if (!findPeripheral) {
            [self p_StartScan];
        }
    } else {
        //连接的设备已被创建过
        findPeripheral = peripheralArr.firstObject;
    }
    //发起扫描连接
    [self.cbCentralManager connectPeripheral:findPeripheral options:nil];
    //省略部分超时重新扫描的逻辑
}
```

5.3　小米小爱鼠标开发实践

小米于 2020 年 7 月发布了小爱智能鼠标，它是首款小爱同学出现在电脑上的产品，其定位为高效智能的办公助理，并拥有语音输入文字、语音/划词翻译和控制小米智能家居等诸多功能。

小爱鼠标是业界首款鼠标与 USB Dongle（接收器）都采用了 BLE 技术的产品，与传统蓝牙、WiFi 无线传输方案相比，它的成本相对更低，但技术难度也较高，涉及多个复杂的模块，而且在鼠标设备、电脑主机和云端都需要开发大量的创新功能。

下面围绕鼠标与电脑两个方面，对小爱鼠标的部分技术实践进行简要介绍。

5.3.1　产品介绍

小爱鼠标是一款无线蓝牙鼠标，其机械结构如图 5-12 所示。鼠标外形采用了鹅卵石形状的设计，拥有比较平坦的身形，并使用了抗菌性较高的类肤材料，其主色调为磨砂黑。鼠标壳体内部包含一个 USB 接收器，支持 USB 接收器连接和蓝牙直连两种连接方式。鼠标内置了容量 750 毫安时（mAh）的锂电池，可通过 USB Type C 接口充电，续航时间可达到 30 天。

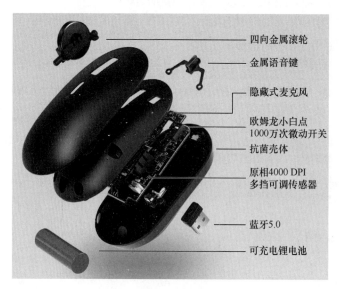

图 5-12　小爱鼠标的机械结构

小爱鼠标的具体规格如下。

- 外观：尺寸（115mm×62mm×35mm），重量 93 克，磨砂黑。
- 按键：鼠标左右按键、四向滚轮、语音键、翻译键。
- 芯片：鼠标采用炬芯 ATB1106T，接收器采用炬芯 ATS2816R。
- 传感器：原相 4000DPI 可调传感器、指示灯（充电指示灯，用于提示充电、低电状态）。
- 无线连接：低功耗单模蓝牙 5.0。
- 声学：单麦克风，音频采样率为 16kHz、16 位，识别距离 0.5 米。

- 充电接口：USB Type C。
- 电池：750 毫安时（mAh）。
- 软件：支持 Windows 7/8/10、macOS。

5.3.2 智能鼠标技术架构

相较于传统的蓝牙鼠标，小爱鼠标最突出的特点是新增了两个实体按键。一个是语音键，短按用于语音输入，长按可唤起小爱，进行语音查询。另一个是翻译键，其短按功能可自定义，如设置成复制或粘贴功能，长按则根据光标是否选中文本状态的不同，分为两种不同的功能：若光标选中文本内容，长按可触发划词翻译功能；若未选中文本内容，长按将触发对语音数据的翻译。

小爱鼠标的整体软件架构可分为鼠标、电脑端和服务端 3 个模块，如图 5-13 所示。

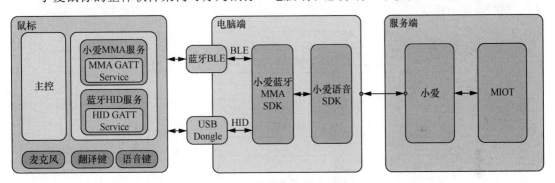

图 5-13　小爱鼠标的整体软件架构

- 鼠标：鼠标是单模蓝牙设备，其蓝牙模块使用 BLE 作为服务端，可实现两个 GATT 服务。MMA 服务是对小米 MMA 协议的实现，借助于该服务可进行双向身份认证、传输认证、语音流控制和 MMA 指令控制等功能；人体学接口设备服务（HID Service，HID 服务）是蓝牙规范定义的一个标准服务，鼠标的基础功能（如按键、滚轮、光标等）都依赖于 HID 服务。
- 电脑端：电脑端负责处理鼠标的基础数据（如按键、滚轮、光标相关数据），以及作为鼠标和服务端交互的桥梁，处理 MMA 相关的数据和业务（如语音服务、翻译服务、控制指令和 OTA 等）。电脑端通过两种方式连接鼠标：有蓝牙模块的电脑可通过 BLE 直连鼠标；无蓝牙模块的电脑端需外插 USB 适配器，通过 USB 接口和鼠标交互。电脑端应用程序（即 PC 端的小爱同学 App）集成了小爱蓝牙 MMA SDK 与小爱语音 SDK，MMA SDK 负责对鼠标进行连接认证、接收语音流数据以及交互 MMA 控制指令，语音 SDK 则负责与小爱服务端交互小爱语音指令。

● 服务端：服务端分为小爱云与 MIoT 云，小爱云负责对用户账号的认证授权以及对用户语音数据的处理。语音数据通常会进入 NLP 模块，然后根据请求语义的不同，由中控分发请求到不同垂域进行不同的处理。对于控制小米智能设备的请求，则由小爱云通知 MIoT 云进行响应。

小爱鼠标实现了众多 AI 功能，如鼠标的语音输入转文字功能与划词翻译功能，两者在功能实现上类似，都是由 App 通过封装在语音 SDK 内的小爱智能语音服务（AI Voice Service，AIVS）协议调用服务端接口，实现小爱的各种语音或 AI 能力。两者的区别只在于传输协议的事件与指令不同。

下面以语音输入转文字为例，介绍该功能在鼠标上的技术实现。

语音输入转文字的基础是语音识别，只有识别准确率得到了保证，才能正确地识别出文字。语音识别背后有一系列复杂的过程，语音识别框架（见图 5-14）包括语音数据拾取与信号处理、语音编解码处理、声学处理和自然语言处理等诸多流程，每个流程都会影响到识别的效果与精度。

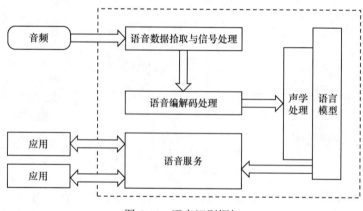

图 5-14 语音识别框架

语音数据拾取与信号处理主要是将声音的模拟信号经过采样、量化和编码后，转换成标准的数字音频数据。这个过程使用麦克风来采集音频，并使用常规的模数转换器（ADC）或专用的音频编解码芯片对音频数据进行采样。

原始采样的脉冲编码调制（Pulse Code Modulation，PCM）数据流由于会占用较大的传输带宽，因此通常需要经过压缩编码后才能在网络中传输。OPUS 具有非常低的算法延迟（默认为 22.5ms）。OPUS 也可以通过降低码率来达成最低 5ms 的算法延迟。相较于 MP3、AAC 等常见的编码格式，OPUS 在保证音质的同时，也兼顾了低延迟，因此很适合低延迟语音数据的编码。

声学处理则是通过一定的算法，进一步优化音频数据的质量。如传统的回声消除算法可以有效消除回声，降噪算法可以剔除噪声数据，保证主体音频的干净，而自动增益算法可以有效地避免语音数据因数字增益而产生的溢出，从而抑制强信号，放大弱信号，使语音更加真实流畅。

语音数据经过声学处理后，会再用语言模型去识别音频内容，即对音频按帧拆分，并进行特征提取、特征识别。音频数据经过网络传输到语音接入与控制模块，根据希望处理的模块的不同，语音请求会被分发到不同模块，如小米语音服务或语义控制中心。对于需要识别语义的语音请求，由语义控制中心选择最适合的垂域进行处理。垂域中有这个领域的语料、知识和常见说法，能对用户语音请求进行意图解析并执行相应的意图。对于语音输入转文字功能，由语音服务将语音数据转为 ASR 结果。

5.3.3　鼠标功能设计与实现

鼠标蓝牙的基本功能包含两方面：

- 鼠标作为蓝牙设备，管理蓝牙的广播与连接、鼠标基础功能数据的传输等行为；
- 鼠标作为智能设备，通过 MMA 协议实现小爱语音和翻译等 AI 功能。

本节将重点介绍鼠标各功能的设计实现，包括鼠标与云端语音的交互、鼠标自定义功能按键的实现机制、鼠标快速回连的原理等。

1.　鼠标与云端语音的交互

鼠标与云端的交互离不开电脑上的小爱同学 App。该 App 包含两个与小爱语音功能相关的 SDK：MMA SDK 和语音 SDK。前者与鼠标交互，通过蓝牙传输小爱 MMA 协议指令；后者与云端交互，通过 WebSocket 传输小爱 AIVS 协议指令。

鼠标在接收到开启语音的指令后，会进行音频采样与音频编码，编码后的语音数据经过蓝牙 MMA 协议封装后通过 BLE 连接传输到 App。App 会对蓝牙传输的语音数据进行解码处理，并将解码后的语音数据通过语音 SDK 接口传输到小爱云端，之后由云端完成语音语义的识别等一系列流程，最终将语音识别的结果通过指令下发到 App。

鼠标语音识别的开启由用户按键触发，当检测到按键后鼠标会上传按键事件。为了保障用户隐私安全，鼠标在非连续对话期间不允许 App 通过蓝牙传输指令来开启麦克风。也就是说，在首次开启小爱会话时，需要用户通过物理按键触发鼠标进行收音。在连续对话期间，App 上的悬浮小球会持续处于接收音频状态，若收不到用户的有效请求，小爱同学会关闭当前会话，除非用户通过按键触发了新一轮语音请求。

鼠标语音的识别流程如图 5-15 所示。

在图 5-15 中，Mouse 代表鼠标，Mi Ai App 代表 PC 小爱同学 App，MMA SDK 是 App 的一部分，代表 App 的蓝牙 MMA 模块，Mi Ai Service 表示小爱服务端。

具体的语音交互流程如下。

1．用户按下小爱鼠标的语音按键，鼠标在检测到按键后，通过蓝牙发送按键事件。

2．MMA SDK 上报按键事件给 App，App 对按键事件进行处理，其中语音按键的触发会向 App 发起语音请求。

3．App 向云端上报语音识别事件，MMA SDK 下发语音开始指令，鼠标在收到指令后开启麦克风进行收音，并传输语音数据。

4．鼠标持续收音，通过蓝牙上报音频数据到 App，App 再通过网络传输到小爱云端。

5．在结束语音时，由 App 向 MMA SDK 发送通知，告知鼠标"语音结束"。

6．鼠标在收到语音结束指令后，关闭麦克风，结束语音传输。此时鼠标虽然结束了语音数据的上传，但依然可以响应 App 的语音开始指令，即可以开启多轮会话。

7．MMA SDK 下发会话结束指令，此时鼠标结束此轮会话，不再响应任何外部指令。

8．App 向云端上报语音识别结束事件，云端回复语音识别结果的指令。

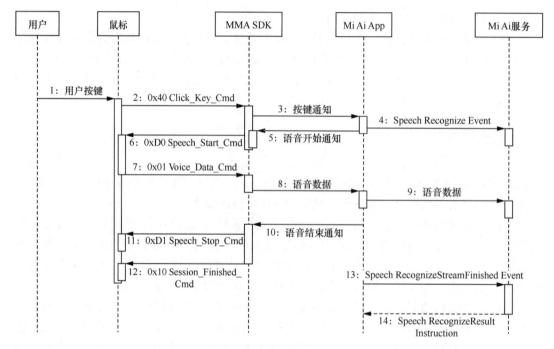

图 5-15　鼠标语音的识别流程

2．鼠标自定义功能按键的实现机制

在功能按键的设计实现上，鼠标不绑定按键与功能的对应关系，按键的定义可在 App 中定义。鼠标只上报按键状态，由主机根据按键的按键值（Key ID）来区分具体功能。

表 5-5 所示为按键事件的指令，按键指令在 MMA 协议上的指令是 0x40。当设备按键被单击时，该指令由设备进行发送。

表 5-5 MMA 按键事件指令

指令定义	XM_OPCODE_CLICK_KEY
指令号	0x40
作用说明	设备按键被单击时发送，主机根据指令内容判断按键状态

具体指令的字段定义如表 5-6 所示。按键值由设备方自定义，用于区分单击的按键。按键状态（ClickStatus）表示当前的按键状态。

表 5-6 MMA 按键事件的指令格式

字节或位	内容	参数
位 15	type	1
位 14	Response Flag	1
位 13～8	Unused	0
位 7～0	OpCode	0x40
字节 2～3	Parameter length	0x0003
字节 4	OpCode_SN	根据实际情况而定
字节 5	Key ID	按键 ID，用户自定义，用于区分单击的按键
字节 6	ClickStatus	按键按下：0；抬起按键：1

小爱鼠标有 4 个按键可以通过软件定义功能，如图 5-16 所示。在鼠标处于连接状态下，在可以基础设置页面中自定义按键功能，如返回桌面、前进、后退等操作都可以由鼠标按键直接控制。

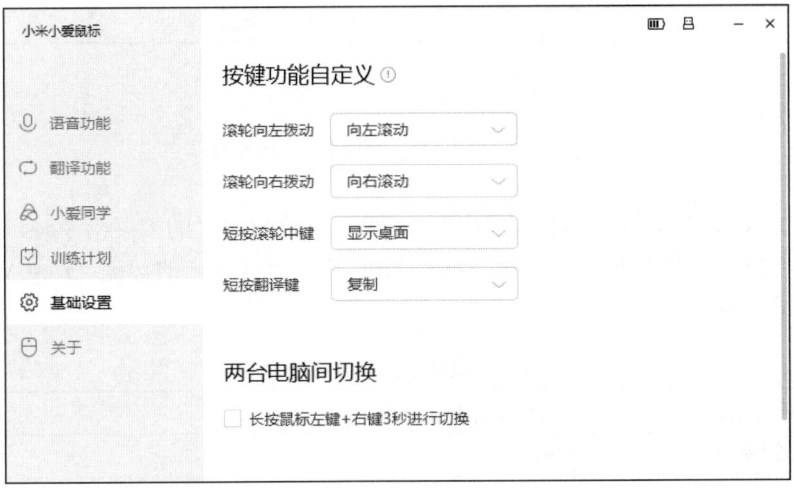

图 5-16 自定义鼠标按键的功能

在设置按键功能时，将由 App 调用 MMA SDK 接口，下发 Set_Key_Value 指令来设置按键的自定义功能。鼠标在接收到指令后，更新对应按键的自定义值。之后在鼠标按键时，上报对应按键的 HID 数据，由电脑响应按键事件。设置自定义按键的具体流程如图 5-17 所示，涉及的步骤如下。

1. 用户进入 Mi Ai App 基础设置页面，单击"按键功能自定义"，设置按键的自定义功能。

2. Mi Ai App 调用 MMA SDK 来设置按键的属性值接口，设置按键的自定义内容。

3. MMA SDK 下发厂商自定义的指令，将自定义内容发送给鼠标，鼠标在本地保存自定义按键的指令内容。

4. 用户单击自定义按键，鼠标发送对应按键的 HID 数据给计算机的按键处理系统，由计算机进行按键响应。

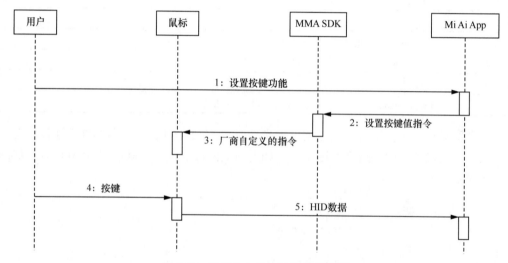

图 5-17　设置自定义按键的具体流程

鼠标自定义按键的功能如表 5-7 所示。在使用厂商自定义的扩展指令时，具体指令的定义如表 5-8 所示。其中 Key ID 由厂商自定义，用于区分单击的按键。Key Value 表示当前的按键自定义功能。

表 5-7　鼠标自定义按键的功能

指令定义	XM_Vendor_Specific_Cmd
指令号	0xF1
作用说明	供应商自定义扩展指令（Vendor Specific Cmd）

表 5-8 厂商自定义的扩展指令格式

字节或位	内容	参数
位 15	type	1
位 14	Response Flag	1
位 13~8	Unused	0
位 7~0	OpCode	0xF1
字节 2~3	Parameter length	根据实际情况而定
字节 4	OpCode_SN	根据实际情况而定
字节 5	Company ID	VID/PID
字节 6	Custom OpCode	0x04
字节 7	Key ID	根据实际情况而定
字节 8	Key Value	8 字节

3. 鼠标快速回连的原理

无线蓝牙鼠标一般使用碱性电池或锂电池供电，为了降低鼠标的功耗，鼠标在静止不动时通常会进入休眠状态。在休眠状态下，鼠标将关闭蓝牙射频模块，断开蓝牙的连接，降低系统资源消耗，以节省电量。在鼠标重新移动或按键时，设备从休眠状态中唤醒，蓝牙模块恢复正常模式，鼠标自动与电脑蓝牙或 USB 接收器建立连接。

小爱鼠标支持在两台计算机之间进行切换，切换方法如图 5-18 所示。图中的 MAC 1 和 MAC 2 代表鼠标的两个蓝牙地址，分别用于鼠标和不同的计算机进行配对连接。如果鼠标在两台计算机上都有连接纪录，当通过组合按键（左键+右键）的长按操作触发连接切换时，鼠标将断开当前计算机的连接，并自动切换到另一台计算机上。

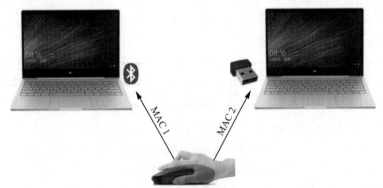

同时长按左右键3s切换PC设备

图 5-18 小爱鼠标切换连接

小爱鼠标休眠回连和连接切换的原理在实现上是一致的，都使用了低功耗蓝牙的白名单连接机制。

4. 蓝牙白名单机制

上文介绍的快速回连流程就是使用低功耗蓝牙的白名单机制实现的。白名单（white list）是 BLE 协议的一种安全机制，通过白名单，可以只允许特定的蓝牙设备（白名单内的设备）进行扫描、连接，也可以只扫描、连接特定的蓝牙设备（白名单内的设备）。总体来说，白名单提供了可信的设备列表，允许蓝牙在广播、扫描和连接等状态下，对白名单设备进行过滤处理。

BLE 设备在发起广播、扫描或连接等操作时，可以通过 HCI 命令设置其广播、扫描以及连接的过滤策略（filterPolicy），具体说明如下。

1. 广播的白名单策略

通过 HCI 接口提供的设置广播参数命令（LE Set Advertising Parameters Command）可设置广播白名单策略。命令的具体格式如下。

OCF	命令参数	返回结果
0x0006	关键参数：Advertising_Filter_Policy（参数长度为 1 字节）	Status

参数 Advertising_Filter_Policy 表示广播策略，含义如下。
- 0x00：禁用白名单机制，允许任何设备进行连接和扫描。
- 0x01：允许任何设备进行连接，但只允许白名单中的设备进行扫描。
- 0x02：允许任何设备进行扫描，但只允许白名单中的设备进行连接。
- 0x03：只允许白名单中的设备进行扫描和连接。

2. 扫描时的白名单策略

通过 HCI 接口提供的设置扫描参数命令（LE Set Scan Parameters Command）可设置扫描白名单策略。命令的具体格式如下。

OCF	命令参数	返回结果
0x000B	关键参数：Scanning_Filter_Policy（参数长度为 1 字节）	Status

参数 Scanning_Filter_Policy 表示扫描过滤策略，含义如下。
- 0x00：禁用白名单机制，接收所有的广播包，不接收非本机目标地址的定向广播包。
- 0x01：只接收白名单设备发送的广播包，不接收非本机目标地址的定向广播包。
- 0x02：接收所有的广播包，不接收非本机目标地址的定向广播包。
- 0x03：接收白名单设备发送的广播包，包括广播者地址为可解析为私有地址的定向广播包，以及目标地址为本机的定向广播包。

3. 连接时的白名单策略

通过 HCI LE 接口提供的连接命令（LE Create Connection Command）可设置连接的白名单策略。命令的具体格式如下。

OCF	命令参数	返回结果
0x000D	关键参数：Initiator_Filter_Policy（参数长度为 1 字节）	Status

参数 Initiator_Filter_Policy 表示发起连接的过滤策略，含义如下。
- 0x00：禁用白名单机制，需要指定连接设备的地址类型与地址。
- 0x01：连接白名单内的设备，不需要指定连接设备的地址类型与地址。

4. 蓝牙自动连接

所谓蓝牙自动连接（Auto Connection），是指允许主机自动连接白名单中的设备，在设备广播定向可连接数据包或非定向可连接数据包的状态下，主机将自主地与一个或多个设备建立连接。

蓝牙自动连接的流程如图 5-19 所示。在这个流程中，主机首先设置其蓝牙控制器中的白名单，白名单中存储了外围设备的蓝牙地址。然后，主机向控制器发送建立连接命令，将连接参数中的发起者过滤策略（Initiator_Filter_Policy）设置为连接白名单设备，不指定连接设备的地址类型与地址。主机在请求建立连接的同时，也指定了蓝牙的连接参数与扫描参数。此时主机的蓝牙控制器将持续进行扫描，当扫描到的 BLE 广播信息中，设备地址与白名单中存储的地址匹配时，控制器就自主与设备建立连接。

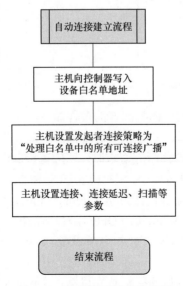

图 5-19　蓝牙自动连接的流程

在 Dongle（适配器，亦称 USB 接收器）连接模式下，小爱鼠标休眠回连的流程如图 5-20 所示。Mouse Host（鼠标主机）表示鼠标主控模块，Mouse Controller（鼠标控制器）表示鼠标蓝牙模块；同样，Dongle Host（适配器主机）与 Dongle Controller（适配器控制器）分别表示 USB 适配器的主控与蓝牙模块。

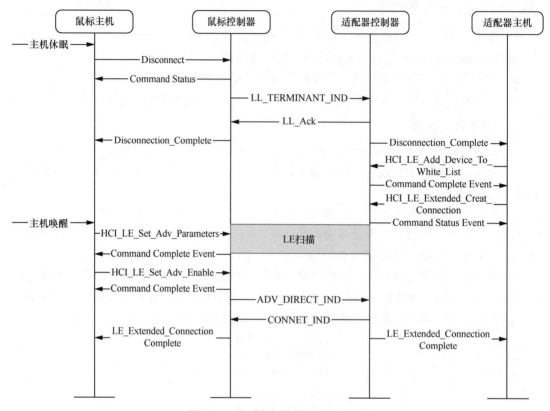

图 5-20 小爱鼠标休眠回连的流程

在 Dongle 连接模式下，鼠标休眠回连的过程如下。

1. 鼠标进入休眠状态，鼠标主控模块通知控制器断开当前蓝牙连接，关闭蓝牙模块。

2. Dongle 在收到鼠标的连接断开请求时，回应鼠标的断开连接请求，将鼠标的 MAC 地址添加到 Dongle 控制器白名单中，并通过 HCI 命令创建扩展连接（Extended Creat Connect）。在命令参数中，发起者过滤策略（Initiator Filter Policy）设置为只连接白名单设备（Connect to Advertisers from White List Only），对端地址（Peer Address）与地址类型（Peer Address Type）设置为零，表示默认连接白名单设备。这条命令同时也设置了连接参数与扫描参数。

3. 鼠标被用户唤醒，唤醒后的鼠标首先以高占空比定向广播 2s，之后转为非定向广播 2ms，等待被主机连接。在设置定向广播参数时，广播类型（Advertising_Type）这个命令参数被设置为 0x01，即表示可连接定向广播。

4．Dongle 在扫描到定向广播后，发现鼠标的 MAC 地址与白名单中的一致，将向鼠标发起连接，双方再次连接上。整个连接过程称为回连过程。

5. 基于 MMA 协议的设备连接状态上报

在鼠标回连 Dongle 或计算机后，App 的界面会更新连接状态。若鼠标与计算机直接连接，则 MMA SDK 根据操作系统底层上报的设备断开/连接事件来判断鼠标的连接状态；若鼠标与 Dongle 连接，则 MMA SDK 将依据 Dongle 上报的运行信息判断鼠标的连接状态。

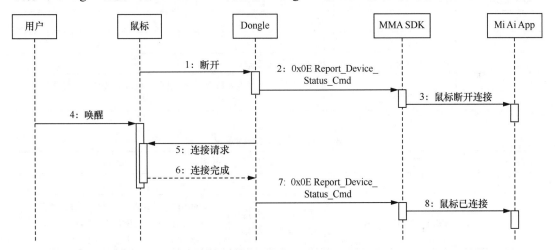

图 5-21　App 监测鼠标休眠回连的流程

在 Dongle 连接模式下，App 监测鼠标休眠回连的流程如图 5-21 所示。

在鼠标休眠回连时，Dongle 将鼠标连接状态的变化通过 MMA 协议告知 App，相应的过程实现如下。

1．鼠标进入休眠状态，关闭蓝牙模块。鼠标主动断开与 Dongle 的连接。

2．Dongle 收到鼠标断开事件，上报设备状态（REPORT_DEVICE_STATUS）指令，通知 App 鼠标已经断开连接。

3．鼠标被用户唤醒后，开启蓝牙模块，广播定向广播数据包（在图 5-21 中的第 5 步之后、第 6 步之前）。

4．Dongle 扫描到鼠标，由于鼠标在其白名单中，因此 Dongle 蓝牙控制器主动连接鼠标。Dongle 连接成功后，上报设备状态（REPORT_DEVICE_STATUS）指令，通知 App 鼠标已连接。

实现 MMA 协议的设备主动上报运行状态的指令字段的定义如表 5-9 所示。其中，属性值（ATTR Value）表示设备上报的状态信息，对于辅助设备 Dongle，则会上报与鼠标的连接状态。连接状态的定义可参考表 5-10。

表 5-9 主动上报运行状态的指令格式

指令定义	XM_OPCODE_REPORT_DEVICE_STATUS	
指令号	0x0E	
作用说明	设备主动上报运行信息	
字节或位	内容	参数
位 15	Type	1
位 14	Response Flag	1
位 13~8	Unused	0
位 7~0	OpCode	0x0E
字节 2~3	Parameter length	根据实际情况而定
字节 4	OpCode_SN	根据实际情况而定
字节 5~N	ATTR Value	ATTR 参数（内容组织与表 4-36 相同）。设备上报的运行信息可参考表 5-10

表 5-10 连接状态的定义

TYPE	定义	作用	value
……	……	……	……
3	ATTR_TYPE_DONGLE_STATUS	辅助设备上报其与目标设备的连接状态	Status：0 表示断开；1 表示已连接 Reason：参考蓝牙芯片手册中关于错误码的定义，已连接状态值为 0

5.3.4 PC 上鼠标蓝牙功能的设计与实现

电脑上的小爱同学 App 的功能与手机上的小爱同学 App 类似，即一方面负责与鼠标建立蓝牙连接，通过 MMA 协议获取鼠标状态信息或语音数据，另一方面负责对编码的语音数据解码并通过小爱语音 SDK 与服务端交互小爱 AIVS（AI Voice Service）协议指令。

App 还可以显示鼠标电量、版本号等状态信息，以及设置鼠标的基础功能，如设置灵敏度（用 DPI 来衡量）、自定义按键等功能。同时，借助于 App，还可以对鼠标与适配器进行 OTA 升级。

小爱鼠标支持在 Windows 与 macOS 两个系统上工作，相应的 App 也支持这两个系统。本节将详细介绍 App 在两个系统上对蓝牙操作的设计与实现。

1. Windows 系统

微软公司从 Windows XP Service Pack 1（SP1）起开始支持蓝牙，Windows Vista SP2 和 Windows 7 支持蓝牙 2.1，自 Windows 8 之后支持蓝牙 4.0。

在 Windows 8 之前,开发者主要使用经典蓝牙进行蓝牙类应用开发,能使用 RFCOMM 进行数据传输。在 Windows 8 中,增加了低功耗蓝牙相关的 API,这使得装有 Windows 8 的计算机可以作为中心设备(Central)对外围低功耗设备(Peripheral)进行数据读写。

在 Windows 10 中,则增加了 Windows 通用应用平台(Universal Windows Platform, UWP)的蓝牙应用开发接口。该接口允许跨设备的蓝牙应用开发,由此带来了全新的架构与流畅的交互体验。

1. 查找鼠标设备

鼠标在连接到计算机后,系统设备管理器中将会增加鼠标的设备描述。对于 BLE 连接的鼠标,鼠标将显示在蓝牙设备下面;对于 Dongle 连接的鼠标,鼠标将显示在人体学输入设备下面。为了与鼠标建立连接通信,获取鼠标的设备状态与设备描述,应用程序必须通过枚举或指定设备类型来查找目标设备。

Windows 提供了 Setup API 接口,用于对安装设备执行管理操作。当 App 需要获取一个或多个设备的描述信息时,必须先通过 SetupDiGetClassDevs 函数创建一个设备信息集,然后通过枚举列表中元素的方式获取设备信息元素(Device Information Element),进而获得所需的设备信息。设备查找的接口定义如下。

```
WINSETUPAPI HDEVINFO SetupDiGetClassDevsW(const GUID *ClassGuid, PCWSTR Enumerator,
                                          HWND hwndParent, DWORD Flags);
```

在设备查找函数 SetupDiGetClassDevsW 中,参数 ClassGuid 指向设备安装程序类或设备接口类的 GUID 的指针(该指针是可选的,用于枚举设备接口信息),ClassGuid 可以是服务 UUID,也可以为 NULL;参数 Enumerator 为指向字符串的指针,该字符串指定一个设备 ID 或插件标识符,如 PCI 指定 PCI 接口设备,USB 指定 USB 设备;参数 hwndParent 为设备安装实例的顶级窗口句柄(是可选参数);参数 Flags 指定了获取设备的参数信息,支持的 Flags 参数如表 5-11 所示。

表 5-11 SetupDiGetClassDevsW 函数支持的 Flags 参数

参数	描述
DIGCF_ALLCLASSES	返回所有设备安装类或所有设备接口类的已安装设备的列表
DIGCF_DEVICEINTERFACE	返回支持指定设备接口类的设备接口的设备,如果 Enumerator 参数指定了设备实例 ID,则必须在 Flags 中设置该参数
DIGCF_DEFAULT	对于指定的设备接口类,仅返回与系统默认设备接口关联的设备
DIGCF_PRESENT	只返回系统中当前存在的设备
DIGCF_PROFILE	只返回属于当前硬件配置文件的设备

获取的设备信息将指向 HDEVINFO 结构。下面代码为通过 SetupDiGetClassDevs 接口获取设备信息的示例。

```
HDEVINFO DeviceInfoSet;
//获取所有设备列表
DeviceInfoSet = SetupDiGetClassDevs(NULL, NULL, NULL,
                                    DIGCF_ALLCLASSES | DIGCF_PRESENT);
ZeroMemory(&DeviceInfoData, sizeof(SP_DEVINFO_DATA));   //数据清零
DeviceInfoData.cbSize = sizeof(SP_DEVINFO_DATA);
DeviceIndex = 0;
//枚举获取的设备信息
while (SetupDiEnumDeviceInfo(DeviceInfoSet, DeviceIndex,
                            &DeviceInfoData)) {
    DeviceIndex++;
    if (!SetupDiGetDeviceProperty(DeviceInfoSet, &DeviceInfoData,
            &DEVPKEY_Device_Class, &PropType, (PBYTE)&DevGuid, sizeof(GUID), &Size, 0)
                || PropType != DEVPROP_TYPE_GUID) {
        Error = GetLastError();
        if (Error == ERROR_NOT_FOUND) {
            //未查找到设备
        }
    }
}
//获取设备信息结束后需要 Destroy DeviceInfoSet
if (DeviceInfoSet) {
    SetupDiDestroyDeviceInfoList(DeviceInfoSet);
}
```

通过 SetupDiGetClassDevs 函数获取设备信息的集合后，可通过函数 SetupDiEnumDeviceInterfaces 进一步查找设备接口的信息。设备接口详细信息 DeviceInterfaceDetailDataA 的定义如下，其结构包含了设备的路径信息 DevicePath。

```
WINSETUPAPI BOOL SetupDiGetDeviceInterfaceDetailA(
    HDEVINFO                              DeviceInfoSet,
    PSP_DEVICE_INTERFACE_DATA             DeviceInterfaceData,
    //设备接口详细信息
    PSP_DEVICE_INTERFACE_DETAIL_DATA_A DeviceInterfaceDetailData,
    DWORD                                 DeviceInterfaceDetailDataSize,
    PDWORD                                RequiredSize,
    PSP_DEVINFO_DATA                      DeviceInfoData);
typedef struct _SP_DEVICE_INTERFACE_DETAIL_DATA_A {
    DWORD   cbSize;
    //设备接口的详细信息中包含设备路径 DevicePath
    CHAR    DevicePath[ANYSIZE_ARRAY];
} SP_DEVICE_INTERFACE_DETAIL_DATA_A, *PSP_DEVICE_INTERFACE_DETAIL_DATA_A;
```

App 可以遍历主机连接的所有设备，获取设备的接口路径信息，使用路径信息创建文件描述符，最终通过该文件描述符来和设备进行交互。SetupDiGetDeviceInterfaceDetail 函数获取设备接口路径信息的示例如下。

```
SP_DEVICE_INTERFACE_DATA did;
did.cbSize = sizeof(SP_DEVICE_INTERFACE_DATA);
//遍历设备信息集合，获取 SP_DEVICE_INTERFACE_DATA 接口
for (DWORD i = 0; SetupDiEnumDeviceInterfaces(hDI, NULL, &BluetoothInterfaceGUID,
    i, &did); i++) {
    //省略部分代码
    DWORD size = 0;
    //获取设备接口信息缓冲区大小
    if (!SetupDiGetDeviceInterfaceDetail(hDI, &did, NULL, 0, &size, 0)) {
        //构建接口缓冲区
        PSP_DEVICE_INTERFACE_DETAIL_DATA pInterfaceDetailData =
                        (PSP_DEVICE_INTERFACE_DETAIL_DATA)GlobalAlloc (GPTR, size);
        //再次获取接口详细信息
        if (SetupDiGetDeviceInterfaceDetail(hDI, &did, pInterfaceDetailData, size,
&size, &dd)){
                //获取设备接口
                LOGI(TAG, "Device Found:%s", pInterfaceDetailData->DevicePath);
        }
    }
}
```

在获取设备接口路径后，需要判断查找的设备是否为要连接的目标设备。目标设备的
VID（企业 ID）和 PID（产品 ID）在发起连接请求时已经指定，这里需要把遍历到的设备
接口路径中 VID/PID 与目标设备中的 VID/PID 进行匹配。匹配的示例代码如下所示。

```
bool matchBleDevice(string target, shared_ptr<BluetoothDeviceInfo> device)
{
    //正则匹配规则，匹配设备路径中的 VID 与 PID
    regex RCSP_Pattern("^bthledevice#\\{0000af00-0000-1000-8000-00805f9b34fb\\}" \
                    "_dev_vid&02(\\w+)_pid&(\\w+)_rev&(\\w+)#");
    smatch RCSP_Result;
    bool match = false;
    int vid, pid;
    string bleRev;
    try {
        match = regex_search(target, RCSP_Result, RCSP_Pattern);
    }
    catch (std::exception & ex) {
        std::cout << "error:" << ex.what() << std::endl;
        return false;
    }
    //匹配结果中的 VID/PID/MAC 地址
    if (match && RCSP_Result.size() == 4) {
        vid = (int)std::stoul(RCSP_Result[1], 0, 16);
        pid = (int)std::stoul(RCSP_Result[2], 0, 16);
        bleRev = string(RCSP_Result[3]);
        //校验 VID、PID
```

```
    if (device->getVendorID() == vid && device->getProductId() == pid) {
        //若 DeviceBleRev 非空，说明设备非首次连接，检验 MAC 地址是否匹配查找的设备
        if (!device->getDeviceExt()->getDeviceBleRev().empty()) {
            if (stricmp(device->getDeviceExt()->getDeviceBleRev().c_str(),
            bleRev.c_str()) == 0) {
                LOGI(TAG, "matchBleDevice");
                return true;
            }
            else {
                LOGE(TAG, "matchBleDevice not match ");
            }
        }
    }
    LOGE(TAG, "RCSP_Pattern vid pid not match:%x %x ",
            device->getVendorID(), device->getProductId());
    return false;
}
```

在查询到设备 VID、PID 符合目标设备的特征时，小爱蓝牙 SDK 将打开与设备通信的文件接口，即使用 CreateFile 函数打开设备通信的文件接口，创建设备描述符。CreateFilie 函数用于创建或者打开一个文件或 I/O 设备。如函数执行成功，则返回文件句柄。若函数返回 INVALID_HANDLE_VALUE 则表示出错，会设置 GetLastError。

在获取鼠标设备的接口信息后，应用程序使用创建设备描述符接口创建设备通信句柄。CreateFile 函数的定义如下。

```
HANDLE WINAPI CreateFile(
        _In_      LPCTSTR lpFileName,
        _In_      DWORD dwDesiredAccess,
        _In_      DWORD dwShareMode,
        _In_opt_  LPSECURITY_ATTRIBUTES lpSecurityAttributes,
        _In_      DWORD dwCreationDisposition,
        _In_      DWORD dwFlagsAndAttributes,
        _In_opt_  HANDLE hTemplateFile);
```

CreatFile 函数中各个参数的定义如表 5-12 所示。

表 5-12　CreatFile 函数的参数定义

参数	描述
lpFileName	要打开的文件的名字
dwDesiredAccess	GENERIC_READ 表示允许对设备进行读访问； GENERIC_WRITE 表示允许对设备进行写访问； 0 表示只允许获取与一个设备有关的信息

续表

参数	描述
dwShareMode	0 表示不共享； FILE_SHARE_READ 或 FILE_SHARE_WRITE 表示允许对文件进行共享访问
lpSecurityAttributes	一个指向 SECURITY_ATTRIBUTES 结构的指针，定义了文件的安全特性
dwCreationDisposition	CREATE_NEW：创建文件，如文件存在则会出错； CREATE_ALWAYS：创建文件，会改写前一个文件； OPEN_EXISTING：文件必须已经存在； OPEN_ALWAYS：如文件不存在则创建它； TRUNCATE_EXISTING：将现有文件的长度缩短为 0
dwFlagsAndAttributes	指定了安全质量服务（SQoS）信息
hTemplateFile	如果不为 0，则指定一个文件句柄，新文件将从这个文件中复制扩展属性

创建设备句柄的示例代码如下。在获取到设备句柄后，通过 Windows 提供的接口可以进一步与设备建立通信。

```
HANDLE creatDeviceHandle(string path)
{
    HANDLE handle = NULL;
    HANDLE m_deviceHandle = INVALID_HANDLE_VALUE;
    //创建句柄
    handle = CreateFile(
        path.c_str(),
        GENERIC_WRITE | GENERIC_READ,
        FILE_SHARE_READ | FILE_SHARE_WRITE,
        NULL,
        OPEN_EXISTING,
        0,
        NULL);
    if (handle != INVALID_HANDLE_VALUE) {
        m_deviceHandle = handle;
    }
    return m_deviceHandle;
}
```

2. 收发鼠标数据

前文介绍了如何查找鼠标设备。在查找到鼠标路径后，最终通过 CreateFile 打开设备节点的文件描述符。这里将进一步介绍计算机上的 App 如何与鼠标建立 BLE 通道，以及如何收发鼠标的 BLE 数据。

前文提到，微软公司在 2012 年推出的 Windows 8 系统中引入了对低功耗蓝牙的支持。在开发低功耗蓝牙应用时，需要用到通用属性协议（GATT）。GATT 定义了一个或多个服务来创建用例或场景，服务由特性（Characteristic）来构建与组织。Windows 定义了一组函数，用于对低功耗蓝牙外设进行数据读写。在开发应用程序时，需要包含 bluetoothleapis.h 头文件。表 5-13 定义了 bluetoothleapis.h 提供的常用接口函数。

表 5-13 bluetoothleapis 接口函数

函数	描述
BluetoothGATTAbortReliableWrite	终止写数据
BluetoothGATTBeginReliableWrite	开始写数据
BluetoothGATTEndReliableWrite	结束写数据
BluetoothGATTGetCharacteristics	获取 GATT 服务特性
BluetoothGATTGetCharacteristicValue	获取特性值
BluetoothGATTGetDescriptors	获取特性支持的描述
BluetoothGATTGetDescriptorValue	获取指定的描述值
BluetoothGATTGetIncludedServices	获取设备包含的引用服务
BluetoothGATTGetServices	获取设备包含的服务
BluetoothGATTRegisterEvent	注册对特性监听的回调
BluetoothGATTSetCharacteristicValue	设置特性值
BluetoothGATTSetDescriptorValue	设置描述值
BluetoothGATTUnregisterEvent	注销对特性监听的回调
BluetoothSetLocalServiceInfo	设置本地蓝牙服务信息

（1）GATT 服务发现

用于设备服务发现的函数原型如下。

```
HRESULT BluetoothGATTGetServices(
        HANDLE              hDevice,
        USHORT              ServicesBufferCount,
        PBTH_LE_GATT_SERVICE ServicesBuffer,
        USHORT              *ServicesBufferActual,
        ULONG               Flags);
```

参数 hDevice 表示蓝牙设备的句柄；参数 ServicesBufferCount 是为 ServicesBuffer 参数分配的元素数；参数 ServicesBuffer 表示指向 BTH_LE_GATT_SERVICE 结构的指针，用于获取 GATT 服务的数据；参数 ServicesBufferActual 是一个指针，用于获取 GATT 的服务数量；参数 Flags 用于修改 BluetoothGattGetServices 行为，其中 BLUETOOTH_GATT_FLAG_NONE 值表示客户端没有指明 GATT 具体要求。

GATT 服务的定义如下。

```
typedef struct _BTH_LE_GATT_SERVICE {
```

```
    BTH_LE_UUID ServiceUuid;
    USHORT      AttributeHandle;
} BTH_LE_GATT_SERVICE, *PBTH_LE_GATT_SERVICE;
```

ServiceUuid 表示 GATT 服务通用唯一标识符（UUID）；AttributeHandle 表示 GATT 配置文件属性的句柄。

获取鼠标服务的代码示例如下，其中 deviceHandle 表示查找到的鼠标设备。

```
//在获取蓝牙服务前，首先通过 BluetoothGATTGetServices 获取到设备蓝牙服务的数量
USHORT serviceBufferCount;
HRESULT hr = BluetoothGATTGetServices(deviceHandle, 0, NULL, &serviceBufferCount,
                            BLUETOOTH_GATT_FLAG_NONE);
/* 在获取到 serviceBufferCount 后，构建 ServicesBuffer，再次调用 BluetoothGATTGetServices
   获取设备服务 */
shared_ptr<BTH_LE_GATT_SERVICE> services (
        new BTH_LE_GATT_SERVICE[serviceBufferCount]);
USHORT actual_count = serviceBufferCount;
hr = BluetoothGATTGetServices(
        deviceHandle, actual_count, services.get(), &serviceBufferCount,
                        BLUETOOTH_GATT_FLAG_NONE);
```

（2）特性发现

在获取服务后，可以依据服务进一步获取服务的特性。BluetoothGATTGetCharacteristics 函数可获取指定服务的所有特性，具体如下。

```
HRESULT BluetoothGATTGetCharacteristics(
    HANDLE                   hDevice,
    PBTH_LE_GATT_SERVICE     Service,
    USHORT                   CharacteristicsBufferCount,
    PBTH_LE_GATT_CHARACTERISTIC CharacteristicsBuffer,
    USHORT                   *CharacteristicsBufferActual,
    ULONG                    Flags);
```

其中，参数 hDevice 表示设备或服务句柄；参数 Service 表示从 BluetoothGATTGetServices 函数中获取的服务；参数 CharacteristicsBufferCount 表示为 characteristicuffer 参数分配的元素数；参数 CharacteristicsBuffer 指向结构为 PBTH_LE_GATT_CHARACTERISTIC 的指针；参数 CharacteristicsBufferActual 指向返回服务中 CharacteristicsBuffer 分配的实际元素数。

服务特性 BTH_LE_GATT_CHARACTERISTIC 的结构定义如下，它描述了特性的可读、可写和可订阅等权限要求。

```
typedef struct _BTH_LE_GATT_CHARACTERISTIC {
    USHORT ServiceHandle;
    BTH_LE_UUID CharacteristicUuid;
    USHORT AttributeHandle;
```

```
    USHORT CharacteristicValueHandle;
    BOOLEAN IsBroadcastable;
    BOOLEAN IsReadable;
    BOOLEAN IsWritable;
    BOOLEAN IsWritableWithoutResponse;
    BOOLEAN IsSignedWritable;
    BOOLEAN IsNotifiable;
    BOOLEAN IsIndicatable;
    BOOLEAN HasExtendedProperties;
} BTH_LE_GATT_CHARACTERISTIC, *PBTH_LE_GATT_CHARACTERISTIC;
```

需要以遍历的方式获取服务特性，示例代码如下。

```
//首先获取服务中特性的数量 charBufferCount
BluetoothGATTGetCharacteristics( deviceHandle, &service, 0,
              NULL, &charBufferCount, BLUETOOTH_GATT_FLAG_NONE);
HRESULT hr;
//构建 Characteristics buffer，用于存储特性数据
shared_ptr<BTH_LE_GATT_CHARACTERISTIC> gatt_characteristics(new
                        BTH_LE_GATT_CHARACTERISTIC[charBufferCount]);
USHORT actual_count = charBufferCount;
//从服务中获取该服务的所有特性
hr = BluetoothGATTGetCharacteristics(deviceHandle, &service, actual_count,
          gatt_characteristics.get(), &charBufferCount, BLUETOOTH_GATT_FLAG_NONE);
//获取的特性可以根据 CharacteristicUuid 查看对应的 UUID
PBTH_LE_GATT_CHARACTERISTIC currGattChar;
for (int i = 0; i < actual_count; i++) {
    currGattChar = &gatt_characteristics.get()[i];
    if (currGattChar->CharacteristicUuid.IsShortUuid) {
        //打印特性的 UUID
        LOGD(TAG, "BluetoothGATTGetCharacteristics UUID 0x%x",
                    currGattChar->CharacteristicUuid.Value.ShortUuid);
    }
}
```

（3）数据读

在获取特性后，可读取特性值。BluetoothGATTGetCharacteristicValue 函数用于获取指定特性的数据，其声明如下。

```
HRESULT BluetoothGATTGetCharacteristicValue(
      HANDLE                        hDevice,
      PBTH_LE_GATT_CHARACTERISTIC   Characteristic,
      ULONG                         CharacteristicValueDataSize,
      PBTH_LE_GATT_CHARACTERISTIC_VALUE CharacteristicValue,
      USHORT                        *CharacteristicValueSizeRequired,
      ULONG                         Flags);
```

　　其中，参数 hDevice 表示服务的句柄；参数 Characteristic 指向要检索的特性值的父特性指针；参数 CharacteristicValueDataSize 表示为 CharacteristicValue 参数分配的字节数；参数 CharacteristicValue 表示指向要将特性值返回到其中的缓冲区的指针；参数 CharacteristicValueSizeRequired 表示指向所需字节数的缓冲区的指针，缓冲区的大小依据参数 CharacteristicValueSizeRequired 的返回值创建。

　　读取的特性值 CharacteristicValue 具有如下的数据结构，其中包含数据的 DataSize 与指向特性值数据的指针。

```
typedef struct _BTH_LE_GATT_CHARACTERISTIC_VALUE {
    ULONG DataSize;
    UCHAR *Data[];
} BTH_LE_GATT_CHARACTERISTIC_VALUE, *PBTH_LE_GATT_CHARACTERISTIC_VALUE;
```

　　读取指定特性数据的示例代码如下。在 BluetoothGATTGetCharacteristicValue 函数中通过指定特性 m_Characteristic 参数来获取指定特性的数据。

```
//获取数据的buffer length
USHORT required_length = 0;
HRESULT hr = BluetoothGATTGetCharacteristicValue(&m_deviceHandle, &m_Characteristic,
                          0, NULL, &required_length, BLUETOOTH_GATT_FLAG_NONE);
//构建数据buffer
shared_ptr<BTH_LE_GATT_CHARACTERISTIC_VALUE>value(
                        reinterpret_cast<BTH_LE_GATT_CHARACTERISTIC_VALUE*>(
                        new UINT8[required_length]));
RtlZeroMemory(value.get(), required_length);
value.get()->DataSize = required_length;
//读取数据CharacteristicValue
USHORT actual_length = required_length;
hr = BluetoothGATTGetCharacteristicValue(m_deviceHandle, &m_Characteristic,
            actual_length, value.get(), &required_length, BLUETOOTH_GATT_FLAG_NONE);
```

（4）数据写

　　在获取到特性后，若特性支持数据写入，则可依据特性写入数据。BluetoothGATTSetCharacteristicValue 函数定义了如何向特性中写入数据，其函数声明如下。

```
HRESULT BluetoothGATTSetCharacteristicValue(
    HANDLE                          hDevice,
    PBTH_LE_GATT_CHARACTERISTIC     Characteristic,
    PBTH_LE_GATT_CHARACTERISTIC_VALUE  CharacteristicValue, ReliableWriteContext
    BTH_LE_GATT_RELIABLE_WRITE_CONTEXT ReliableWriteContext,
    ULONG                           Flags);
```

　　其中，参数 hDevice 表示服务的句柄；参数 Characteristic 指向要检索的特性值的父特性指针；参数 CharacteristicValue 表示要写入的数据；ReliableWriteContext 参数是 BluetoothGATTBeginReliableWrite 方法的返回值；Flags 表示用于修改 BluetoothGATTSetCharacteristicValue 的行为的标识。Flags 可用值的定义如表 5-14 所示。

表 5-14 Flags 的可用值

Flags	描述
BLUETOOTH_GATT_FLAG_NONE	客户端未指定特殊的 GATT 要求
BLUETOOTH_GATT_FLAG_CONNECTION_ENCRYPTED	要求数据在 GATT 加密通道传输
BLUETOOTH_GATT_FLAG_CONNECTION_AUTHENTICATED	要求数据在 GATT 认证通道传输
BLUETOOTH_GATT_FLAG_WRITE_WITHOUT_RESPONSE	要求数据写入而不回复
BLUETOOTH_GATT_FLAG_SIGNED_WRITE	带签名的写入

向鼠标服务的特性中写入数据的代码示例如下。有效数据需要先存储到 BTH_LE_GATT_CHARACTERISTIC_VALUE 结构中，之后再调用函数接口写入设备。

```
HRESULT BleCharacteristic::writeDataToBleDevice(unsigned char* data, int length) {
    HRESULT hr;
    if (m_Characteristic.IsWritableWithoutResponse) {
        m_Characteristic_val->DataSize = (ULONG)length;
        memcpy(m_Characteristic_val->Data, data, length);
        hr = BluetoothGATTSetCharacteristicValue(
                m_deviceHandle,
                &m_Characteristic,
                m_Characteristic_val,
                NULL,
                BLUETOOTH_GATT_FLAG_WRITE_WITHOUT_RESPONSE);
        return hr;
    }
    return ERROR_ACCESS_DENIED;
}
```

（5）注册数据通知

属性协议（Attribute Protocol，ATT）定义了服务器主动将数据发送到客户端的操作，称为通知（Notification）指令。App 可注册数据通知，用于获取鼠标特性的通知数据。注册事件函数为 BluetoothGATTRegisterEvent，该函数的参数中有一个函数指针（即 Callback），这个函数指针指向处理鼠标事件的回调函数，当特性句柄标识的特性值发生变更时，将触发对注册的回调函数的回调。

用于注册 GATT 特性通知的回调函数的定义如下。

```
HRESULT BluetoothGATTRegisterEvent(
            HANDLE                       hService,
            BTH_LE_GATT_EVENT_TYPE       EventType,
```

```
        PVOID                                EventParameterIn,
        PFNBLUETOOTH_GATT_EVENT_CALLBACK Callback,
        PVOID                                CallbackContext,
        BLUETOOTH_GATT_EVENT_HANDLE      *pEventHandle,
        ULONG                                Flags);
```

在 BluetoothGATTRegisterEvent 函数中，各个参数的定义如下。

- 参数 hService 表示服务句柄。
- 参数 EventType 目前只支持特性值发生变化的事件。
- EventParameterln 指向 BLUETOOTH_GATT_VALUE_CHANGED_EVENT_ REGISTRATION 结构，该结构中包含监听特性的描述，如 UUID。
- 参数 Callback 是注册的回调函数，用于处理接收到的特性数据。
- 参数 CallbackContext 指向传递给回调函数的参数。
- 参数 pEventHandle 在注销回调时作为参数传递给 BluetoothGATTUnregisterEvent，注销对指定特性的监听。
- 参数 Flags 用于改变 BluetoothGATTRegisterEvent 的行为，其默认值为 BLUETOOTH_ GATT_FLAG_NONE。

App 注册事件通知的代码示例如下。

```
HRESULT registerNotificationCallBack(void* onBleDataNotification, void *args)
{
    HRESULT hr = S_FALSE;
    if (m_Characteristic.IsNotifiable) {
        //EventParameterIn 参数描述监听的特性
        BLUETOOTH_GATT_VALUE_CHANGED_EVENT_REGISTRATION EventParameterIn;
        EventParameterIn.Characteristics[0] = m_Characteristic;
        EventParameterIn.NumCharacteristics = 1;
        hr = BluetoothGATTRegisterEvent(
                m_deviceHandle,
                CharacteristicValueChangedEvent,
                (PVOID)&EventParameterIn,
                //onBleDataNotification 表示实际的回调函数
                (PFNBLUETOOTH_GATT_EVENT_CALLBACK)onBleDataNotification,
                args,
                &m_eventHandle,  //BLUETOOTH_GATT_EVENT_HANDLE 描述注册事件句柄
                BLUETOOTH_GATT_FLAG_NONE);
    }
    return hr;
}
```

当设备使用指定特性传输数据时，将触发 App 注册的回调接口。回调函数处理 BLE 数据的代码示例如下。

```
void CALLBACK onBleDataNotification(_In_ BTH_LE_GATT_EVENT_TYPE EventType,
                          _In_ PVOID EventOutParameter, _In_opt_ PVOID Context)
{
    PBLUETOOTH_GATT_VALUE_CHANGED_EVENT ValueChangedEventParameters =
                       (PBLUETOOTH_GATT_VALUE_CHANGED_EVENT)EventOutParameter;
    //BLE 数据通知长度
    int rawDataLen = ValueChangedEventParameters->CharacteristicValue->DataSize;
    //BLE 数据通知内容
    UCHAR* pdata = &ValueChangedEventParameters->CharacteristicValue->Data[0];
        //数据处理的代码，根据实际业务需求而定，这里省略
}
```

（6）注销数据通知

BluetoothGATTUnregisterEvent 函数用于注销对指定事件的监听，也即注销指定的特性通知。EventHandle 表示上一次调用 BluetoothGATTRegisterEvent 时返回的句柄；Flags 表示对 BluetoothGATTUnregisterEvent 行为的修改，默认为 BLUETOOTH_GATT_FLAG_NONE。BluetoothGATTUnregisterEvent 函数的声明如下。

```
HRESULT BluetoothGATTUnregisterEvent(BLUETOOTH_GATT_EVENT_HANDLE EventHandle,
                          ULONG Flags);
```

当计算机与鼠标连接断开时，App 注销对鼠标指定事件的监听。相应的代码示例如下。

```
HRESULT BleCharacteristic::unregisterNotificationCallBack()
{
    HRESULT hr = S_FALSE;
    if (m_eventHandle != INVALID_HANDLE_VALUE) {
        hr = BluetoothGATTUnregisterEvent(m_eventHandle, BLUETOOTH_GATT_FLAG_NONE);
        if (hr == S_OK) {
            m_eventHandle = INVALID_HANDLE_VALUE;
        }
    }
    return hr;
}
```

3. 监听鼠标连接状态

小爱鼠标在休眠时会主动断开与计算机的连接。断开连接后 App 的页面同时也会更改鼠标的状态信息。App 需要能够及时检测到鼠标的状态变化。围绕着如何及时响应鼠标状态改变的问题，我们来看一下 Windows 应用程序如何进行消息传递，以及如何检测设备硬件状态的改动。

Windows 是消息驱动型系统，应用程序之间、应用程序与系统之间的通信，都是依赖消息进行传递的。在设备管理中，当设备硬件配置或计算机状态发生变化时，系统会给正在运行的应用程序的窗口发送消息。窗口线程内维护着线程的消息队列，当接收到系统的

消息时，线程通过回调处理接收到的各种消息。

Windows 使用如下结构体定义消息。

```
typedef struct tagMSG {
    HWND    hwnd;
    UINT    message;
    WPARAM wParam;
    LPARAM lParam;
    DWORD   time;
    POINT   pt;
    DWORD   lPrivate;
} MSG, *PMSG, *NPMSG, *LPMSG;
```

其中，message 表示消息的具体类型，wParam、lParam 是 32 位的消息附加字段，表示具体的消息内容。不同的消息类型，其附加内容也不一样。

消息的接收与处理在线程的消息循环中执行，如下是消息循环的基本框架。

```
MSG msg;
while (GetMessage(&msg, NULL, 0, 0))
{
    if (msg.message == THRD_MESSAGE_EXIT) {
        LOGI(TAG, "exit system DeviceManager");
        break;
    }
    TranslateMessage(&msg);   //转换消息
    DispatchMessage(&msg);   //分发消息
}
```

TranslateMessage 函数用于将快捷键消息转换为字符消息，并将转换后的新消息投递到调用线程的消息队列中。由于 Windows 针对键盘编码采用的是虚拟键的定义，当按键按下时并得不到字符消息，因此需要将键盘映射转换为字符的消息。TranslateMessage 函数会查询消息中是否有字符键的消息。如果有，就产生 WM_CHAR 消息；如果没有，就不会产生消息。字符消息在被投递到调用线程的消息队列中后，当下一次调用 GetMessage 函数时，就会将其取出。

DipatchMessage 函数的功能是将消息派送给窗口，即调度从 GetMessage 函数中取得的消息。消息被调度到窗口后，由窗口在注册时指定的回调函数处理消息。

要在 Windows 上创建窗口，首先需要先注册一个窗口类。窗口类用来控制窗口的一些公共属性，如窗口类型和样式等。窗口类的结构定义如下。

```
typedef struct tagWNDCLASSA {
    UINT        style;
    WNDPROC     lpfnWndProc;
    int         cbClsExtra;
```

```
    int         cbWndExtra;
    HINSTANCE   hInstance;
    HICON       hIcon;
    HCURSOR     hCursor;
    HBRUSH      hbrBackground;
    LPCSTR      lpszMenuName;
    LPCSTR      lpszClassName;
} WNDCLASSA, *PWNDCLASSA, *NPWNDCLASSA, *LPWNDCLASSA;
```

窗口类中比较重要的成员是 **lpfnWndProc**，它就是上面所说的窗口在注册时指定的回调函数。在窗口类填充数据成员后，调用 RegisterClass 函数即可完成对窗口的注册，在窗口注册后就可以通过窗口类别的名称来创建窗口。

```
//创建窗口结构
WNDCLASS wc = { 0 };
//设置窗口处理函数
wc.lpfnWndProc = WndProc;
wc.hInstance = GetModuleHandle(NULL);
wc.lpszClassName = CLASS_NAME;
//注册窗口类
if (0 == RegisterClass(&wc)) {
    LOGE(TAG, "DeviceManagerRegisterClass fail");
    return -1;
}
//创建窗口
if (!CreateMessageOnlyWindow()) {
    LOGE(TAG, "CreateMessageOnlyWindow fail");
    return -1;
}
//注册窗口监听事件
RegisterDeviceNotify();
```

在创建窗口时使用了 **CreateWindowEx** 函数。该函数的参数中指定了窗口的扩展风格，如窗口大小、是否可见等。如下代码表示创建一个隐藏的窗口。

```
bool CreateMessageOnlyWindow()
{
    HWND hWnd;
    hWnd = CreateWindowEx(0, CLASS_NAME, _T(""), WS_OVERLAPPEDWINDOW,
        CW_USEDEFAULT, CW_USEDEFAULT, CW_USEDEFAULT, CW_USEDEFAULT,
        NULL, NULL, GetModuleHandle(NULL), NULL);
    //省略部分代码
}
```

在注册窗口类时，窗口类参数中指定了回调函数。这个函数就是窗口处理函数。每一个窗体对象都使用窗体处理函数（WindowProc）来处理接收到的各种消息。该函数的声明如下。

```
LRESULT CALLBACK WindowProc(HWND hwnd, UINT uMsg, WPARAM wParam, LPARAM lParam);
```

其中，hwnd 表示当前窗口的句柄，uMsg 是系统发过来的消息，wParam 与 lParam 都是消息参数，标识了具体的消息类型。窗口处理函数处理消息的框架代码如下。

```
LRESULT CALLBACK WndProc(HWND hWnd, UINT message, WPARAM wParam, LPARAM lParam)
{
    switch (message)
    {
    case WM_PAINT:
        break;
    case WM_SIZE:
        break;
    case WM_DEVICECHANGE:
        return DeviceChange(message, wParam, lParam);
    }
    return DefWindowProc(hWnd, message, wParam, lParam);
}
```

参数 wParam 表示设备变化的事件（见表 5-15），其值为无符号整数。

表 5-15　wParam 参数含义

参数	描述
DBT_CONFIGCHANGECANCELED	取消当前更改配置的请求
DBT_CONFIGCHANGED	当前配置已更改
DBT_CUSTOMEVENT	发生自定义事件
DBT_DEVICEARRIVAL	设备或介质已插入，现在可用
DBT_DEVICEQUERYREMOVE	请求删除设备
DBT_DEVICEQUERYREMOVEFAILED	请求删除设备失败
DBT_DEVICEREMOVECOMPLETE	设备或媒体已经被删除
DBT_DEVICEREMOVEPENDING	设备或媒体即将被删除
DBT_DEVICETYPESPECIFIC	设备特定事件
DBT_DEVNODES_CHANGED	已将设备添加到系统或从系统中删除
DBT_QUERYCHANGECONFIG	请求更改当前配置
DBT_USERDEFINED	用户自定义消息

　　蓝牙的连接事件与 USB 插拔事件类似。为了获取蓝牙的连接事件，应用程序在注册窗口类并创建窗口后，还需要通过函数 RegisterDeviceNotificationA 注册对系统硬件变化事件的监听，才可以在设备和计算机发生硬件配置变化时，收到消息。RegisterDeviceNotificationA 函数的声明如下。

```
HDEVNOTIFY RegisterDeviceNotificationA(
    HANDLE hRecipient,
    LPVOID NotificationFilter,
    DWORD  Flags
);
```

其中，hRecipient 是当前窗口的句柄（如果是服务，则是服务句柄），NotificationFilter 是指向数据块的指针，该数据块指定发送通知的设备类型。数据块结构的开头是下面的结构成员。

```
typedef struct _DEV_BROADCAST_DEVICEINTERFACE_A {
    DWORD dbcc_size;            //当前结构的总大小（按字节计算）
    DWORD dbcc_devicetype;      //指定哪些设备在发生变动时需要通知程序
    DWORD dbcc_reserved;        //保留位
    GUID  dbcc_classguid;       //接口设备类的 GUID
    char  dbcc_name[1];         //指定设备的名称
} DEV_BROADCAST_DEVICEINTERFACE_A, *PDEV_BROADCAST_DEVICEINTERFACE_A;
```

Flags 用于指定第一个参数 hRecipient 的类型，它的取值有 DEVICE_NOTIFY_WINDOW_HANDLE（句柄是窗口句柄）、DEVICE_NOTIFY_SERVICE_HANDLE（句柄是服务句柄）。如果第二个参数 NotificationFilter 中的 dbcc_devicetype 类型指定为 DBT_DEVTYP_DEVICEINTERFACE，则 Flags 还可以取 DEVICE_NOTIFY_ALL_INTERFACE_CLASSES（表示不需要过滤消息，所有的设备变动都需要通知程序）。

窗口 RegisterDeviceNotification 的示例代码如下。代码中的静态数组 GUID_DEVINTERFACE_LIST 列举了蓝牙设备类的全局唯一标识符（Globally Unique Identifier，GUID）。当蓝牙的连接状态发生变化时，窗口将在 WndProc 的回调中接收到消息。

```
static const GUID GUID_DEVINTERFACE_LIST[] =
{
    //低功耗蓝牙设备
    { 0x378DE44C, 0x56EF, 0x11D1, { 0xBC, 0x8C, 0x00, 0xA0, 0xC9, 0x14, 0x05, 0DD } },
    //蓝牙设备
    { 0xe0cbf06c, 0xcd8b, 0x4647, { 0xBb, 0x8a, 0x26, 0x3b, 0x43, 0xf0, 0xf9, 0x74 } },
};
//注册监听设备的状态变化
void RegisterDeviceNotify()
{
    HDEVNOTIFY hDevNotify = NULL;
    //遍历监听的 GUID
    for (int i = 0; i < sizeof(GUID_DEVINTERFACE_LIST) / sizeof(GUID); i++)
    {
        DEV_BROADCAST_DEVICEINTERFACE NotificationFilter;
        ZeroMemory(&NotificationFilter, sizeof(NotificationFilter));
        NotificationFilter.dbcc_size = sizeof(DEV_BROADCAST_DEVICEINTERFACE);
```

```
        NotificationFilter.dbcc_devicetype = DBT_DEVTYP_DEVICEINTERFACE;
        //设置 GUID 参数
        NotificationFilter.dbcc_classguid = GUID_DEVINTERFACE_LIST[i];
        hDevNotify = RegisterDeviceNotification(hWnd, &NotificationFilter,
                                  DEVICE_NOTIFY_WINDOW_HANDLE);
    }
}
```

前面在窗口处理消息的框架代码中提到，消息处理函数 WndProc 若接收到系统的设备状态改变消息 WM_DEVICECHANGE，则进入该消息的事件处理函数 DeviceChange。回调的参数 wParam 与 lParam 描述了消息的具体信息。wParam 为 DBT_DEVICEARRIVAL 时，表示设备连接；wParam 为 DBT_DEVICEREMOVECOMPLETE 时，表示设备断开。

消息的事件处理函数 DeviceChange 的示例代码如下。

```
LRESULT DeviceChange(UINT message, WPARAM wParam, LPARAM lParam)
{
    //判断设备连接或设备断开
    if (DBT_DEVICEARRIVAL == wParam || DBT_DEVICEREMOVECOMPLETE == wParam)
    {
        PDEV_BROADCAST_HDR pHdr = (PDEV_BROADCAST_HDR)lParam;
        PDEV_BROADCAST_DEVICEINTERFACE pDevInf;
        switch (pHdr->dbch_devicetype)
        {
            case DBT_DEVTYP_DEVICEINTERFACE:
                pDevInf = (PDEV_BROADCAST_DEVICEINTERFACE)pHdr;
                //更新设备状态
                UpdateDevice(pDevInf, wParam);
                break;
        }
    }
    return 0;
}
```

4. 检测鼠标连接状态

App 在查找鼠标时，一般通过 SetupDiEnumDeviceInterfaces 接口枚举设备。这种查找方式虽然能遍历出所有符合 InterfaceClassGuid 要求的设备，但存在一个问题，即如果主机曾经连接过多个鼠标，则在设备管理界面中将会有多个设备的历史记录，这导致 App 在查找鼠标时会查询到多个设备。而当前可用设备实际上可能只有一个，无效设备无法建立 BLE 连接。因此在设备查找阶段，App 需要对鼠标的连接状态进行过滤，只有有效连接的设备才能建立服务连接。

在 Windows 的蓝牙系统界面，显示了电脑曾连接过的蓝牙设备列表，如图 5-22 所示。蓝牙鼠标"Mi Smart Mouse"在蓝牙断开时，其连接状态显示"已配对"，在设备保持连接时，其连接状态显示"已连接"。

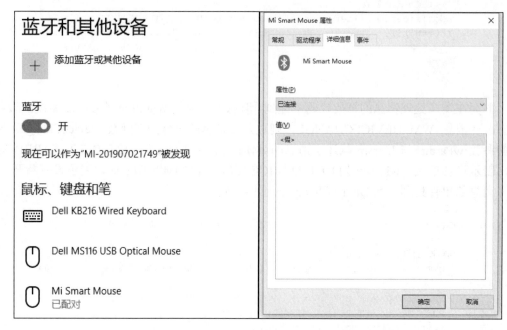

图 5-22　Windows 系统下的蓝牙设备连接列表

进一步在设备管理界面中找到鼠标设备，查看蓝牙设备的属性。当设备处于"已配对"状态时，设备属性"已连接"显示为"假"；当设备处于"已连接"状态时，设备属性"已连接"显示为"真"。因此，需要获取设备的"已连接"属性，并判断属性当前是否为真，这样就能判断鼠标是否处于"已连接"状态。

CM_Get_DevNode_Status 函数定义了从本机设备树中的设备节点中，获取设备实例状态的方法。对于蓝牙设备的连接状态属性，App 可通过调用 CM_Get_DevNode_Status 函数来检索连接相关的信息。如果 CM_Get_DevNode_Status 调用成功，则 CM_Get_DevNode_Status 会检索设备实例的请求状态和问题代码，并返回 CR_SUCCESS；如果调用失败，CM_Get_DevNode_Status 将返回一个错误代码。

CM_Get_DevNode_Status 的定义如下。

```
CMAPI CONFIGRET CM_Get_DevNode_Status(
    PULONG   pulStatus,
    PULONG   pulProblemNumber,
    DEVINST dnDevInst,
    ULONG    ulFlags
);
```

CM_Get_DevNode_Status 提供了以下几个参数。

- pulStatus：指向 ULONG 类型值的指针。该值为设备实例的状态位标志，状态值可以是 Cfg.h 中定义的前缀为"DN_"的任何位标志的组合。
- pulProblemNumber：指向 ULONG 类型值的指针。该值为设备实例设置的问题编号。问题编号是在 Cfg.h 中定义的前缀为"CM_PROB_"的常量之一，而且只有当 pulStatus 为 DN_HAS_PROBLEM 时，函数才设置问题编号。
- dnDevInst：检索状态的设备实例句柄。
- ulFlags：设置为零。

获取蓝牙设备连接状态的示例代码如下。

```
bool checkBluetoothDeviceConnect(char *devicePath)
{
    BOOL res;
    SP_DEVINFO_DATA devinfo_data;
    HDEVINFO device_info_set = INVALID_HANDLE_VALUE;
    //初始化设备接口等数据结构
    memset(&devinfo_data, 0x0, sizeof(devinfo_data));
    devinfo_data.cbSize = sizeof(SP_DEVINFO_DATA);
    //枚举蓝牙设备
    device_info_set = SetupDiGetClassDevs(
        &GUID_DEVCLASS_BLUETOOTH,
        0,
        0,
        DIGCF_PRESENT);

    if (device_info_set == INVALID_HANDLE_VALUE) {
        LOGI(TAG, "No More device class");
        return false;
    }

    //遍历蓝牙设备，获取 deviceInfo 判断连接状态字段
    for (int index = 0; ; index++) {
        char device_name[256];
        res = SetupDiEnumDeviceInfo(device_info_set, index, &devinfo_data);
        if (!res && GetLastError() == ERROR_NO_MORE_ITEMS) {
            break;
        }

        res = SetupDiGetDeviceRegistryPropertyA(device_info_set,
                                    &devinfo_data, SPDRP_FRIENDLYNAME,
                                    NULL, (PBYTE)device_name,
                                    sizeof(device_name), NULL);
        if (!res && GetLastError() == ERROR_INVALID_DATA) {
            continue;
        }

        //检查蓝牙设备是否连接
```

```
        ULONG ulStatus = 0;
        ULONG ulProblemNumber = 0;
        if (CM_Get_DevNode_Status(&ulStatus, &ulProblemNumber,
                                devinfo_data.DevInst, 0) == CR_SUCCESS) {
            //若设备为断开状态，不做处理
            if (ulStatus & DN_DEVICE_DISCONNECTED) {
                LOGD(TAG, "device[%s] Index:%d Disconnected", device_name, index);
            }
            else {
                //若已经连接，查看蓝牙 MAC 地址是否匹配当前枚举设备的 Device Path
                char hardwareID[256];
                if (SetupDiGetDeviceRegistryPropertyA(device_info_set, &devinfo_data,
                        SPDRP_HARDWAREID, NULL, (PBYTE)hardwareID,
                        sizeof(hardwareID), NULL) &&
                        checkBluetoothMacAddrMatch(hardwareID, devicePath)) {
                    LOGI(TAG, "device[%s] Index:%d Connected", device_name, index);
                    return true;
                }
            }
        }
        else {
            LOGE(TAG, "CM_Get_DevNode_Status fail");
            continue;
        }
    }
    return false;
}
```

在上述代码中，首先通过 SetupDiEnumDeviceInfo 获取鼠标的设备信息结构 devinfo_data，之后调用 CM_Get_DevNode_Status 函数，获得设备实例的状态位标志的状态 ulStatus。获得的状态标志是一个 unsigned long 类型的数值，是一系列状态标记的组合。若状态标志中包含 DN_DEVICE_DISCONNECTED，则表示鼠标的蓝牙当前处于断开状态，否则处于连接状态。针对处于连接状态的鼠标，App 可以进一步与其建立服务连接。

2. macOS 系统

本节来看一下如何在 macOS 中管理和访问小爱鼠标。鼠标、键盘和游戏手柄等人机交互设备都遵循 HID 规范。macOS 提供了 HID 管理器（HID Manager），以支持对符合 HID 规范的任何设备的访问。小爱鼠标通过两种方式和主机连接：BLE 直连和 USB Dongle 中转。无论哪种连接方式，macOS 都可以把小爱鼠标当作 HID 类（HID Class）设备来处理。

1. 监听设备状态

在使用 HID Manager 管理 HID 设备时，App 首先需要设置所查找设备的匹配条件，然后分别注册 HID 设备连接和断开主机时的回调方法。当符合条件的设备连接或者断开时，注册的回调方法就会被触发。对于遵循 BLE HID 规范的设备，触发回调方法的条件是，匹配的设备与主机之间通过 BLE 通道建立或者断开连接；而对于 USB HID 设备，则表示匹配的设备与主机之间通过 USB 接口建立连接或者断开连接。

HID Manager 提供了 IOHIDManagerSetDeviceMatching 方法来设置匹配设备的条件，其方法定义如下。

```
void IOHIDManagerSetDeviceMatching(IOHIDManagerRef manager, CFDictionaryRef matching);
```

其中，参数 manager 表示对 HIDManager 的引用，参数 matching 表示一个包含设备匹配条件的字典对象。

设置小爱鼠标的匹配条件代码如下。这里将设备的匹配条件设置为小爱鼠标的企业 ID（VendorID）和产品 ID（ProductID）。只有当小爱鼠标的连接状态发生改变时，才会触发回调方法。

```
- (void)setDeviceMatchingParam
{
    CFMutableDictionaryRef HIDMatchDictionary =
                CFDictionaryCreateMutable(
                kCFAllocatorDefault,0, &kCFTypeDictionaryKeyCallBacks);
    //设置设备的 ProductID
    CFNumberRef productIdRef = CFNumberCreate(kCFAllocatorDefault,
            CFDictionarySetValue(HIDMatchDictionary, CFSTR(kIOHIDProductIDKey),
            productIdRef);
    //设置设备的 VendorID
    CFNumberRef vendorIdRef = CFNumberCreate(kCFAllocatorDefault,
                            kCFNumberSInt32Type, &vendor_id);
    CFDictionarySetValue(HIDMatchDictionary, CFSTR(kIOHIDVendorIDKey), vendorIdRef);
    IOHIDManagerSetDeviceMatching(hid_mgr,HIDMatchDictionary);
    //注册监听设备的连接/断开的回调方法
    hid_register_device_matching(Handle_DeviceMatchingCallback, (__bridge void*)self);
    hid_register_device_removal(Handle_DeviceRemovalCallback, (__bridge void*)self);
}
```

在 macOS 中，通过函数 IOHIDManagerRegisterDeviceMatchingCallback 注册监听设备的状态回调方法。该函数的定义如下。

```
void IOHIDManagerRegisterDeviceMatchingCallback(IOHIDManagerRef manager,
                IOHIDDeviceCallback callback, void * context);
```

其中，参数 manager 表示 HIDManager 的引用，参数 callback 指向监听匹配设备连接事件的回调方法的函数指针，参数 context 表示传递给回调方法的参数。

监听设备的连接以及处理回调的代码如下。

```
void  HID_API_EXPORT hid_register_device_matching(
            hid_device_callback _Nullable callback,
                                        void * _Nullable  context)
{
    struct hid_matching_callback_context * callback_context =
                calloc(1, sizeof(struct hid_matching_callback_context));
    callback_context->callBack = callback;
    callback_context->context = context;
    //注册回调
    IOHIDManagerRegisterDeviceMatchingCallback(hid_mgr,
                hid_manager_device_matching_callback, callback_context);
}


static void hid_manager_device_matching_callback(void * _Nullable context,
            IOReturn result, void * _Nullable sender, IOHIDDeviceRef deviceHandle) {
    if (result != 0) {
        return;
    }
    wchar_t stringBuf[256];
    NSString *transportString = @"";
    //获取 HID 设备的 transport
    if (hid_get_transport_string(deviceHandle, stringBuf, 256) == 0) {
        NSInteger bufferLen = wcslen(stringBuf);
        transportString = [[NSString alloc] initWithBytes: (const void*)stringBuf
                        length: sizeof(wchar_t) * bufferLen
                        encoding: NSUTF32LittleEndianStringEncoding];
    }
    //BLE HID 设备
    if ([transportString isEqualToString:@"Bluetooth Low Energy"]) {
        //发起 BLE 连接
        [self.delegate bleChannelFoundWithHIDChannel:self];
    }
    //USB HID 设备
    else if([transportString isEqualToString:@"Bluetooth Low Energy"]) {
        [self dealUSBHIDWithDevice:deviceHandle];
    }
}
```

hid_get_transport_string 是一个封装了 IOHIDDeviceGetProperty 的用于获取设备传输类型的函数，通过它可以得知设备是 BLE HID 设备还是 USB HID 设备。如果是 BLE HID 设备，应用程序则发起 BLE 连接，并进行进一步的设备认证流程；如果是 USB HID 设备，程序则需要进行 USB Dongle 和鼠标的认证。

当设备断开时，主机需要能感知到设备的断开。在 macOS 中，这是通过注册监听并匹配设备的断开事件来实现的，实现该功能的函数 IOHIDManagerRegisterDeviceRemovalCallback

的定义如下。

```
void IOHIDManagerRegisterDeviceRemovalCallback(IOHIDManagerRef manager,
            IOHIDReportCallback _Nullable callback, void * _Nullable context);
```

参数 manager 表示对 HIDManager 的引用；参数 callback 表示指向监听匹配设备断开事件的回调方法的函数指针；参数 context 表示传递给回调方法的参数。

监听设备断开以及处理其回调的代码如下。

```
void  HID_API_EXPORT hid_register_device_removal(
    hid_device_exprot_removal_callback Nullable callback, void * _Nullable  context)
{
    struct hid_removal_callback_context * callback_context =
                    calloc(1, sizeof(struct hid_removal_callback_context));
    callback_context->callBack = callback;
    callback_context->context = context;
    IOHIDManagerRegisterDeviceRemovalCallback(hid_mgr,
                    hid_manager_device_removal_callback, callback_context);
}
static void hid_manager_device_removal_callback(void * _Nullable context,
            IOReturn result, void * _Nullable sender, IOHIDDeviceRef device)
{
    //处理设备被移除或者断开的逻辑
}
```

2. 收发鼠标数据

苹果提供的蓝牙开发框架 CoreBluetooth 可支持开发者进行低功耗蓝牙应用程序的开发。CoreBluetooth 框架是蓝牙低功耗协议栈的抽象，它隐藏了协议栈复杂的底层细节，提供了简单易用的设备抽象接口。通过使用 CoreBluetooth，可以使开发的蓝牙应用程序具有发现设备、查询设备服务和特性、与设备进行信息交互等能力。

CoreBluetooth 支持将 Mac 或者 iPhone 作为本地中心设备或外围设备来开发。在计算机与小爱鼠标的通信场景中，计算机的蓝牙即为本地中心设备，由 CBCentraManager 对象表示；小爱鼠标的蓝牙作为远程外围设备，由 CBPeripheral 对象表示。CBCentraManager 对象提供了本地中心设备监听本地蓝牙的开启和关闭、探索附近的外围设备、连接和断开设备的能力；而 CBPeripheral 对象为设备的抽象，承担了本地中心设备与远程外围设备进行数据交互的责任。

当小爱鼠标连接计算机后，本地中心设备可获得小爱鼠标的设备对象，该对象由 CBPeripheral 类描述。头文件 CBPeripheral.h 中定义了该对象与设备进行数据交互的所有方法以及查询服务的方法，部分定义如表 5-16 所示。

表 5-16　CBPeripheral 类的读/写/订阅特性的方法

函数	描述
setNotifyValue:forCharacteristic:	订阅指定特性的值的更改通知
writeValue:forCharacteristic:type:	写指定特性的值
readValueForCharacteristic:	读指定特性的值
discoverServices:	查找设备提供的 GATT 服务
discoverCharacteristics:forService:	查找服务提供的特性

（1）发现服务

主机在和外围设备建立连接后，需要先查询外围设备支持的服务。在查询到指定的服务后，主机进一步连接对应的服务。设备对象调用 discoverServices:方法发现设备提供的所有服务。设备对象需要设置委托对象，让其实现委托方法，以实现收发鼠标数据的功能。具体的代码实现如下所示。

```
//委托对象需要实现的接口
@protocol CBPeripheralDelegate <NSObject>
@optional
//设备发现的服务
- (void)peripheral:(CBPeripheral *)peripheral didDiscoverServices:
               (nullable NSError *)error;
//设备发现服务的特性
- (void)peripheral:(CBPeripheral *)peripheral
           didDiscoverCharacteristicsForService:(CBService *)service
           error:(nullable NSError *)error;
//设备特性中有数据的更新
- (void)peripheral:(CBPeripheral *)peripheral
       didUpdateValueForCharacteristic:(CBCharacteristic *)characteristic
       error:(nullable NSError *)error;
//其他委托方法请参考 Core Bluetooth framework 中的 CBPeripheralDelegate
@end

//连接成功之后查找服务
- (void)centralManager:(CBCentralManager *)central
  didConnectPeripheral:(CBPeripheral *)peripheral {
    NSLog(@"Peripheral connected");
    //设置委托对象
    peripheral.delegate = self;
    NSLog(@"discove reripheral Services");
    [peripheral discoverServices:nil];
    //省略部分代码
}
```

当设备的服务被发现后，设备将会让其委托对象（即 CBPeripheralDelegate 对象）调用

peripheral:didDiscoverServices:方法。CoreBluetooth 框架会为每一个被发现的服务创建一个 CBService 对象，并将其放到数组中作为 CBPeripheral 对象的属性。通过实现委托方法来访问发现的服务列表的代码示例如下。

```
- (void)peripheral:(CBPeripheral *)peripheral didDiscoverServices:(NSError *)error {
    for (CBService *service in peripheral.services) {
        NSLog(@"Discovered service %@", service);
        //省略部分代码
    }
    //省略部分代码
}
```

（2）查找特性

找到设备提供的服务之后，接下来就需要去发现该服务提供的特性。要查找服务的特性，需要设备对象调用 discoverCharacteristics:forService:方法。

```
- (void)peripheral:(CBPeripheral *)peripheral didDiscoverServices:(NSError *)error {
    for (CBService *service in peripheral.services) {
        if ([service.UUID.UUIDString isEqual:"interestingService UUID"]) {
            CBService * interestingService = service;
            NSLog(@"Discovering characteristics for service %@",
                interestingService);
            [peripheral discoverCharacteristics:nil forService:
                interestingService];
        }
    }
    //省略部分代码
}
```

当服务的特性被发现时，设备使用其委托对象（即 CBPeripheralDelegate 对象）调用 peripheral:didDiscoverCharacteristicsForService:error:方法。

CoreBluetooth 框架会为每一个被发现的特性创建一个 CBCharacteristic 对象，并将其放到数组中作为 CBService 对象的属性。通过委托方法访问服务特性列表的代码示例如下。

```
- (void)peripheral:(CBPeripheral *)peripheral
  didDiscoverCharacteristicsForService:(CBService *)service
            error:(NSError *)error {
    for (CBCharacteristic *characteristic in service.characteristics) {
        NSLog(@"Discovered characteristic %@", characteristic);
        //省略部分代码
    }
    //省略部分代码
}
```

应用程序在指定的服务下通过遍历找到所需的特性后，对该特性进行读写，即可以达到与设备进行数据交互的目的。

（3）接收数据

应用程序通过调用设备对象的 readValueForCharacteristic:方法，可读取特性中的值。

```
- (void)peripheral:(CBPeripheral *)peripheral
  didDiscoverCharacteristicsForService:(CBService *)service
            error:(NSError *)error {
    for (CBCharacteristic *characteristic in service.characteristics) {
        //通过指定的 UUID 查找感兴趣的特性
        if ([character.UUID.UUIDString containsString:
            @"interestingCharacteristic uuid"]) {
            CBCharacteristic *interestingCharacteristic = characteristic;
            NSLog(@"Discovered target characteristic %@", interestingCharacteristic);
            //读取特性值
            [peripheral readValueForCharacteristic:interestingCharacteristic];
            //省略部分代码
        }
    }
}
```

当读取到特性值之后，设备对象会使其委托对象（即 CBPeripheralDelegate 对象）调用 peripheral:didUpdateValueForCharacteristic:error:方法，并将值作为 CBCharacteristic 对象的属性。在委托方法中通过访问特性的 value 属性来获取特性的值的示例如下。

```
- (void)peripheral:(CBPeripheral *)peripheral
  didUpdateValueForCharacteristic:(CBCharacteristic *)characteristic
            error:(NSError *)error {
    NSData *data = characteristic.value;   //得到数据
    //由业务逻辑根据需要处理数据，代码省略
}
```

（4）订阅特性的值

readValueForCharacteristic:方法只能获取静态数据，也就是调用一次获取一次结果。要想获取变化的特性值，如心率等，就必须订阅特性值，这样当特性值发生变化时，主机会收到外围设备发送的通知。

设备对象调用 setNotifyValue:forCharacteristic:方法来订阅指定特性的值，第一个参数设置为 YES。

```
- (void)peripheral:(CBPeripheral *)peripheral
  didDiscoverCharacteristicsForService:(CBService *)service
            error:(NSError *)error {
    for (CBCharacteristic *characteristic in service.characteristics) {
        //通过指定的 UUID 查找感兴趣的特性
        if ([character.UUID.UUIDString
```

```
        containsString:@"interestingCharacteristic uuid"]) {
            CBCharacteristic *interestingCharacteristic = characteristic;
        NSLog(@"Discovered target characteristic %@", interestingCharacteristic);
        [peripheral readValueForCharacteristic:interestingCharacteristic];
        //订阅特性值
        [peripheral setNotifyValue:YES forCharacteristic:interestingCharacteristic];
        //省略部分代码
        }
    }
}
```

订阅或取消订阅特性值后，设备对象将使用它的委托对象（即 CBPeripheralDelegate 对象），调用 peripheral:didUpdateNotificationStateForCharacteristic:error:方法，以实现该委托访问来处理订阅成功或失败的情况。示例代码如下。

```
- (void)peripheral:(CBPeripheral *)peripheral
  didUpdateNotificationStateForCharacteristic:(CBCharacteristic *)characteristic
            error:(NSError *)error {
    if (error) {
        NSLog(@"Error changing notification state: %@", [error localizedDescription]);
    }
    //省略部分代码
}
```

成功订阅了特性值后，当特性值变化时，设备对象会使用委托对象（即 CBPeripheralDelegate 对象）调用 peripheral:didUpdateValueForCharacteristic:error:方法来获取更新后的特性值。与上面描述的特性读取一样，需要实现该委托方法，并在该方法中获取更新后的值。

（5）发送数据

在向外围设备写入（发送）数据时，也是通过向特性中写入数据来实现的。特性的属性为可写时才支持写入值，否则会报错。使用外围设备对象调用 writeValue:forCharacteristic:type: 方法可向其发送数据，示例代码如下。

```
NSLog(@"Writing value for characteristic %@", interestingCharacteristic);
[peripheral writeValue:dataToWrite forCharacteristic:interestingCharacteristic
                                type:CBCharacteristicWriteWithResponse];
```

如果程序想知道发送的数据是否成功传给了设备，需将上述方法中的 type 参数设置为 CBCharacteristicWriteWithResponse。这样一来，当数据发送成功或者失败后，设备对象会使用其委托对象（即 CBPeripheralDelegate 对象）调用 peripheral:didWriteValueForCharacteristic:error: 方法，从而实现该委托方法来处理发送数据后的返回结果。示例代码如下。

```
- (void)peripheral:(CBPeripheral *)peripheral
  didWriteValueForCharacteristic:(CBCharacteristic *)characteristic
```

```
                    error:(NSError *)error {
    if (error) {
        NSLog(@"Error writing characteristic value: %@",
            [error localizedDescription]);  //失败
    } else {
        NSLog(@" writing characteristic value success");  //成功
    }
}
```

（6）USB HID 通道的数据交互

当鼠标通过 USB Dongle 与主机连接时，主机与鼠标的通信协议就变成了 USB HID。与 BLE 的连接方式不同，当 USB HID 设备被发现后，USB HID 通道就已建立。

在蓝牙 HID 设备中生成的数据以输入报告（Input Report）的形式发送到主机，主机从输入报告中获取数据，其逻辑代码如下。

```
hid_device * HID_API_EXPORT hid_device_create(IOHIDDeviceRef device_handle)
{
    uint8_t *input_report_buf;
    CFIndex max_input_report_len;
    //省略部分代码
    //在设备发布输入报告时注册回调
    IOHIDDeviceRegisterInputReportCallback(device_handle, input_report_buf,
            max_input_report_len,
            &hid_report_callback, nil);
    //省略部分代码
}


struct input_report {
    uint8_t *data;
    size_t len;
    struct input_report *next;
};


static void hid_report_callback(void *context, IOReturn result, void *sender,
                    IOHIDReportType report_type, uint32_t report_id,
                    uint8_t *report, CFIndex report_length)
{
    //省略部分代码
    struct input_report *rpt;
    //数据放到 input_report 结构中
    rpt = calloc(1, sizeof(struct input_report));
    rpt->data = calloc(1, report_length);
    memcpy(rpt->data, report, report_length);
    rpt->len = report_length;
    rpt->next = NULL;
    //省略部分代码
}
```

发送的数据以主机生成输出报告（Output Report）的形式发送给蓝牙 HID 设备，代码如下。

```
//data:repot Id + 有效数据
int HID_API_EXPORT hid_write(IOHIDDeviceRef dev, const unsigned char *data,
                        size_t length)
{
    return set_report(dev, kIOHIDReportTypeOutput, data, length);
}

static int set_report(hid_device *dev, IOHIDReportType type,
                const unsigned char *data, size_t length)
{
    const unsigned char *data_to_send;
    size_t length_to_send;
    IOReturn res;
    if (data[0] == 0x0) {
        //不使用编号报告
        data_to_send = data + 1;
        length_to_send = length - 1;
    }
    else {
        //使用编号报告
        data_to_send = data;
        length_to_send = length;
    }

    if (!dev->disconnected) {
        //向设备发送报告
        res = IOHIDDeviceSetReport(dev->device_handle,
                        type, data[0], /* Report ID*/
                        data_to_send, length_to_send);
        if (res == kIOReturnSuccess) {
            return length;
        }
        else
            return -1;
    }
    return -1;
}
```

第6章

智能蓝牙设备开发实践

传统蓝牙设备，如耳机、音箱等，主要通过蓝牙来传输音频，因此开发者的很多开发工作都是围绕着蓝牙音频或蓝牙通话等核心功能展开的。智能蓝牙设备则在蓝牙基本功能的基础上，增加了很多定制功能，从而能传递更多信息。因此，相较于传统的蓝牙设备，智能蓝牙设备与用户的交互会更丰富，应用场景也更多。通过与智能手机上的应用进行交互，蓝牙设备可以与手机保持信息的同步与一致性，而且在特定场景下的交互能够大幅提升用户体验。

小米 MMA 协议是小米智能蓝牙设备的核心协议。在小米研发第一款支持语音输入的智能蓝牙设备（小米蓝牙遥控器）时，该协议开始建立、演进，经过最近两年多的发展，当前已覆盖蓝牙音箱、蓝牙耳机和蓝牙鼠标等诸多产品品类，支持十余家芯片厂商，在接入场景与功能定制上展现了强大的生命力。

在设备上开发、适配完整的 MMA 协议主要包含 4 个部分，分别是设备广播发现、设备认证、设备协议指令及扩展 AT 指令。设备厂商可根据需求进行裁剪与扩展。

本章围绕智能蓝牙设备开发，分别介绍设备各模块的对接方式及部分功能的参考实现。

6.1 设备广播发现

MMA 设备广播发现是设备被主机准确发现和识别的关键，在建立基于 MMA 协议的连接前，设备通过 BLE 广播特定格式的数据，主机依赖该广播信息来发现设备。广播数据中携带设备的标识与状态等关键信息，主机接收到广播数据后进行过滤，只有满足要求的广播数据才能解析出设备的关键信息。

设备广播发现需要设备按 MMA 广播格式的要求填充广播数据。目前有如下两种类型的广播协议。

- 小米的基础广播协议：基础广播协议主要用于小爱蓝牙设备，广播数据中会携带小爱认证的厂商标识，当小爱同学 App 扫描到基础广播后会提示用户发现新设备。
- 支持同账号的广播协议：同账号是 MIUI 系统在 2021 年推出的广播新标准，其目的是当用户在不同主机上登录相同的小米账号时，耳机可以在同账号的主机间流畅切换，从而优化多主机连接蓝牙耳机的用户体验。如当使用手机、电视、小米笔记本登录同一个小米账号时，这些设备可以快速同步蓝牙耳机的连接信息，省去设备切换时繁琐的搜索配对流程。

我们以小米的基础广播协议为例来介绍设备广播发现过程。基础广播协议的介绍可参考 4.2.1 节，其格式可参考表 4-1。基础广播协议的广播数据中有两部分，分别是固定填充值（参考表 4-1 中的字节 0～2）与厂商自定义数据。在厂商自定义数据中，厂商号（Company ID）固定为 2 字节的 0x038F（这是小米公司在蓝牙技术联盟注册的 Company ID），参数中的主标识与次标识表示设备 ID，这两个标识可唯一标识接入的设备。设备 ID 由设备商向小米申请分配。小米手机在扫描到特定的设备 ID 时，系统会弹窗展示设备动画，提示发现新设备。广播数据中的字节 12 代表广播计数器。

需要说明的是，手机不是在扫描到广播数据时就一定展示弹窗动画，提示发现设备，而是只有在字节 12 的广播计数器发生变化时才会弹窗。例如，对于 TWS 耳机，开关耳机的收纳盒会引发耳机的广播计数器发生变化，每当用户打开收纳盒后，手机都会重新弹窗，向用户提示发现设备，而在耳机收纳盒持续开启期间，手机将不会重复弹窗。

除设备主标识与设备次标识外，广播数据的其他字段用于标识蓝牙设备的状态信息。其中，字节 13 用于标识设备电池的电量、是否在充电等信息；字节 14 用于标识 TWS 耳机的状态信息，如耳机当前的主从连接状态、耳机是否可连接等信息；字节 15 用于标识耳机连接小爱通道的状态等；字节 16～18 用于标识耳机最近连接的手机蓝牙的部分 MAC 地址信息；字节 19～24 用于标识耳机的经典蓝牙 MAC 地址；字节 25 保留；字节 26～27 与字节 13 组合，可标识左右耳机与收纳盒的电量信息。对于非 TWS 耳机的蓝牙设备，标识 TWS 耳机状态信息的字段，其值为默认值 0。

设备广播发现的实现依赖于芯片商提供的蓝牙接口。开发者在调试设备广播时，可借助小爱测试 App 或第三方蓝牙测试 App，打印广播数据。小爱测试 App 可搜索到符合规范的广播并显示相应的设备外观界面。需要注意的是，设备状态变化时，如电量发生变化，广播内容中对应字段的值需要同步变更。

6.2　设备认证

在 4.5 节讲到，设备在使用 MMA 协议时，必须通过相应的安全认证，方可与主机进行交互。由 4.5.1 节可知，主机在与设备认证时，采用挑战认证的质询/响应方案，即分别向对方发送随机数，然后校验对方对随机数的加密结果，从而判断双方认证算法是否一致。

下面介绍 MMA 协议认证（认证算法库由小米提供）。MMA 协议认证分为两部分，分别是主机验证设备与设备验证主机。

- 主机验证设备。

初始发起方为主机。主机发起 XM_OPCODE_AUTH_CHECK 指令请求，该指令为 0x50，其中参数 Random factor（随机数）由主机通过接口函数 get_random_auth_data 生成。设备接收到指令后获取主机的随机数，由接口函数 get_encrypted_auth_data 生成随机数的加密结果，然后通过指令 XM_OPCODE_AUTH_CHECK 向主机回送校验结果，其中参数 Result 表示设备执行算法的加密结果。

主机核对认证结果。主机判断 Result 结果是否与本地算法的加密结果一致，并通过 XM_OPCODE_AUTH_SEND_CHECK_RESULT 指令发送验证结果给设备，该指令为 0x51。如果核对认证结果失败，主机则终止 MMA 连接流程。

- 设备验证主机。

初始发起方为设备。设备验证主机的过程与主机验证设备的过程是一致的，认证过程发起的命令与使用的接口相同，只不过对调了设备和主机的身份。

设备上的处理过程大致如下：设备收到主机蓝牙数据时，根据流式协议定义规则取到有效的数据包，再进行通用的数据包解封装过程，取得对应的指令和内容；最后设备根据具体的指令执行相应的动作。设备认证过程的指令也是如此，设备完成命令解析后，即开始认证过程的业务逻辑处理，交换随机数与随机数加密值，其中随机数加密算法由小米封装，以加密库的形式提供。

加密库的头文件中主要包含两个函数，一个用于获取挑战随机数，另一个用于对随机数加密获得认证数。该加密库的头文件的定义如下。

```
/* 获取挑战随机数 */
int get_random_auth_data(unsigned char* result);
/* 依据随机数，获取算法计算结果 */
int get_encrypted_auth_data(const unsigned char* random, unsigned char* result);
```

获取的挑战随机数长度是 16 字节，获取随机数的接口 get_random_auth_data 的实现如下。

```
#define DATA_SIZE 16   //挑战随机数长度
int get_random_auth_data(unsigned char* result)
{
    unsigned char randomData[DATA_SIZE];
    int i = 0;
    if (NULL == result) {
        xm_log("get_random_auth_data(): Error, result is null\n");
```

```
        return AUTH_FAIL;
    }
    xm_srand((unsigned int)time(NULL));
    for (i = 0; i < DATA_SIZE; i++) {
        randomData[i] = (unsigned char) xm_rand();
    }
    xm_memcpy(result, randomData, sizeof(unsigned char)*DATA_SIZE);
    return AUTH_SUCCESS;
}
```

获取的随机数作为参数，通过加密函数进行数据加密，加密后的数据长度是 16 字节。获取加密数据的 get_encrypted_auth_data 接口的实现代码如下。

```
int get_encrypted_auth_data(const unsigned char* random, unsigned char* result)
{
    unsigned char encData[DATA_SIZE];
    if (NULL == random || NULL == result) {
        xm_log("get_encrypted_auth_data(): Error, random or result is null\n");
        return AUTH_FAIL;
    }
    //调用加密库函数 function_xiaomi，对随机数进行运算，输出结果到 encData
    function_xiaomi(seekData, random, g_link_key, encData);
    xm_memcpy(result, encData, sizeof(unsigned char) * DATA_SIZE);
    return AUTH_SUCCESS;
}
```

不同的设备通常使用不同的芯片与嵌入式系统，为了方便移植、适配不同的设备系统开发环境，认证库提供 weak 接口供各系统进行适配。开发者可通过重写 weak 函数完成自身系统的适配。如果系统支持 POSIX 接口，则可直接使用加密库中的函数。不支持 weak 的系统则需进行特殊定制与适配。

```
/* 默认调用 libc 函数库，系统根据实际情况替换 */
void * __attribute__((weak)) xm_malloc(size_t __size);
void __attribute__((weak)) xm_free(void *);
int __attribute__((weak)) xm_rand(void);
/* xm_srand 内部默认种子函数为 time()，可根据实际情况替换 srand */
void __attribute__((weak)) xm_srand();
void * __attribute__((weak)) xm_memcpy(void *str1, const void *str2, size_t n);
void * __attribute__((weak)) xm_memset(void *str, int c, size_t n);
```

如下代码描述了设备认证的处理逻辑。各设备厂商可参考这段代码实现相应的认证流程。

```
#define CURRENT_COMMUNICATE_SPP 0
#define CURRENT_COMMUNICATE_BLE 1
unsigned uint* spp_send(char* param, int param_len);
```

```
unsigned uint* ble_send(char* param, int param_len);
//发送数据接口；根据连接通道的不同，可选择 SPP 或 BLE 发送数据
void mma_rcsp_pdu(u_int16 param_len, u_int8 *param_ptr)
{
    if (CURRENT_COMMUNICATE_SPP == get_communicate_way()) {
        spp_send((char*)param_ptr, param_len);   //SPP 通道打包数据包包头并发送
    } else {
        ble_send((char*)param_ptr, param_len);   //BLE 通道打包数据包包头并发送
    }
}

//处理 MMA 认证协议的接口函数

void mma_auth_process_handler(AIVS_RCSP* aivs_rcsp_pdu)
{
    uint8 result[16] = {0};
    uint8 *pValue;

    //判断数据为命令包并且需要回复
    if ((aivs_rcsp_pdu->cmd & (0x01 << 7)) && (aivs_rcsp_pdu->cmd & (0x01 << 6))) {
        return;
    }
    switch (aivs_rcsp_pdu->opcode)
    {
        case MMA_OPCODE_AUTH_REQUEST:
            //长度 18 字节（OpCode_SN + Version + Random Factor）
            if (aivs_rcsp_pdu->param_len == (sizeof(result)/sizeof(result[0])) + 2) {
                //认证协议版本，不支持旧版本
                if (aivs_rcsp_pdu->param_ptr[1] != 1) {
                    return;
                }

                pValue = &aivs_rcsp_pdu->param_ptr[2];
                //对随机数加密，并将结果返回
                if (get_encrypted_auth_data((char*)pValue,
                (char*)result) == AUTH_SUCCESS) {
                    mma_rcsp_pdu(aivs_rcsp_pdu, result);
                }
            }
            break;
        //加密结果比较
        case MMA_OPCODE_AUTH_RESULT:
            //长度 3 字节（OpCode_SN + Version + Pair Result）
            if (aivs_rcsp_pdu->param_len == 3) {
                //认证协议版本，不支持旧版本
                if (aivs_rcsp_pdu->param_ptr[1] != 1) {
                    return;
                }
                if (aivs_rcsp_pdu->param_ptr[2] == PAIR_SUCCESS) {
```

```
                                //生成随机数，设备发起认证请求
                                if (get_random_auth_data(result) == AUTH_SUCCESS) {
                                    mma_rcsp_pdu(aivs_rcsp_pdu, result);
                                }
                            }
                        }
                        break;
                default :
                        break;
            }
        }
```

6.3 设备协议指令

为了方便设备及时接入小爱语音服务，在蓝牙设备通过小米立项评审、正式启动开发后，小米可提供完整的 MMA 协议源码包供接入厂商进行参考适配。MMA 协议源码包提供了基础协议的封装与解封装实现，如状态信息的读取、语音数据的传输、OTA 数据包的解析等功能，但产品功能及逻辑、定制和扩展功能则需要接入方自行实现。

6.3.1 语音编码

4.7.1 节介绍了语音数据通过蓝牙传输时语音编码的格式要求。语音数据在通过蓝牙传输时，MMA 协议在语音数据中增加了数据同步字段，推荐的做法是每 5 帧数据编码后添加一个数据同步头，以兼容数据的传输异常。手机 App 在接收数据后进行解码，且只有在同步头匹配后才开始解码语音数据，而不匹配同步头的数据会被跳过、丢弃，因此部分错误的数据不影响整个数据的传输。

包含同步头的音频数据格式如表 6-1 所示。

表 6-1 音频数据格式

字节或位	内容	备注
字节 0~3	0xAAEABDAC	数据同步头的标识符
字节 4~5	数据长度	每一帧数据编码后的数据长度（不包含该字段）
字节 6~N	编码数据	连接 N 帧编码后的数据

编码后的音频是流式的，音频流由一个个带同步头的编码音频块组成，它们按照既定格式进行组织和传输。最终传输的音频流格式如表 6-2 所示。

表 6-2 音频流格式

同步头	数据长度	编码数据	同步头	数据长度	……
0xAAEABDAC	0xXXXX	xxxxxx	0xAAEABDAC	0xXXXX	……

MMA 协议通道支持多种编码格式的语音数据，如 PCM、Speex、OPUS 等。为了方便快速接入 MMA 协议，设备协议源码包对语音编码 Speex、OPUS 进行了符合 MMA 协议的二次封装，并提供相应实现以供开发者接入设备时作为参考。这些封装的接口将自动添加协议要求的数据同步头，开发者只需要按照接口要求将音频数据作为参数输入即可。

以设备使用 OPUS 编码为例，MMA 提供的 OPUS 编解码库核心接口有 3 个，分别是 aivs_opus_encode_init、aivs_opus_encode_stream 与 aivs_opus_encode_destroy，各自的用途如下。

- aivs_opus_encode_init：用于初始化编码器。在编码开始前会调用该接口。
- aivs_opus_encode_stream：用于对数据进行编码，参数包含编码数据的输入与输出。
- aivs_opus_encode_destroy：表示销毁编码器。在编码结束后调用该接口。

这 3 个接口分别对应编码应用的初始化、音频数据编码和编码器的销毁。调用编码接口的程序在完成编码器的初始化后，可多次调用编码接口，完成录音数据的编码。设备主程序在获取音频编码结果后，即可进行封装，并通过蓝牙通道上传给 App 进行解码识别。

在一次编码的过程中，调用编码接口的程序将依次调用如下接口：

```
aivs_opus_encode_ init->aivs_opus_encode_stream->aivs_opus_encode_destroy
```

在编码模块初始化时，主程序通过 opus 库提供的接口函数创建全局的编码器，并设置编码参数。其中参数包括采样率、通道数、编码模式、应用类型与错误码等。输入信号的采样率必须是 8kHz、12kHz、16kHz、24kHz 或 48kHz 中的一种；输入信号的通道数可选择单通道或双通道；编码模式有如下 3 种（根据应用的不同在编码实现上略有差异）。

- OPUS_APPLICATION_VOIP：表示在给定比特率的条件下，为声音信号提供最高质量。
- OPUS_APPLICATION_AUDIO：表示在给定比特率的条件下，为非语音信号提供最高的质量。这种模式的场合主要包括音乐、混音以及要求信号延迟不大于 15ms 的其他应用。
- OPUS_APPLICATION_RESTRICTED_LOWDELAY：表示配置为低延迟模式，该模式下将禁用语音优化模式，以减少延迟。

编码模块初始化的代码如下。

```
#define DEFAULT_PACKET_LOSS_PERC          0
#define DEFAULT_SAMPLING_RATE             (16*1000)
#define DEFAULT_SUPPORT_CHANNEL           1
#define DEFAULT_SAMPLE_BYTES              2
```

```
#define DEFAULT_FRAME_SIZE                          320
#define DEFAULT_MAX_FRAME_SIZE                       6*320
#define DEFAULT_MAX_PAYLOAD_BYTES        DEFAULT_MAX_FRAME_SIZE
#define SPEEX_ADD_HEADER_ENABLE                      1
#define NFRAME_HEAER
static OpusEncoder *gOpusEncoder;

int aivs_opus_encode_init(void)
{
    int err = 0;
    //设置采样率、通道数、应用类型、错误码
    gOpusEncoder = (OpusEncoder *)opus_encoder_create(DEFAULT_SAMPLING_RATE,
                        DEFAULT_SUPPORT_CHANNEL,
                        OPUS_APPLICATION_RESTRICTED_LOWDELAY, &err);
    if (NULL == gOpusEncoder) {
        return -1;
    }
    //设置编码参数
    opus_encoder_ctl(gOpusEncoder, OPUS_SET_VBR_REQUEST, 0);
    opus_encoder_ctl(gOpusEncoder, OPUS_SET_BITRATE_REQUEST, bitRates);
    opus_encoder_ctl(gOpusEncoder, OPUS_SET_SIGNAL_REQUEST, OPUS_SIGNAL_VOICE);
    opus_encoder_ctl(gOpusEncoder, OPUS_SET_COMPLEXITY_REQUEST, 0);
    frame_cnt_o = NFRAME_HEAER - 1;
    return 0;
}
```

编码的接口函数 aivs_opus_encode_stream 的示例代码如下。

```
int aivs_opus_encode_stream(const char* pInputData, int inputDataLen,
                        unsigned char* pOutputData, int* outputLen)
{
    if (NULL == pInputData || inputDataLen <= 0 ||
        pOutputData == NULL || outputLen == NULL) {
        aivs_log("aivs_opus_encode_stream() Error: param is invalid!\n");
        return -1;
    }

    unsigned char *pHeader = pOutputData;
    unsigned char *pContent = pOutputData;
    int encodeLen = 0;
    int encodeFrameLen = 0;

    //编码同步头
    unsigned char tv[4] = {0xAA, 0xEA, 0xBD, 0xAC};
    frame_cnt_o++;
    if (frame_cnt_o == NFRAME_HEAER) {
        //当编码数据帧数量为 NFRAME_HEAER 时，插入同步头
        memcpy(pContent, tv, sizeof(tv)/sizeof(unsigned char));
```

```
        pContent += sizeof(tv)/sizeof(unsigned char);
        pHeader = pContent;
        pContent += sizeof(unsigned short);
        frame_cnt_o = 0;
        encodeLen = 6;
    }


    //编码数据
    encodeFrameLen = opus_encode(gOpusEncoder,
                                 pInputData,
                                 DEFAULT_FRAME_SIZE,
                                 pContent, DEFAULT_MAX_PAYLOAD_BYTES);
    if (encodeFrameLen < 0) {
        aivs_log("encode failed ###########");
        return -1;
    }
    if (frame_cnt_o == 0) {
        memcpy(pHeader, &encodeFrameLen, sizeof(unsigned short));
    }
    *outputLen = encodeLen + encodeFrameLen;
    return 0;
}
```

其中，inputDataLen 为编码前的数据长度，除非是最后一个数据包，否则其值必须固定为 640 字节，以防止帧插值给音频数据带来杂音；outputLen 为编码后的数据长度，设备主程序发送数据时根据该长度发送 pOutputData 中的数据，或缓存多个数据块一起发送。

aivs_opus_encode_stream 函数在编码时，如果编码次数 frame_cnt_o 等于预定义的 NFRAME_HEAER，则在编码的输出结果中将插入 4 字节的同步头；编码数据的接口为 opus_encode，输入参数中设置了待编码数据的指针及数据长度、编码后的数据缓冲区的指针。

销毁编码器的接口函数 aivs_opus_encode_destroy 的示例代码如下。它也是通过 opus 库提供的接口函数销毁全局的编码器。

```
void aivs_opus_encode_destroy(void)
{
    if (gOpusEncoder) {
        opus_encoder_destroy(gOpusEncoder);
    }
}
```

如下示例代码演示了如何通过小米封装的编码库来编码 PCM 文件并输出编码结果。这个示例提供了编码库接口函数完整的使用方法，开发者可根据该代码进行适当调整，完成编码程序的适配和性能验证。

```
#define DEFAULT_FRAME_SIZE            320
```

```
int aivs_opus_encode_file(char *infile, char *outfile)
{
    FILE *fin, *fout;
    int ret = 0;
    short out_data[DEFAULT_FRAME_SIZE];
    short in_data[DEFAULT_FRAME_SIZE];
    int nRead;
    int encodeLen = 0;
    int count = 0;
    struct timeval start;
    struct timeval end;
    unsigned long timer;
    int inputsize = 0, outputsize = 0;

    //打开输入的 PCM 文件
    fin = fopen(infile, "rb");
    if (!fin) {
        aivs_log("Could not open input file %s\n", infile);
        return -1;
    }
    //打开输出的编码文件
    fout = fopen(outfile, "wb+");
    if (!fout) {
        aivs_log("Could not open output file %s\n", outfile);
        fclose(fin);
        return -1;
    }

    //初始化编码器引擎
    aivs_opus_encode_init();
    gettimeofday(&start, NULL);    //编码开始前计时

    while (!feof(fin)) {
        nRead = fread(in_data, 1, DEFAULT_FRAME_SIZE * sizeof(short), fin);
        if (nRead != DEFAULT_FRAME_SIZE * sizeof(short)) {
            aivs_log("read error or last frame!!!! frameLen:%d.", nRead);
        }
        inputsize += nRead;

        if (nRead > 0) {
            //编码数据流
            ret = aivs_opus_encode_stream(in_data, nRead, out_data, &encodeLen);
            if (ret != 0) {
                aivs_log("encode failed ###########\n");
                break;
            }
            //写入编码文件
            fwrite(out_data, 1, encodeLen, fout);
            count++;
```

```
        outputsize += encodeLen;
        aivs_log("encode bitrates:%d input len :%d  outputLen : %d.",
                bitRates, nRead, encodeLen);
    }
}
gettimeofday(&end, NULL);  //编码结束后计时

/* 统计程序段运行时间(unit is usec) */
timer = 1000000 * (end.tv_sec - start.tv_sec) + end.tv_usec - start.tv_usec;
aivs_log("timer = %ld ms\n", timer/1000);
aivs_log("encode inputsize: %d decode outputsize:%d, count:%d\n", inputsize,
            outputsize, count);
//销毁编码器引擎
aivs_opus_encode_destroy();
//刷新输出缓冲区
fflush(fout);
//关闭文件
fclose(fin);
fclose(fout);
}
```

6.3.2 设备 MMA 协议

设备 MMA 指令分为设备连接与获取信息等基础指令、语音传输指令、OTA 指令和厂商扩展指令 4 类。在接入 MMA 协议的过程中，设备接入方可根据需求选择实现相应的接入指令。小米提供了 MMA 协议的参考代码，该参考代码基本覆盖了 MMA 协议的所有指令，具体支持的指令如下。

```
typedef enum
{
    /***基础指令***/
    MMA_OPCODE_DATA_TRANSFER = 0x01,   //数据传输
    MMA_OPCODE_GET_DEV_INFO = 0x02,   //获取设备信息
    MMA_OPCODE_DEV_REBOOT = 0x03,   //重启设备
    MMA_OPCODE_NOTIFY_PHONE_INFO = 0x04,   //通知手机类型
    MMA_OPCODE_SET_PRO_MTU = 0x05,   //设置MTU
    MMA_OPCODE_A2F_DISCONN_EDR = 0x06,   //App 通知设备断开蓝牙
    MMA_OPCODE_F2A_EDR_STAT = 0x07,   //通知设备经典蓝牙的状态
    MMA_OPCODE_SET_DEV_INFO  = 0x08,   //设置设备信息
    MMA_OPCODE_GET_DEVICE_RUN_INFO = 0x09,   //主机获取设备的运行状态信息
    MMA_OPCODE_NOTIFY_COMM_WAY = 0x0A,   //主机通知设备的通信信道
    MMA_OPCODE_WAKEUP_CLASSIC_BT = 0x0B,   //应用唤醒设备蓝牙
    MMA_OPCODE_NOTIFY_PHONE_VIRTUAL_ADDR = 0x0C,   //主机通知设备的虚拟地址
    MMA_OPCODE_NOTIFY_F2A_BT_OP = 0x0D,   //设备通知主机的蓝牙状态
    MMA_OPCODE_REPORT_DEVICE_STATUS = 0x0E,   //设备通知主机的状态改变
```

```
MMA_OPCODE_NOTIFY_UNBOUND = 0x0F,    //主机通知设备断开绑定
MMA_OPCODE_NOTIFY_A2F_STATUS = 0x10,    //主机通知设备主机的状运行态
/***语音传输指令***/
MMA_OPCODE_SPEECH_START = 0xD0,    //语音开始
MMA_OPCODE_SPEECH_STOP = 0xD1,    //语音结束
MMA_OPCODE_SPEECH_CANCEL = 0xD2,    //语音终止
MMA_OPCODE_SPEECH_LONG_HOLD = 0xD3,    //长按语音
/***OTA 指令****/
MMA_OPCODE_OTA = 0xE0,    //OTA
MMA_OPCODE_OTA_GET_OFFSET = 0xE1,    //读取设备升级文件的标识信息偏移
MMA_OPCODE_OTA_IF_UPDATE = 0xE2,    //查询设备是否可升级
MMA_OPCODE_OTA_ENTER_UPDATE = 0xE3,    //进入升级模式
MMA_OPCODE_OTA_EXIT_UPDATE = 0xE4,    //退出升级模式
MMA_OPCODE_OTA_SEND_BLOCK = 0xE5,    //发送升级固件数据块
MMA_OPCODE_OTA_GET_STATUS = 0xE6,    //读取设备升级状态
MMA_OPCODE_OTA_NOTIFY_UPDATE = 0xE7,    //通知设备进入升级模式
/***厂商扩展指令***/
MMA_OPCODE_VENDOR_SPEC_RESERVED_JIELI = 0xF0,    //私有厂商指令
MMA_OPCODE_VENDOR_SPEC_RESERVED = 0xF1,    //通用厂商指令
/***ASR/TTS/NLP***/
MMA_OPCODE_ASR_REQUEST = 0x30,    //设备请求 ASR
MMA_OPCODE_ASR_RESULT = 0x31,    //主机向设备发送 ASR 结果
MMA_OPCODE_TTS_REQUEST = 0x32,    //设备请求 TTS
MMA_OPCODE_TTS_RESULT = 0x33,    //主机向设备发送 TTS 结果
MMA_OPCODE_NLP_REQUEST = 0x34,    //设备请求 NLP
MMA_OPCODE_NLP_RESULT = 0x35,    //主机向设备发送 NLP 结果
/***扩展协议指令***/
MMA_OPCODE_CLICK_KEY = 0x40,    //设备向主机发送按键状态
MMA_OPCODE_HEARTBEAT = 0x41,    //发送心跳包
MMA_OPCODE_SET_BOND_STATUS = 0x42,    //主机设置设备的绑定状态
MMA_OPCODE_GET_BOND_STATUS = 0x43,    //主机获取设备的绑定状态
/***认证指令***/
MMA_OPCODE_AUTH_REQUEST = 0x50,    //主机设置设备的绑定状态
MMA_OPCODE_AUTH_RESULT = 0x51,    //主机获取设备的绑定状态

} mma_opcode;
```

设备接收到主机 MMA 协议指令的处理逻辑如下面的代码所示。

```
//AIVS MMA 指令格式
typedef struct
{
    u_int8 cmd;
    u_int8 opcode;
    u_int16 param_len;
    u_int8* param_ptr;
}__attribute__((packed)) AIVS_MMA;

void mma_app_decode(uint8 length, uint8 *pValue)
```

```
{
    //判断 MMA 指令同步头
    if ((((pValue[0]<<16) | (pValue[1]<<8) | (pValue[2])) == AIVS_MMA_START) &&
            (pValue[length-1] == AIVS_MMA_END)) {
        AIVS_MMA *aivs_rcsp_pdu = (AIVS_MMA*)malloc(sizeof(AIVS_MMA));
        memset(aivs_rcsp_pdu, 0, sizeof(AIVS_MMA));
        //得到 MMA 指令内容
        os_memcpy(aivs_rcsp_pdu, pValue + 3, sizeof(AIVS_MMA) - sizeof(u_int8*));
        //转字节序
        aivs_rcsp_pdu->param_len = SWAP_ENDIAN16(aivs_rcsp_pdu->param_len);
        aivs_rcsp_pdu->param_ptr = pValue + 7;
        //判断命令 opcode
        switch(aivs_rcsp_pdu->opcode)
        {
            //数据指令
            case MMA_OPCODE_DATA_TRANSFER:
                //数据指令，当前设备暂不支持接收主机数据包
                break;
            //获取设备信息的指令
            case MMA_OPCODE_GET_DEV_INFO:
                mma_get_device_info_handler(aivs_rcsp_pdu);
                break;
            //通知设备重启指令
            case MMA_OPCODE_DEV_REBOOT:
                mma_notify_device_reboot_handler(aivs_rcsp_pdu);
                break;
            //通知设备手机信息的指令
            case MMA_OPCODE_NOTIFY_PHONE_INFO:
                mma_notify_phone_handler(aivs_rcsp_pdu);
                break;
            //获取设备的绑定状态
            case MMA_OPCODE_GET_BOND_STATUS:
                mma_get_bond_status_handler(aivs_rcsp_pdu);
                break;
            //这里省略部分代码
            default:
                break;
        }
        if (aivs_rcsp_pdu) {
            free(aivs_rcsp_pdu);
        }
    }
}
```

代码首先匹配协议的同步头，若符合指令格式则处理，若不符合则将数据当作无效数据丢弃。之后将有效数据指向 AIVS_MMA 数据结构，依据指令 OpCode 进一步解析指令内容。

6.3.3 设备 OTA 开发

设备在上市之后，若有软件升级的需求，开发人员可根据用户反馈，修改原有软件的异常或增加新功能，以进一步提升用户体验。因此，支持 MMA 协议的设备最好能支持 OTA。

MMA 协议为支持 OTA 的设备提供了多种选择方案，如引导加载程序（BootLoader）升级、双备份系统升级、主从设备升级等。各个方案设计考虑了不同的应用场景，设备可根据具体情况选择适用于自身的方案。

各个 OTA 方案的特点如下。

- BootLoader 升级（单备份系统升级）：如果设备资源不足以支持正常环境下的升级（如代码存储空间不大，无法承载双系统代码），而在 BootLoader 下支持设备连接，则设备可进入 BootLoader 系统，然后连接主机，再使用强制升级方式完成固件的下载和擦写。

- 双备份系统升级：如果设备资源较充足，可支持运行时升级，则可以采用双备份系统升级方案。该方案在设备正常运行时完成固件的下载和擦写。需要注意的是，在运行状态下进行升级时，对设备的稳定性、无线带宽有较高要求，而且通常会断开 HFP/A2DP 连接以提升设备的传输带宽和稳定性。

- 主从设备升级：针对设备资源受限，无法一次完成固件下载的情况，MMA 设计了主从设备升级方案（又称为分阶段升级方案）。具体来说就是在一次升级流程中，设备先更新部分固件，之后设备重启并回连主机，再进行一次升级流程。如此循环，最终完成完整的固件更新。该方案适合为闪存资源受限的硬件进行固件升级，小米已经申请了相关技术的专利。

对于有主从关系的设备（如 TWS 耳机，有主、副两个耳机），OTA 的方案则相对复杂些，主要体现在主设备在接收到固件文件后，需要以某种方式同步给从设备。根据具体设备硬件方案的不同，OTA 方案主要分为两种方案，第一种方案是主设备将固件文件转发给从设备；第二种方案是从设备直接嗅探（Sniffer）主设备的通信流量，在主机的 App 向主设备发送固件数据时，从设备通过嗅探的方式获取固件数据，然后进行存储。这两种方案有些差别，但总体 OTA 流程是类似的，主要步骤如下。

1. 主设备完成固件下载、校验后，断开与主机的连接，同时关闭广播。

2. 主设备控制主从设备完成升级。主从设备升级完成后，主设备发送广播回连主机。

3. 主机与主设备连接成功后，App 向主设备查询升级后的版本信息，判断是否升级成功。

MMA 协议源码包提供了 OTA 相关的基础协议数据包的解析代码，供开发者参考。OTA 的时序逻辑可参考 4.8 节。

6.4　扩展 AT 指令

AT（Attention）指令定义了通信设备间交互信息的方式，可用于控制与调测蓝牙设备。AT 指令传输的是格式统一的字符串，指令以 AT 起始，以回车符结尾，每个指令无论执行成功与否，都有相应的返回指令。在蓝牙 HFP 协议中，音频网关（AG）与免提设备（HF）之间建立链路连接后，即可通过 AT 指令交换与协商用于建立服务的相关参数。

小米的蓝牙设备与手机之间除了可通过广播、MMA 协议进行交互之外，还支持通过定制的扩展 AT 指令进行交互，以便在设备连接小米手机时可以直接复用 HFP 的 RFCOMM 通道，无须额外的扫描或通道建立，即可直接与手机通信，从而使双方的交互更加快捷和方便。

扩展 AT 指令主要包括 4 类，分别是设备状态报告指令、手机查询设备状态指令、快连广播指令和手机配置设备状态指令，各类指令介绍如下。

- 设备状态报告指令：用于设备主动上报信息的场景，如耳机等蓝牙设备主动向手机上报运行状态的变化，以方便手机及时更新电量等状态内容。
- 手机查询设备状态指令：手机可使用该指令主动查询设备的运行状态。设备根据手机的需求返回设备信息。
- 快连广播指令：用于设备通过 AT 通道上报广播信息的场景，设备通过 AT 指令传输蓝牙广播信息，手机在收到广播信息后进行处理。通过 AT 指令传输广播数据模拟了手机扫描设备广播信息、识别信息并发起快连弹窗的过程。
- 手机配置设备状态指令：用于设置用户的配置信息，设备收到配置指令后更新配置信息。

下面将就上述 4 种扩展 AT 指令分别介绍其指令格式和使用方法。

6.4.1　设备状态报告指令

耳机的运行状态发生变化时，需要通过状态报告指令向手机报告耳机当前的运行状态。该指令的格式如下：

```
AT+XIAOMI=<FF><01><02><01><01><Length><Type><Value{<Value1><Value2>…}><FF>
```

其中，<>只是为了方便读者查看对应的字节，在实际数据中并不存在；FF 表示指令的开始与结束；指令的前 4 字节<01><02><01><01>为状态报告指令的同步头。后面各字段的格式是 LTV 格式，描述如下。

- Length 字段表示从 Type 字段开始的所有字节长度。
- Type 字段固定为 0x00，表示设备的状态报告。

- Value 字段表示一组参数的集合，省略号表示有可能存在其他参数。参数集合也可以是 LTV 格式的。

由上可见，设备状态报告指令是以 LTV 的格式组织的，它的 Type 定义了一组状态值，描述了耳机的状态信息，如耳机的降噪状态、均衡器状态、游戏模式等。

若耳机的降噪状态变化，耳机会发送 Type 类型为 0x04 的扩展 AT 指令，通知手机当前耳机的降噪状态。耳机通知降噪模式的指令格式如表 6-3 所示。

表 6-3　耳机通知降噪模式的指令

字节	字段说明	说明	值	值说明
1	Length	LTV 数据长度	0x02	当前长度
2	Type	LTV 数据类型	0x04	降噪变化时发送
3	Denoise	降噪	设定值	0：关闭；1：通透；2：降噪

若耳机的降噪状态设置为降噪模式，耳机将发送如下 AT 指令：

```
AT+XIAOMI= <FF><01><02><01><01><04><00><02><04><02><FF>
```

其中，<04>表示 Length，<00>表示 Type，<02><04><02>是指令的一组 LTV 格式的状态参数。

若耳机的均衡器状态发生变化，耳机同样将通过扩展 AT 指令通知手机，然后由手机系统更新对应的指令设置。耳机通知均衡器状态的指令格式如表 6-4 所示。

表 6-4　耳机通知均衡器状态的指令

字节	字段名称	说明	值	值说明
1	Length	LTV 数据长度	0x02	当前长度
2	Type	LTV 数据类型	0x07	均衡器状态变化时发送
3	Equalizer	均衡器	设定值	0：标准； 1：低音增强； 2：柔和； 3：活力； 4：鲜明； 5：高音增强； 6：自定义

当唤醒识别状态更新为低音增强时，耳机将发送如下指令：

```
AT+XIAOMI= <FF><01><02><01><01><04><00><02><07><01><FF>
```

其中，<04>表示 Length，<00>表示 Type，<02><07><01>是指令的一组 LTV 格式的状态参数。

6.4.2 手机查询设备状态指令

手机查询设备状态指令的格式与设备状态报告指令类似，区别在于手机主动下发的 AT 指令以 "+XIAOMI" 开头。该指令的格式如下：

```
+XIAOMI: <FF><01><02><01><01><Length><Type><Value><FF>
```

其中，<01><02><01><01>表示同步头，Length、Type、Value 的值的含义与设备状态报告指令一致。手机查询设备状态指令的格式如表 6-5 所示。其中 Value 为 0 表示返回缓存状态信息；Value 为 1 表示重新检测最新状态。

表 6-5　手机查询设备状态的指令

字节	字段名称	说明	值	值说明
1	Length	LTV 数据长度	0x02	当前长度
2	Type	LTV 数据类型	设定值	需要获取信息对应的 Type；0 为保留值，代表获取全部信息
3	Value	是否需要重新检测状态后返回数据	设定值	0：不需要，返回缓存状态；1：需要，重新检测后返回状态

要获取设备的所有配置，返回最新的更新状态，则手机发送的 AT 指令如下：

```
+XIAOMI: <FF><01><02><01><01><02><00><01><FF>
```

6.4.3 快连广播指令

4.2.1 节曾介绍过小米的快连广播标准，耳机设备在从收纳盒取出时会发出快连广播包，广播包中携带耳机的很多关键信息，如耳机的设备 ID、耳机与收纳盒的电量信息等。小米手机扫描到符合标准的广播数据后，会以弹窗的形式提醒用户连接耳机，弹窗界面中也会展示电量等信息。

通常情况下，手机都在耳机连接前获取耳机的广播数据，然后解析电量等信息；在另外一些场景下，如耳机已连接过手机，耳机在从收纳盒取出时将直接回连手机。此时，由于手机无法扫描到耳机的广播包，因此无法通过既有的解析广播包的方式，获取耳机的最新状态信息。

为了解决连接状态下耳机信息同步的问题，以及为了复用既有的解析广播包的代码，降低开发成本，小米开发团队提出了通过 AT 指令传输广播数据的方法，即手机若已经连接耳机，手机要想获取广播数据包中的关键信息，需要发送扩展 AT 指令以获取耳机的广播数据，然后耳机通过 AT 指令回复广播数据包。

耳机通过 AT 指令传输广播数据的格式如下。

```
AT+XIAOMI=<FF><01><02><01><02><Length><Type><Adv Data><FF>
```

同样，<01><02><01><02>表示指令的同步头。返回的广播数据的指令格式如表 6-6 所示。其中，BLE Adv 表示广播数据，BLE Scan Response 表示广播扫描回复数据。获取广播与广播扫描回复的<Type>字段分别是<01>与<02>。根据手机请求数据类型的不同，耳机回复相应的广播包。

表 6-6　耳机返回广播数据的指令

指令	参数	备注
AT+XIAOMI=	<FF><01><02><01><02><Length>< 01 ><BLE Adv><FF>	获取广播数据
AT+XIAOMI=	<FF><01><02><01><02><Length>< 02 ><BLE Scan Response><FF>	获取扫描回复数据

手机可通过如下指令请求设备广播数据：

```
+XIAOMI:<FF><01><02><01><02><Length><Type><FF>
```

其中，<01><02><01><02>表示指令同步头，具体的指令格式如表 6-7 所示。若 Type 为<01>，则表示请求广播数据；若 Type 为<02>，则表示请求扫描回复数据。

表 6-7　手机请求广播数据的指令

指令	参数	备注
+XIAOMI:	<FF><01><02><01><02><Length><01> <FF>	请求广播数据
+XIAOMI:	<FF><01><02><01><02><Length><02><FF>	请求扫描回复数据

6.4.4　手机配置设备状态指令

在通过手机配置设备时，可以通过 AT 指令修改设备的配置信息，如修改耳机设备名、耳机 LE Audio 开关状态等。

手机配置设备的指令格式如下：

```
+XIAOMI: <FF><01><02><01><03><Length><Type><Value><FF>
```

其中<01><02><01><03>表示指令同步头。

不同的 Type 指定了不同的配置，以手机修改设备的 LE Audio 打开状态为例，其指令格式如表 6-8 所示。其中 Type 为 0x04，表示操作类型，Value 为 1 表示开启，为 0 表示关闭。

表 6-8   手机配置设备指令

字节	字段名称	说明	值	值说明
1	Length	LTV 数据长度	0x02	当前长度
2	Type	LTV 数据类型	0x04	语音唤醒状态变化时发送
3	Value	是否开启 LE Audio	设定值	00：关闭 LE Audio 功能； 01：打开 LE Audio 功能

无论修改成功与否，设备均回复其修改后的状态：

+XIAOMI：<FF><01><02><01><03><02><04><00（关闭）/01（打开）><FF>

在通过 AT 指令传输的手机配置信息中，仅定义了常用的系统配置，复杂配置依然需要 MMA 协议提供支持。

6.5   特色功能开发指导

除了蓝牙的基础功能外，小米结合 AIoT 战略优势，为蓝牙设备提供了非常多的拓展功能，旨在优化用户的体验，如解决多主机共享蓝牙连接的同账号问题、支持多主机连接的多点连接（Multipoint）功能、改善游戏环境下音画同步的问题等。这些功能的实现不仅需要主机系统的支持，同时也需要耳机厂商的配合。

下面以 TWS 耳机为例，介绍相关功能的特点和部分开发细节。

6.5.1   同账号功能

同账号功能主要用于解决用户在相同的小米账号下，在主机间切换蓝牙设备时面临的流程繁琐的问题。之前，蓝牙耳机在不同主机（如手机、电视、笔记本电脑）之间切换时，一方面需要重置耳机，另一方面主机也需要重新搜索、配对并连接耳机。整个连接过程繁琐并且耗时。支持同账号功能的耳机，可在多个主机间进行无缝切换，且切换过程流畅并且自然。同账号技术方案的总体框架如图 6-1 所示。

在图 6-1 中包含 3 个软件模块，分别是耳机固件模块、耳机软件模块和云端配对信息同步软件模块。支持同账号功能的耳机需要支持专有的配对协议，配对协议规范了主机发现耳机的过程，同时耳机与主机间将遵循特定的配对流程，以保障双方能建立连接。

在耳机与主机通过同账号功能连接后，耳机的配对信息会通过手机同步到云端，之后登录相同小米账号的主机（如笔记本、电视等设备），可以通过云端同步耳机的配对信息。同账号技术方案在设备角色上有两类，分别如下。

- 搜索者（Seeker）：指的是手机、平板、笔记本和电视等支持该技术方案的蓝牙音频源设备。Seeker 设备的用户界面中有"连接设备管理"菜单，在使用该设备登录账号后，将自动向云端查询绑定过的蓝牙耳机，并将其显示在设备列表中。用户单击菜单进入后可查看设备列表，可删除其中的一个或全部设备（Seeker 设备在后文中统称为"手机"）。

- 提供者（Provider）：指的是耳机、音箱、车载等支持该技术方案的蓝牙音频接收器设备。Provider 设备提供小米快速配对服务（Service），通过该服务，Seeker 设备与 Provider 设备能通过 BLE 传递经典的蓝牙配对信息，省去用户的确认过程，进而加快配对流程（Provider 设备在后文中统称为"耳机"）。

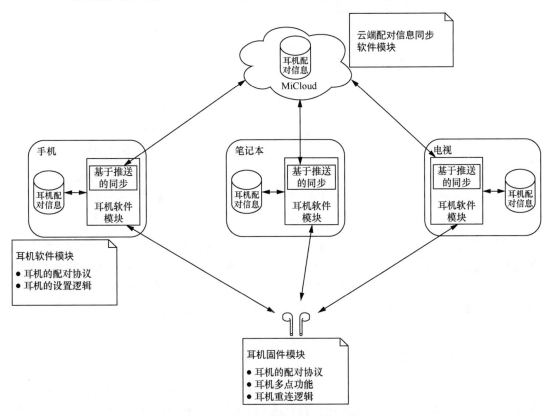

图 6-1　同账号技术方案的总体框架

支持同账号功能的耳机与手机的整体连接过程如图 6-2 所示，其中包含设备发现、连接配对、认证密钥生成与云端同步等过程。在首次连接时，耳机通过 BLE 广播蓝牙数据（BLE 广播需要支持 MMA 广播发现中定义的同账号广播协议）。手机扫描到广播数据后，提示用户发现设备，待用户确认连接设备后，手机将与耳机建立 BLE 连接并进行数据交换。

手机和耳机通过 BLE 连接交换加密的数据，加密的数据中包含很多设备的关键信息，如耳机的经典蓝牙地址。此后，手机会根据经典蓝牙地址发起对耳机的连接配对。在同账号配对流程下，手机和耳机通过数值比较（Numeric Comparison）的方式认证，认证生成的校验码

（Passkey）通过 BLE 通道传输，并得到双方自动确认（这个过程可做到用户的无感知）。

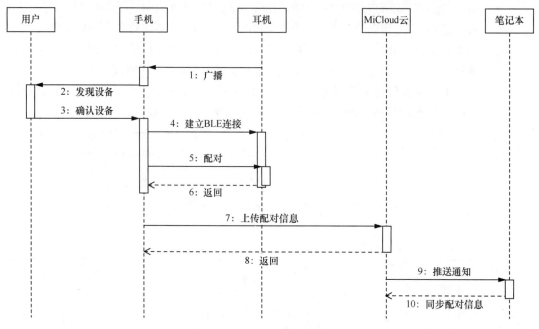

图 6-2　同账号的整体连接过程

手机在成功连接耳机后，会向耳机分发账户密钥（Account Key），同时账户密钥与设备的配对信息会上传到 MiCloud 云。相应地，登录相同小米账号的主机（如笔记本）会收到云端推送的通知，耳机的配对信息将在不同主机间进行同步。如笔记本在扫描到同步配对信息里的设备后，将弹窗通知"已保存的蓝牙设备"，让用户选择是否连接。等用户确认后，笔记本能够快速与耳机建立连接。

1. 同账号功能实现方案

支持同账号功能的耳机需要实现小米快速配对服务（Xiaomi Fast Pair Service），快速配对服务包含 4 个自定义特性（见表 6-9），其中产品标识（Product ID）是只读特性，手机通过读取这个特性获取耳机的产品 ID；配对请求（Pairing Request）特性用于手机与耳机之间交换认证信息；校验码（Passkey）特性用于手机与耳机在建立经典蓝牙连接时交换认证信息；账号密钥（Account Key）特性用于手机向耳机传输账号密钥。

表 6-9　小米快速配对服务的特性

特性	加密	权限	UUID
产品标识	无	读	0xFF10
配对请求	无	写、通知	0xFF11

续表

特性	加密	权限	UUID
校验码	无	写、通知	0xFF12
账号密钥	无	写、通知	0xFF13

手机和耳机通过 BLE 传输数据时，数据通过高级加密标准（AES）进行加密。在首次连接时，AES Key 由双方交换密钥协商产生，即使用椭圆曲线加密算法（ECC）生成公钥（Public Key）和私钥（Private Key），通过椭圆曲线迪菲-赫尔曼秘钥交换（ECDH）协商出 256 位 AES Key，通过 SHA-256 算法计算哈希值，再取 256 位哈希值的前 128 位作为 AES Key。连接成功后，手机向耳机分配 Account Key，后续耳机与手机连接时，将通过 Account Key 取代 AES Key 进行数据加密。

2. 同账号交互流程

耳机与手机使用同账号进行交互的流程如图 6-3 所示，分为设备发现、配对请求、账号密钥分发 3 个过程。

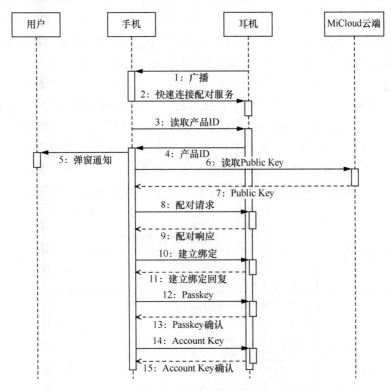

图 6-3 同账号交互流程

设备发现的过程如下。

1. 手机 A 登录小米账号，耳机进入可被发现模式。

2. 耳机通过 BLE 进行广播，广播包中包含小米快速配对服务的 UUID。

3. 手机 A 打开蓝牙，通过 BLE 扫描到快速配对服务，然后读取产品 ID（Product ID），验证是否为小米蓝牙耳机。若是，则通过弹窗告知用户发现新设备，提示用户进行连接。

配对请求的过程如下。

1. 手机 A 生成公私密钥对 Public(a)/Private(a) Key，通过产品 ID 从 MiCloud 云端查询到耳机的公钥 Public (b) Key，然后依照 AES Key 生成规则计算出 AES Key。手机 A 开启机配对特性的通知（Notify），用 AES Key 加密配对请求（加密的数据格式如表 6-10 所示），并向耳机写入加密数据。

表 6-10　配对请求的数据包

字节	长度（位）	描述	强制/可选
0～15	128	加密请求	强制
16～79	512	Public Key	可选

2. 耳机在收到手机 A 发过来的配对请求数据包后对其进行处理。如果耳机不在配对模式，则忽略该数据包并退出，否则用接收到的手机公钥 Public(a) Key，依照 AES Key 生成规则，根据手机公钥与耳机的私钥计算出耳机的 AES Key。如果耳机生成了 AES Key，则使用该 Key 解密；如果耳机没有生成 AES Key，则尝试使用本地已存储的 Account Key 解密。耳机用 AES Key 或 Account Key 解密表 6-10 中前 15 字节的加密请求字段。如果字段内容匹配表 6-11 中的数据格式，则解密成功，耳机将校验表 6-11 中第 2～7 字节，即校验 48 位的 Provider 的 BLE 地址是否与耳机一致。如果校验地址一致，则按表 6-12 所示的格式将配对请求回复给手机 A。回复的数据包中包含耳机的 BR/EDR 地址，而且是用 AES Key 加密的。

表 6-11　加密请求的数据格式

字节	长度（位）	数值	是否强制
0	8	0x00：基于 Key 的配对请求	强制
1	8	0x00：Seeker 发起配对； 0x01：Provider 发起配对； 0x02：追溯写入 Account Key	强制
2～7	48	Provider 的 BLE 地址	强制
8～13	24	Seeker 的 BR/EDR 地址	强制
14～15	2	随机数	强制

表 6-12　回复请求的数据格式

字节	长度（位）	数值	备注
0	8	0x01	基于 Key 的配对响应
1～6	48	Provider 的 BR/EDR 地址	
7～15	72	随机数	

3．手机 A 在收到回复的数据包后，用 AES Key 解密数据，得到耳机的经典蓝牙地址。

接下来手机发起对耳机经典蓝牙的配对过程，通常耳机采用 Just Works 的认证方式，不需要人参与认证过程。对于需要人机交互的认证方式，如密钥输入（PassKey Entry）或者数值比较（Numeric Comparision），支持同账号的配对有以下可选的校验码交换过程。

校验码的交换过程如下。

1．在蓝牙的配对过程中，若配对目标双方都显示 6 位数字，有用户确认数字是否一致，则可通过 BLE 传输 6 位数字校验码。在 10s 以内，手机 A 用 AES Key 加密 Passkey，并写入服务中的 Passkey 特性；如果超时，则 AES Key 作废。

2．设备用 AES Key 解密 Passkey，解密后的数据格式如表 6-13 所示。解密后的 Passkey 如果与本地的 Passkey 相等，则认证成功，设备将回复确认。

表 6-13　解密后的 PassKey 的数据格式

字节	长度（位）	数值	备注
0	8	0x02 或 0x03	0x02：Seeker 的 Passkey 0x03：Provider 的 Passkey
1～3	24	6 位的数字 Passkey	
4～15	96	随机数	

3．设备用 AES Key 加密本地的 Passkey，以特性通知的方式将自己的 PassKey 传递到手机。

4．手机 A 用 AES Key 解密 Passkey 后，如果发现与本地 Passkey 相等，则认证成功，并进一步生成蓝牙链路密钥（Link Key）。

账号密钥的分发过程如下。

1．蓝牙链路连接成功后，手机生成 Account Key（格式见表 6-14），并写入耳机快速配对服务的 Account Key 特性。耳机只能被写入一次 Account Key，以后不再改变（以支持同账号）。如果耳机没有 Account Key，则保存该 Account Key，反之则丢弃手机写入的 Account Key。然后耳机把存储的 Account Key 通知给手机 A，由手机 A 将这个 Account Key 上传到 MiCloud 云端。

表 6-14　Account Key 数据格式

字节	长度（位）	数值	备注
0	8	0x04	写入 AES Key 指令
1～15	120	AES Key 的前 15 字节	

2．用户可以通过手机 A 登录小米账号，然后通过连接设备管理选项查看绑定过的蓝牙设备。小米账号、耳机蓝牙地址和 Account Key 作为一个数据单元存储在云端。用户删除手机后，绑定关系同时也从云端解除；相应地，手机 A 的用户界面中与耳机对应的菜单也随之删除。

3．用户使用手机 B 登录同一个小米账号后，从云端下载该账号下的蓝牙设备列表。该列表显示连接设备管理选项中。

4．在耳机的收纳盒打开后，耳机将通过 BLE 广播 Account Key。手机 B 扫描到耳机的快速配对服务，并从收到的广播数据中判断 Account Key 是否与云端下载的耳机的 Account Key 一致。如果一致，手机将弹窗通知，提示用户发现已保存的蓝牙设备，并询问用户是否连接。用户确认连接后，如果手机 B 曾经连接过该耳机，则直接发起耳机的经典连接。若手机 B 首次连接该耳机，则发起对耳机的 BLE 连接，并用 Account Key 进行数据加密，在通过加密通道获取到耳机的经典蓝牙地址后，再进一步进行经典蓝牙的配对过程。

6.5.2　多点连接功能

无线蓝牙耳机和手机之间的连接通常是点对点连接。耳机通过蓝牙接收手机发送的音频流，以及向手机发送简单的控制命令，如跳过当前音频、接听/挂断语音电话等。当然，连接蓝牙耳机的主机不只局限于手机，很多人在居家或办公时也通过蓝牙耳机与计算机配对，收听音视频节目或者接入会议。

以往的蓝牙耳机在同一时刻只支持单台主机连接，在用户切换主机时，需要重置蓝牙耳机并重新搜索配对，这个操作相当复杂。

蓝牙多点连接（Multipoint）功能可以让蓝牙耳机同时连接两台不同的主机。如支持多点连接功能的耳机，可以同时连接智能手机和笔记本电脑。即多点连接功能允许单个耳机与至少两个源设备保持同时连接。尽管两台主机可以同时连接到耳机，但在同一时刻只能有一个主机和耳机配合，执行播放音乐或拨打电话的功能。如果耳机需要切换主机，此时尽管无须重新连接，但也需要规划一些切换策略。下面详细介绍切换相关的策略。

小米诸多高端耳机均支持多点连接功能，主要涉及播放音乐场景、电话通话场景和音乐/通话互操作场景下的主机切换策略。如当耳机同时连接主机 A 与主机 B 时，若主机 A 处于音乐播放状态，此时若主机 B 也开始播放音乐，将采用抢占策略，即主机 B 将抢占进行播放，主机 A 自动暂停播放。而且当主机 B 暂停播放后，主机 A 不会自动恢复播放。

表 6-15 定义了支持多点连接功能的耳机在部分场景下的切换策略。需要说明的是，由于蓝牙芯片厂商在平台、协议栈和支持的蓝牙特性等方面都有差别，因此支持多点连接功能的策略可能略有差异。因此，在产品立项、规格定义和开发适配的过程中，耳机接入方需要根据自身产品的定位和实际情况，选择合适的技术方案。

表 6-15　耳机多连接场景下的切换策略

耳机多连场景切换策略			
操作	主机 A	主机 B	说明
播放音乐	无业务	播放音乐	耳机播放 B 音乐
	播放音乐中	开始播放音乐	1. B 抢占播放，A 自动暂停 2. B 暂停后，A 不会恢复播放
电话通话	来电时	来电	1. A 来电时，铃声从耳机出声，播放耳机预设来电提示音； 2. B 来电时，铃声从耳机出声，播放耳机预设来电提示音； 3. A 先来电，然后 B 再来电，耳机会接听 B 来电，A 通话切换至本地播放；
	通话中	来电	1. B 采用抢占方式，耳机播放预设来电提示音； 2. A 通话转为本地播放；
	通话中	已接听	1. B 采用抢占方式抢占通话，A 转为本地播放； 2. B 结束通话，A 若为通话状态则声音恢复耳机播放，A 若通话结束，则耳机不恢复声音； 3. A 结束通话，不影响 B 继续通话
音乐/通话互操作	播放音乐视频	来电	1. 通话优先，B 会抢占 A，A 自动暂停； 2. B 结束通话时，若 A 为自动暂停则续播，若 A 为手动暂停则不续播； 3. 音乐播放暂停或结束，不影响继续通话
	通话中	播放音乐视频	耳机继续播放 A 通话，B 本地播放

就音乐/通话自动切换，我们来看一个例子。假设支持多点连接功能的耳机同时连接两台主机（如笔记本与手机），耳机在开机后将自动回连笔记本与手机。当用户通过笔记本播放音乐时，耳机与笔记本之间传输 A2DP 音频流，耳机此时播放笔记本的音乐。当用户用手机接听来电时，耳机将自动切换到通话状态，其自动切换流程如图 6-4 所示。用户接听来电时，耳机将主动暂停 A2DP 音频流的播放，切换到 HFP，并以此作为手机通话音频的输入输出源。也就是说，对用户来说，切换的过程是通话优先。在通话结束后，若笔记本重新播放音乐，则耳机将切换到笔记本 A2DP 音频流，继续播放音乐。

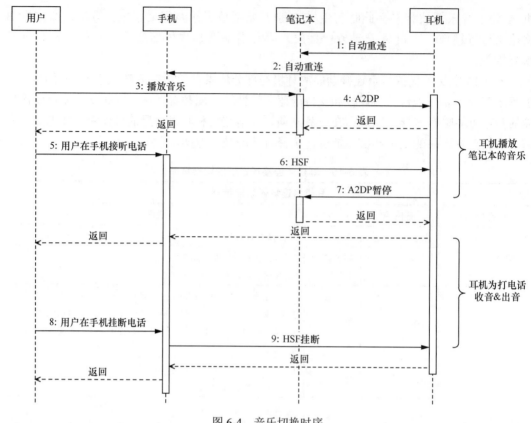

图 6-4　音乐切换时序

6.5.3　游戏模式功能

受蓝牙音频编解码、空中传输等限制，TWS 耳机通过蓝牙耳机播放的音频存在一定的延迟，相对于本地扬声器与有线耳机，其播放延迟一般在 100～200ms。在纯音频播放场景下，用户对蓝牙音频的延迟没有感知，但在视频播放场景下，如影视、游戏等需要音画同步的情况，较高的延迟会让用户明显感觉到声音的滞后，而音视频不同步将严重影响用户的观影和游戏体验。

当前，主流 TWS 耳机的音频延迟一般在 120ms～200ms，如 AirPods 2 配合 iPhone 手机使用时，音频延迟约 178ms，而 AirPods Pro 与 iPhone 手机的结合，则可以将音频延迟减小到 144ms，苹果新一代耳机甚至可以将音频延迟减小到 120ms 以内。从实际的用户体验看，当手机到耳机的音频延迟低于 120ms 时，用户就很难感知到。

各大耳机及手机厂商研发了很多降低蓝牙音频播放延迟的技术，当前主要有下面几种。

● 低延迟编码：蓝牙 A2DP 支持的编码格式除了 SBC/AAC 外，也支持各种高清、低延迟的音频格式，如华为主导的 LHDC、高通主导的 Qualcomm aptX Low Latency 等。这些新编码格式在保持高音质的同时，也降低了传输码率。

- SOURCE 端优化：在本地音频输出到蓝牙前，Android 需要经过多层复杂的调用和数据交换，然后再编码处理。通过特殊的路径优化，可以降低这部分代价。
- SINK 端优化：设备接收空中音频流，通过缓存、解码、主副耳机同步等操作后，最终输出到音频驱动程序。在高负载场景下，设备可主动与手机协商编码格式，以降低传输带宽；还可以通过专用的 DSP 解码等各项措施，来降低播放延迟。

小米耳机与小米手机的结合，实现了端到端的优化传输，并针对游戏、影音场景进行了大量音频传输的优化工作。如，当手机检测到自身处于游戏状态时，会将当前状态通过 MMA 协议通知到耳机。若耳机之前音频采用高音质编码，耳机将主动切换到低延迟编码，同时更新本地音频均衡器的参数，以进一步降低传输延迟。

借助于这种处理策略，小米部分手机上的音频延迟可以降低到 90ms 左右。小米当前已经就该技术方案申请了专利保护。

第 7 章

小米开放平台与质量

7.1 设备接入

小米公司深知当前传统硬件公司和初创企业拓展智能业务之艰难和复杂，因此一直致力为各种传统硬件公司和初创企业提供基础的大数据、互联网应用、人工智能等服务，以帮助这些企业快速、高效、低成本地开发具有自身企业特色的人工智能产品。这些服务极大地降低了这些企业进入人工智能领域的门槛，为它们带来了更多的发展契机。

为了更好为使用小米人工智能服务的企业和开发者提供服务，小米公司建立了小爱开放平台，其目标就是帮助相关传统硬件公司和硬件开发者快速开发具有人工智能的应用与产品，以跻身人工智能行业，实现硬件智能化转型。小爱开放平台主要包括以下两方面内容。

- 传统蓝牙设备可以通过蓝牙进行通信，然后结合小爱蓝牙解决方案（即使用 MMA 协议），借助小爱语音助手高效、规范地接入小爱开放平台，实现产品的智能化。
- 传统硬件设备可以通过 WiFi 接入网络，然后结合小爱语音解决方案，高效、规范地接入小爱开放平台，实现产品的智能化。

7.1.1 传统蓝牙设备的接入流程

在将蓝牙设备接入小爱蓝牙解决方案的过程中，涉及立项审核、产品开发、产品认证（包含功能认证、声学认证和品牌认证）、发布上线和运营维护 5 个步骤，具体如下。

1. 立项审核

立项审核的目的主要是辅助开发者明确前期的市场价值和前期的基本准入信息。立项审核指的是根据设备厂商提供的申请，审核产品信息（包括产品类型、型号、产量和上市时间等），并就产品功能进行初步讨论，决定是否予以立项支持。

对于计划接入小米蓝牙服务的设备厂商，可在小爱开放平台的"蓝牙服务"页面的最下方下载需求表（其形式见图 7-1），如实填写后发送邮件给 xiaoai@xiaomi.com 进行审核。

蓝牙项目基本信息									联系人信息		
			产品信息								
序号	产品名	公司名称	芯片	MIC方案	项目启动时间	上市时间	价格区间	预计销量	联系人	联系方式	邮箱
1	××××	××××	×××	×××	××年××月	××年××月	×××	×××			

请认真填写以上内容，并将该表格发送至 xiaoai@xiaomi.com。

图 7-1　蓝牙设备需求表

小米公司的负责人接收到需求后，会针对厂商提供的基本信息、产品信息、项目情况和上市时间等进行审核，并与申请人进行沟通，商讨、确认细节。如果符合各项审核要求，小米会启动内部立项评审。在评审通过后，小米正式启动产品对接流程，安排专业团队进行对接，并对接入的产品提供技术支持。

2. 产品开发

小米具有业内先进的蓝牙接入技术方案，设备商需要结合自身的产品需求，并在规范地完成对接后，方可使用小米的后台 AI 服务。对蓝牙硬件而言，产品开发主要是完成 MMA 协议的对接。

由于蓝牙设备的通信采用的是小米 MMA 协议，因此设备厂商的接入设备需要知悉 MMA 协议的相关内容。

1. 在正式启动对接流程时，根据设备厂商的产品定义，小米工程师会结合产品特性，选定技术方案。为此，设备厂商需要向小米提供对接设备的基础特性表格（具体表格内容可以发邮件给 xiaoai@xiaomi.com 申请）。

2. 小米启动产品技术评审，经过多方确认技术可行后，开始启动实际的开发对接工作。

3. 设备厂商需要提供编译平台、工具和指导手册，小米技术支持工程师会提供相应平台的 MMA 协议相关的资源，如协议认证 lib 静态库等，以帮助设备厂商快速启动开发。如果还有其他定制化需求，则该定制化需求还需要经过产品经理的评估，确认是否符合产品风格。

4．在需求定稿后，小米工程师会启动开发流程。根据项目的特点，小米工程师可提供针对性的 MMA 协议裁剪和私有化定制支持。

5．在进行基础开发和调试时，开发者可以通过小米提供的调式 Demo App 进行验证，并根据测试自检清单完成协议接入的初步验证。

6．如有定制化需求，则需要在小爱同学 App 中增加入口，设备厂商开发者需要提供 App 的 UI 资源，小米在统一设计风格并集成后，返回给设备厂商进行测试。

需要注意的是，在完成协议对接后，设备厂商需提供自测报告，以方便启动认证测试。如果没有报告，则无法启动认证流程。

3．产品认证

在设备厂商完成产品开发和自测，并提交基本功能自测报告后，即可启动产品认证。产品认证涵盖以下 3 个方面。

- 功能认证

功能认证主要是对产品的基本功能、语音唤醒、语音识别、语义分析、众多语音技能及服务进行功能评测，验证是否符合产品规格要求。该工作由小米质量团队负责，小米质量团队会根据认证申请启动功能认证。当然，如果设备厂商有需要，小米质量团队也会在协议对接完成后的自测阶段，视情况提供测试指导。需要注意的是，小米质量团队针对一款产品仅提供 3 次功能认证的申请机会，所以设备厂商需尽量保证认证申请的可靠性。

- 声学认证

声学认证是指小米声学实验室采用专业声学实验设备对拟接入小爱开放平台的设备进行产品声学功能的评估。具体相关标准可参考 7.2.2 节。

- 品牌认证

通过品牌认证的产品将获得"小爱同学"品牌的使用权，从而帮助接入的产品提高产品的认可度。品牌认证细节可参考 7.2.3 节。

4．发布上线

在各项认证通过之后，设备厂商可根据产品上市时间与项目经理沟通，执行上线配置，即可在正式 App（可在应用商店下载）中自动打开该设备的添加入口，完成上线。此时该设备成功接入小爱开放平台，用户即可享受小爱开放平台提供的 AI 服务。

5．运营维护

对于重点投入和旨在获得市场品牌知名度的设备，小爱团队可以对其进行重点营销策划和宣传。小爱团队会结合产品的销售数据，持续跟踪运营情况（主要包括重点设备的日活量、激活数据等），并根据用户反馈进行功能迭代和升级，以提升产品用户体验。

7.1.2 传统 WiFi 硬件设备的接入流程

传统 WiFi 硬件设备接入小爱语音解决方案的过程和传统蓝牙设备类似，主要包括产品立项评审、产品开发、设备调测、产品认证、发布上线和运营维护 5 个步骤。

1. 立项审核

小爱团队结合设备厂商提供的产品信息，审核产品规划，包括产品类型、型号、产量和上市时间等，并就产品功能进行初步讨论。需要设备厂商提供的信息主要包括企业介绍、产品信息、项目计划、涉及小爱的功能、上市信息、售价和预估销量等。如果涉及特殊的需求，产品经理和研发人员需要尽早参与讨论。小米将从市场、技术实现和业务等多个角度进行可行性评估，并在综合意见后输出产品立项评审表。

小米会将产品立项评审表意见反馈给厂商。如果产品的立项审核通过，对于需要远场唤醒的设备，还需要设备厂商将产品寄送过来进行声学结构认证，以确定声学结构的设计是否满足小爱规范。如果产品已经完成声学结构认证，双方即可协商启动项目说明会，并对项目成员及项目排期进行说明。

在立项过程中，小米会和设备厂商一起依据产品需求及合作细节进行详细规划，并与设备厂商同步并明确排期计划、项目成员、项目执行对接流程以及小爱产品验收的标准。双方需要在此过程中就产品需求、规划等各方面细节达成一致意见。

2. 产品开发

相较于蓝牙硬件产品的开发过程主要集中在协议对接，WiFi 硬件产品的开发则主要集中在语音 SDK 集成、后台定制技能开发和 AI 服务定制化方面。其中，后两者主要是应用层面的开发，这里不具体阐述。在启动语音 SDK 集成开发工作时，需先完成小爱开放平台的相关配置：创建产品、信息配置、安全配置。

1. 创建产品

使用小米账号登录小爱开放平台，完成开发者资格认证。单击平台首页右上角的"控制台"→"语音服务"。在产品列表页单击"创建产品"，在弹窗中选择适合该产品的应用场景，如表 7-1 所示。设备厂商可从中选择合适的应用场景。

表 7-1 应用场景说明表

应用场景	适用范围					
非应用程序	音箱	故事机	电视	白电	智能家居	智能穿戴
手机	机器人	耳机	车载	智能出行	电脑	
注意： 应用场景一旦选择之后，不支持更改，请谨慎操作 应用场景的选择应以最终的展示形式为准。即使最终形态为音箱搭配 App 使用，也应选择"音箱"的应用场景						

1．选择产品对应的应用场景，单击"下一步"，如图 7-2 所示。

图 7-2 应用场景

2．在产品信息填写完毕后，单击"立即申请 ClientID"，即可成功创建产品，如图 7-3 所示。

图 7-3 申请产品 ID

3．单击页面下方的"进入产品配置"，即可填写产品信息。

产品名称（中文名称和英文名称）会展示给终端用户，所以请慎重填写。产品型号具有唯一性，并且不会展示给终端用户。若产品是智能穿戴设备，且需要通过蓝牙与自有 App 进行连接，则针对选项"硬件产品与小爱同学语音交互是否要通过自有 App"，请选择"是"。

2. 信息配置

进入"产品配置"页面后，设备厂商需填写产品的基本信息，如图 7-4 所示。

其中涉及的产品基本信息如下所示。

- 产品名称：最终会展示给终端用户，需要谨慎填写。
- 产品描述：产品的主要功能及特点。
- 图片（选填）：支持上传 520×520 像素的图片。
- 有承载语音服务相关功能的 app：智能设备是否受 App 控制或是否有伴生应用。
- 是否为儿童类产品：指目标用户是否为儿童（13 岁及以下）。
- 设备支持：选择智能硬件所支持的屏幕尺寸。目前屏幕尺寸支持大屏（如电视）、中屏（如手机、平板）、极小屏（如智能手表）、无屏（如故事机）。
- 产品唤醒模式（可多选）：
  - ➢ 触摸：用户与"小爱同学"主要通过点按、长按或滑动等方式进行互动。
  - ➢ 近场：用户可以近距离与"小爱同学"进行互动，即近场唤醒方式。
  - ➢ 远场：用户可以远距离与"小爱同学"进行互动，即远场唤醒方式。

图 7-4 产品信息

语音服务平台会以产品信息为基础，推荐合适的语音技能。信息填写完成后，单击"保存"。

3. 安全配置

对于非应用程序的应用场景，小米提供设备 OAuth 鉴权及设备 token 鉴权两种方式。

● 设备 OAuth 鉴权：若产品需要控制智能家居设备，则必须采用该鉴权方式。

● 设备 token 鉴权：无法登录小米账号的设备采用该鉴权方式。

需要注意的是，如需控制智能家居设备，设备在集成 SDK 的过程中进行鉴权配置初始化时，必须传递用于进行米家控制的 miot_did 参数，请勿随意填写。

在采用设备 OAuth 方式鉴权时，步骤如下。

1. 确认接入设备能登录小米账号。

2. 在"安全配置"页面选择"设备 OAuth 鉴权"标签，配置客户端密钥（Client Secret）及 OAuth 鉴权回调地址。

在采用 OAuth 方式进行鉴权时，需要注意以下事项。

● 客户端密钥（Client Secret）：虽然支持重新配置，但需要考虑已发布产品的兼容性，所以请谨慎操作。

● 如果有多个回调地址，请使用英文逗号分隔，且总长度不超过 1024 字节。

● 如果修改已发布产品的回调地址，可能导致用户无法登录，所以请谨慎操作。

● 新增回调地址时，用户登录不受影响。

填写完成后，单击"开启 OAuth 服务"，如图 7-5 所示。

图 7-5 设备 OAuth 鉴权

在采用设备 token 方式对设备进行鉴权时，步骤如下。

1. 确认接入设备无法登录小米账号。

2. 在"安全配置"页面选择"设备 token 鉴权"标签，在"已有公钥"输入框中填写密钥格式为 ECC Secp256k1 的 PEM 文件，然后单击"上传公钥"，如图 7-6 所示。

图 7-6　设备 token 鉴权

也可以在小爱开放平台的密钥生成器中单击"生成密钥对"，然后单击"上传公钥"即可。在采用设备 token 方式进行鉴权时，需要注意以下事项。

- 若没有公钥，则可以在小爱开放平台的密钥生成器中单击"生成密钥对"，然后单击"上传公钥"，如图 7-7 所示。开发者所在的客户端可使用该公钥直接调用小米服务器的检验及安全认证服务。

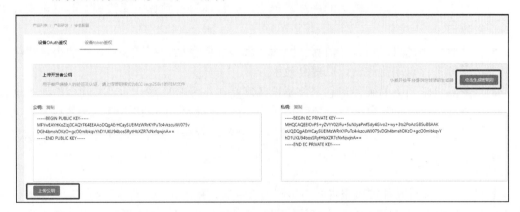

图 7-7　密钥生成器

- 小爱开放平台仅保存公钥，私钥由开发者自行妥善保管。
- 若密钥对发生泄露，小爱开放平台支持更新公私钥对，可单击"重新上传"让新设备使用新密钥对。特别需要注意的是，在这种情况下，已经生产但还未激活的设备无法接入小爱开放平台，所以开发者务必妥善保管密钥信息。
- 小爱开放平台最多可以保留两个公钥。

在完成产品开放平台的配置等准备工作后，即可开始集成 SDK，进行具体的业务开发。

4. 集成 SDK

依据开放平台的配置信息，根据立项通过时小米提供的 SDK 集成文件，设备厂商可在小米技术工程师的支持下，启动相关的开发工作。

当前小爱开放平台支持的语音技能十分丰富，而且不同的产品类型需要开通的语音技能也有所差异，因此在开发的过程中用到的语音技能，需要提前与产品经理确认。

- 在小米提供的 SDK 集成文件中，会根据产品经理开通的语音功能来提供对应的接口。
- 开发者根据 SDK 中的示例，再结合已经开通的接口可配置相关的文件。
- 设备语音接入配置成功后，小米工程师将与设备厂商之间进行各功能的调测。

3. 设备调测

设备调测包括功能测试和声学测试两个方面。设备厂商可结合"功能材料"的自测表（详细表格可在接入后从项目经理处获取）完成设备的调测工作，并在符合小爱调测标准后，输出功能测试报告。

对于声学测试部分，设备厂商可参考 7.2.2 节对产品进行自测。在此过程中，需注意以下事项。

- 如果产品涉及远场唤醒小爱，设备厂商则需要提前报备，以便小爱团队提前介入。对于支持就近唤醒能力的产品，也需小爱提前进行整体方案规划，并提供指导和建议。
- 针对送测样机，设备厂商需按照指导规格提供自动化测试接口，以便小米声学工程师进行自动化测试，以提高效率。
- 产品声学相关的硬件信息，需要设备厂商在小爱开放平台的"控制台"→"语音接入"→"选择设备"→"管理"→"硬件参数"中填写完整（尤其是麦克风的设计部分）。在符合小爱调测标准后，设备厂商输出声学测试报告给小爱团队。

4. 产品认证

当设备厂商完成功能测试报告和声学测试报告后，并认为基本符合产品立项要求时，可向小爱开放平台申请产品发布认证。该认证包含功能认证、声学认证和品牌认证 3 部分，这 3 部分认证为产品发布的必需项。对于支持就近唤醒的产品，还需进行就近唤醒功能认证。

- 功能认证

要进行功能认证，需要设备厂商准备 2 台样机送测。若设备的价值较贵，可以送测 1 台，小米公司会在后期予以归还。

- 声学认证

设备厂商可参考 7.2.2 节对产品进行自测，详细的材料可以在小爱开放平台的声学指南中获取。如果产品涉及就近唤醒功能，则需要提前报备，以便小爱团队提前介入，研讨就近唤醒功能协作事宜。

设备厂商提供送测样机的自动化测试接口，以便小米声学工程师进行自动化测试，以提高效率。

- 品牌认证

品牌认证是十分重要的认证，主要是指对产品的外包装、说明书等涉及宣传小爱品牌、标识等的内容进行配套设计，以保证小爱品牌宣传的一致性和品牌风格的一致性。

对于穿戴类的带屏设备，有专门的 UI 接入要求，设备厂商需提前联系并获取相关规范。并在包装设计定稿前，发送电子版给小爱开放平台审核，其邮箱为 xiaoai@xiaomi.com。涉及产品宣传等关乎小爱形象的地方，也需要申请小爱认证审核，否则小爱团队保留随时下架产品的权力。在认证过程中，对于每轮认证的结论，都会与厂商进行沟通确认。

- 就近唤醒认证（可选）

除了上述 3 个强制认证之外，支持就近唤醒功能的产品需要通过就近唤醒的功能认证。该认证并非强制执行。小爱业务产品负责人会以邮件的形式向小爱声学部门发起认证流程。声学部门在接收到需求后进行声学认证，并向设备厂商发布认证结果，如有必要也会提供相应技术支持。

5. 发布上线

在强制认证通过之后，设备厂商需要在开放平台上申请产品上线。具体方法是在产品信息栏选择对应的"申请认证"→"申请上线"，将其提交后，产品进入待发布状态。待审核通过之后，产品即可在小爱开放平台正式发布上线。

6. 运营维护

对于重点投入和旨在获得市场品牌知名度的设备，小爱团队可以对其进行重点营销策划和宣传。同时也会及时与设备厂商沟通用户反馈、质量等数据，以便进一步改进产品，提升用户体验。

7.2　产品认证

为保障小米及小爱的品牌，共同维持用户对小米相关产品的体验，避免不同产品之间的体验差异给品牌带来的伤害，应当对接入小爱开放平台的产品进行产品认证。产品认证包括功能认证、声学认证和品牌认证 3 个部分。

7.2.1　功能认证

由于小米公司一直秉承匠心精神，坚持做感动人心的产品，其推出的系列产品均经过了非常严格的测试。对于拟接入小爱开放平台的产品，会直接采用小米系统内的测试方案和用例，以全覆盖的形式执行测试任务，保证产品的每一个功能都经过了全方位、全场景的测试。

在测试完成后，小爱团队会按照功能进行分类，并提供详细专业的评测报告。需要注意的是，设备厂商在小爱开放平台进行功能测试前，需要先完成功能自测，以便小爱开放平台能够更加清晰地了解产品功能，避免部分功能无法测试的情况。

在进行测试时，需要检查的内容主要在以下几个方面。

1. 检验接入设备类型是否符合开通语音服务的定位

目前小爱开放平台拥有近百个语音技能，根据语音技能可以应用的设备类型，可将这近百个语音技能分为如下 4 种类型。

- 大屏设备（比如电视产品，支持"播放电影"语音技能）。
- 中屏设备（比如手机，支持"打开微信"语音技能）。
- 小屏设备（比如智能手表，支持"查看心率"语音技能）。
- 无屏设备（比如智能音箱，支持"播放音乐"语音技能）。

在无屏设备上运行的语音服务不能够在有屏幕的设备上运行，同样，运行在大屏的语音服务也不能在小屏设备上运行。

根据不同的设备类型来判断当前开通的语音服务是否适用于当前设备，是进行设备语音服务接入测试的第一步。

2. 检验接入设备是否支持开通语音服务的最低硬件要求

在小爱开放平台中，部分语音服务需要满足最低的硬件要求。以无屏设备的闹钟语音服务为例，闹钟作为一项基础且具有特色的语音服务，要想在无屏设备上正常运行，则该设备至少需要同时具有麦克风和扬声器。麦克风是收集用户音频的必备硬件，而扬声器能够对用户起到提醒的作用。如果缺失其中的任何一个组件，就不能实现闹钟的语音服务功能。

明确设备的硬件参数，并且与满足语音服务的最低硬件要求进行匹配，是测试的第二步。

3. 检验接入设备是否支持开通语音服务的软件要求

在满足了设备的硬件要求之后，小爱团队还需要测试设备是否拥有可以运行该语音服务的软件。以在大屏设备上搜索片源为例，搜索片源的功能须在满足影片播放所需的 CPU、内存、屏幕尺寸等硬件资源的设备上才可以运行，同时，该设备必须具有可以调用的视频片源。若接入设备两者缺失其一，则无法实现片源搜索的功能。

将接入设备的软件支持和语音服务要求的软件环境进行匹配，是测试的第三步。

4. 检验接入设备服务领域和开通的语音服务领域是否一致

在完成前面的测试后，可以保证待接入设备满足语音服务功能，但开发者需要在小爱开放平台的语音服务领域中确认待接入设备的服务领域或者服务对象。小爱开放平台基于电台栏目划分了脱口秀、有声书、音乐和教育培训等内容，对儿童服务领域来说，如果接入设备是一台面向儿童的服务设备，则需要对接入的内容进行严格的筛选和控制，以免呈现给儿童不合适或无法理解的内容。

确保语音服务内容领域与设备服务对象一致，是测试的第四步。

5. 检验接入设备所开通的语音服务的运行体验

设备能正常运行语音功能是接入小爱开放平台的基础，而提高用户的语音服务体验是更为重要的一个环节。对硬件设备上运行的语音服务进行体验测试时，主要分为两部分。

- 语音服务在设备上运行的稳定性：服务的稳定性测试主要是确定在当前设备上，语音服务是否都可以准确唤醒和进入，以及在使用过程中是否存在网络超时或者无法正常使用的情况。
- 语音服务在设备上运行时对用户操作是否友好：在接入语音服务后，由于设备硬件和软件环境不同等原因，语音服务的可用性可能会受到影响。因此，需要先确认接入设备在硬件上是否可以实现语音服务的功能。在软件方面，需要确认接入设备和用户是否能进行友好的语音交互。在用户有困惑的地方或当用户出现不好的体验时，应当予以记录并且进行调整。

6. 测试特殊语音服务的接入

在完成上述测试后，表明语音服务基本功能可以在接入设备上良好运行。但是对于一些特殊服务，如音乐、电台等需要版权的语音服务，小爱团队需要和设备厂商明确付费策略和使用标准。

7.2.2 声学认证

作为智能语音应用的交互入口，声学性能直接干系到用户的产品体验。小米声学认证实验室会根据不同的硬件规格、使用场景、产品特性等因素，对即将发布的产品制定差异化认证测试方案。其中，重点关注的标准涵盖了唤醒率、误识率、响应时间和准确率等与用户体验密切相关的维度。

下面简要介绍小爱声学认证测试框架（实际的产品声学认证测试框架可能依然在不断改进中，具体以产品接入时为准）。

1. 评测方案

小米声学实验室对拟接入小爱开放平台的设备，均采用在线测试的方法进行评测。为了保证评测工作高效进行，在线评测时将从完整测试维度中抽取核心场景进行测试。

2. 评测维度

在评测时，小米声学工程将考虑噪声、目标声源、回声、待测空间和待测设备 5 个维度，并尽量覆盖多个声学场景，以模拟用户的真实使用环境。

语音评测维度按照家居场景、车载环境、便携类产品（如手机）家居场景和误唤醒评测维度几个方面进行评测。各个评测维度的细分场景和相关基础可参考表 7-2～表 7-5。

表 7-2 家居场景

噪声	噪声来源	电视
		空调
		洗衣机
		正常谈话
		厨房
	噪声类型	点声源干扰、散射噪声
	到待测设备距离	1m、3m、其他
	噪声和说话人的角度	90°
	信噪比	0dB
		5dB
		10dB
		安静（15dB）
目标声源	年龄	成人
		儿童
	性别	男
		女
	与待测设备距离	1m、3m、其他
	与待测设备角度	0°、30°、90°、170°等
	发声位置	站姿：嘴离地面约 150cm
		坐姿：嘴离地面约 80cm
		躺姿：嘴离地面约 40cm
	语料内容	唤醒词
		对话内容
	口音	普通话
		普通话、地区性方言
	语速	较快
		普通
	指令覆盖技能	所有小爱接入技能
	声压级（麦克风阵列中心处）	60dBA（1m 距离时）、55dBA（3m 距离时）

回声	回声内容	古典音乐、TTS、流行音乐、新闻等
	信回比	0dB
		-5dB
		-10dB
		-15dB
使用空间	空间类型	居家、马路、办公
	混响时间	300±30ms
		500±30ms
		800±30ms
设备	设备数量	最少两台量产版的样品
	设备状态	睡眠（息屏）
		亮屏待机
	位置	一面离墙小于10cm，三面开阔，且离墙距离大于1m
		两面离墙均小于10cm，两面开阔，且离墙距离大于1m
		一面离墙60cm，三面开阔，且离墙距离大于1m
		两面离墙60cm，两面开阔，且离墙距离大于1m
		四面开阔，且离墙距离大于1m
	高度	40cm、80cm

表 7-3　车载环境

噪声	噪声来源	车内噪声	胎噪
			风噪
			车载音响
			车载空调
			乘客谈话
	噪声类型	空间状态	开空调、播放音乐
			开窗、播放音乐
	车内音乐	声压级	70dB、80dB（中控台上方处）
		音乐类型	古典音乐、TTS、流行音乐、新闻等
	空调	档位	关闭/中档
	车速		30km/h
			60km/h
			100km/h

续表

目标声源	年龄	成人
	性别	男
		女
	待测设备距离	中控台上方
	发声位置	主驾驶位
	语料内容	唤醒词
		对话内容
	口音	普通话
		普通话、地区性方言
	语速	普通
		较快
	声压级（人工嘴处）	83dB
待测空间	空间类型	车内
待测设备	设备数量	最少两台量产版的样品

表 7-4   便携类产品（手机）家居场景

噪声	噪声来源 · 家居噪声	电视
		空调
		洗衣机
		正常谈话
		厨房
	噪声类型 · 点声源干扰	到待测设备距离：30cm、70cm
		噪声与说话人的夹角为 90°
	信噪比	0dB
		5dB
		10dB
		安静（15dB）
目标声源	年龄	成人
		儿童
	性别	男
		女
	与待测设备距离	30cm/70cm
	与待测设备角度	0
	发声位置	坐姿：嘴离地面约 100cm

续表

目标声源	语料内容	唤醒词
		对话内容
	口音	普通话
		普通话、地区性方言
	语速	普通
		较快
	声压级（人工嘴处）	80dB（距离 1m）、83dB（距离 3m）
回声	回声内容	古典音乐、TTS、流行音乐、新闻等
	信回比	0dB
		-5dB
		-10dB
		-15dB
待测空间	空间类型	室内
	待测空间混响	450±30ms
待测设备	设备数量	最少两台量产版的样品
	位置	四面开阔，且离墙距离大于 1m
	高度	100cm

表 7-5 误唤醒评测维度

噪声	噪声内容：6 种	电视剧
		新闻节目
		访谈节目
		音乐类节目
		办公室谈话声
		卧室交谈声
	噪声类型	点声源干扰
	到待测设备距离	3m
	与待测设备角度	噪声源固定不变
待测空间	空间类型	室内
	待测空间混响	450±30ms
待测设备	设备类型	实测设备
	位置	两面离墙60cm，两面开阔，且离墙距离大于 1m
	高度	75cm

3. 测试集

唤醒测试集要尽量覆盖各种实际的声学场景。在构建测试集时，测试者需从噪声、回声和安静唤醒语料中按配比抽取，以不同信噪比和信回比混合生成测试集。唤醒测试集要尽量覆盖各种实际应用场景下的噪声来源，包含人声对话、电视、音乐、门铃和家电等噪声内容，且噪声播放总时长不少于 24 小时。小米已经积累了各场景的丰富语料，可基本满足一般场景下声学场景覆盖的要求。

4. 评测指标

评测指标包括唤醒率、误识率、响应时间和句准率（即语句准确率）。当然，这些指标的基准要求并不是一成不变的。根据产品的硬件规格和定位，不同场景下有不同的基准要求。各评测指标的定义如下。

- 唤醒率

唤醒率为成功唤醒次数与唤醒总次数之比。假设测试语料中总共尝试 N 次唤醒，唤醒成功 R 次，则唤醒率=$R/N\times100\%$。

- 误识率

误识率又称虚警率，是指用户未发出唤醒词，而设备被错误唤醒的概率。测试误识率时，可用单独的外放设备播放一定时长的噪音语料，以检测语音唤醒的结果。在测试时需覆盖有回声及无回声的情况。

如在一段时间 T 内，误唤醒 W 次，则误识率=W/T。误识率一般用于量化 24 小时或 48 小时内的误唤醒次数。

- 响应时间

用来衡量语音唤醒引擎的响应速度。响应时间为检测到唤醒词尾点与唤醒响应时间点之间的时间差。

- 句准确率

以完整语句的识别情况来判别语音识别效果。假设参与识别的句子总数为 L，识别完全一致的句子数为 H，则句准确率=$H/L\times100\%$。

句准确率需要以多家 ASR 引擎返回的融合结果作为参考。

5. 设备厂商要求

对于拟接入小爱服务平台的设备，设备厂商需提供设备的产品定义以及详细的使用场景描述，并且根据产品定义以及使用场景，从相关测试维度中勾选符合的测试项。例如，厂商提供的设备的唤醒范围是仅支持 1m 范围内的唤醒，则只选择 1m 范围内的唤醒测试。如果设备只支持新闻播放，则回声测试只选择新闻即可。

拟接入小爱服务平台的设备，需提供 USB、串口或 SSH 等设备连接方式，并通过该连接可获取相应的唤醒数据或日志，如在日志中输出每次设备触发唤醒的时间（精确到毫秒）、唤醒词和唤醒角度（可选）等，例如，{ wakeup_word: "小爱同学", wakeup_angle: 314.00, awaken_time: 2017-10-13T22:53:24.669}。

蓝牙唤醒及按键触发唤醒的设备，需要提供能够模拟唤醒的指令接口，以便接入自动化测试系统。在回声测试中，需要提供可以将设备静音的接口和可播放 WAV 音频的接口。在进行识别测试时，则需要待测设备已经接入小爱开放平台，并使用小爱 SDK 将识别结果输出到指定路径。

7.2.3 品牌认证

小爱品牌是所有接入小爱人工智能服务的产品共用的品牌。共同维护好的品牌形象，不仅有利于小爱产品的发展，也有利于用户对接入小爱人工智能服务的产品有一个整体的认可度。

品牌认证主要从两个方面进行评估：小爱同学品牌使用和认证标识使用。

1. 小爱同学品牌使用

1. 品牌使用指南

该品牌使用指南包含的品牌基本原则和使用案例，通过基本标识、品牌色、图形设计及图像排版风格，来保持小爱同学的品牌视觉识别的统一性。该指南将呈现品牌所有的关键视觉元素，并系统地阐述如何在各应用场景和物料上正确、统一地使用小爱品牌。

各设备厂商的产品应该正确且一致地应用所有品牌关键视觉元素。当然，为了支持更加丰富的产品用户体验，在遵循品牌的统一性以及不违背品牌视觉识别的基础上，设备厂商可灵活运用其中的基本规则，从而衍生出更具创新的表达形式，更好地传递品牌信息。

2. 品牌概述

小爱同学是小米旗下的人工智能助理，致力于向用户提供创新的、令人愉悦的智能语音服务体验。自 2017 年 3 月诞生以来，小爱同学发展迅速，目前已内置到包括小米手机、小米 AI 音箱、小爱音箱 mini、小米电视以及小米生态链旗下的多款设备中。

在唤醒设备上的小爱同学后，用户可以通过语音与小爱同学交互，体验小爱同学最新的 AI 技能，以及向家中的智能设备发出操作指令，让复杂的操作变成一句话的事儿。同时，小爱同学致力于成为最大的智能语音交互平台，为更多的智能设备提供先进的智能语音交互能力和丰富的应用技能。

2. 认证标识使用

1. 标识元素

小爱同学的标识由两个元素组成：图形标识和文字标识，如图 7-8 所示。在这个标识中，元素间的相对大小和位置是固定的，并且文字标识不能单独使用。小爱同学的品牌标识具有严格的官方规范，请勿自行编辑或更改任意元素。而且，小爱同学标识只有在得到小爱同学官方团队的授权后才能使用，设备厂商需要将最终使用场景提供给小爱团队进行审核。

图 7-8   小爱同学标识

2. 标准标识

标准标识是小爱同学的主要品牌符号，在多数情况下请使用此标识。它有助于建立品牌识别，同时传达品牌信誉与稳定性。设备厂商在使用标准标识时，有如下注意事项。

- 只能从最终的规范文件中复制并使用，而不能重新绘制或擅自组合。
- 在使用中不得改变其内容、形状、结构和比例。
- 小爱同学标准标识的使用场景分为：在白色 / 浅色背景上使用全彩标志；在蓝色背景上使用白色标志；当标准标识不能以舒适的方式在单色应用场景下使用时，可使用单色黑或单色灰标识；当背景色很深（接近黑色）时，可使用全彩图形标识加反白文字标识。

3. 最小尺寸

小爱同学标识没有固定的尺寸大小，其比例关系应由可用空间、美感、功能和可见度来决定。而且，小爱同学标识没有预设的最大尺寸，但最小印刷尺寸高度和宽度不低于20mm，最小显示器尺寸的宽度为 80 像素。

4. 使用限制

为了保证品牌标识的完整性以及保持品牌的统一性，合作方遵循这里所述的使用限制是很重要的。在使用品牌标识时，合作方应尽量避免各种不规范的使用方式。

5. 标准色彩

合作方在使用标准色彩时，有如下注意事项。

- 基于屏幕显示的场景请使用 RGB 色值，印刷品请使用 PANTONE 或 CMYK 色值，请勿自行使用颜色转换工具转换色值。

- 在数字图形及平面印刷场景中，优先使用品牌色彩，在深色或特殊场景采用反白处理。
- 辅助色"小爱同学蓝"可以应用到小爱同学软件产品界面中的高亮元素中，例如按钮。

6. 认证标识

认证标识有"内置小爱同学"与"支持小爱同学控制"两种类型，如图 7-9 所示。请根据实际情况选取对应的认证标识，并遵照对应的应用规范。

"内置小爱同学"认证标识　　　　　　　　　　　"支持小爱同学控制"认证标识

指集成了小爱同学语音服务，使其拥有"小爱同学"的语音交互能力的设备；例如内置了小爱同学服务的手机、电视、音箱、手表、故事机、翻译机、机器人等

能够通过小爱同学控制的设备，例如可通过小爱同学控制的空气净化器、电扇、空调、智能灯、扫地机器人等

图 7-9　认证标识 1

关于图中内容的详细参数，如色号、字体、大小像素等说明，在产品提供的设计文稿中会有详细说明。

（1）认证标识使用规范

该认证标识使用规范包含的品牌基本原则和使用案例，通过基本标识、品牌色、图形设计及图像排版风格，以保持"支持小爱同学控制"认证标识的视觉识别的统一性。该规范将呈现品牌所有的关键视觉元素，并系统地阐述如何在各应用场景和物料上正确、统一地使用它们。

（2）认证标识使用要求

"支持小爱同学控制"认证标识应用在产品外包装上，在实际应用时可根据具体设计，使用彩色或单色特殊工艺，且在使用过程中不得改变其形状、结构比例。在实际使用时应该从本规范提供的电子源文件中选取。"支持小爱同学控制"意味着该产品可以通过小爱同学进行控制。请注意，"支持小爱同学控制"仅进行软件层面的验证，小米及小爱不对该产品及厂商的生产制造、标准执行和质量监管等方面负责。

（3）认证标识应用

同时获得"支持小爱同学控制"和"已接入米家"双重认证的设备，需要同时在产品外包装上使用两个标识的组合，组合形式可参考图 7-10。可根据具体情况选择单色或彩色版本，标识组合的最小宽度和高度均为 20mm。

图 7-10 认证标识 2

（4）认证标识包装

通过认证的产品，在产品外包装上必须添加"支持小爱同学控制"认证标识。该认证标识默认放在产品认证信息区域，与其他认证标识并列摆放；也可以放在包装上更显著的位置，可根据产品包装的具体情况选用彩色、单色、反白形式，最终的使用形式需要向小爱团队确认。

（5）认证产品说明书

为了方便用户了解如何通过小爱同学控制设备，设备的产品说明书中必须加入对应的介绍页面，如图 7-11 所示。该页面中需要包含认证标识和二维码，以方便用户了解功能，并通过二维码了解更多小爱同学的相关信息。而且，该页面的内文字体不应小于 5 磅，说明书的文字内容需要向小爱团队确认。

图 7-11 认证产品说明书

需要注意的是，在创建产品时，设备厂商即可开始准备品牌认证的相关材料，避免因认证要求导致时间延误。

7.3 质量控制

针对质量控制问题，小米公司提出了三大核心要务：创新、质量和交付，质量尤其是重中之重。为此，小米成立了质量管理委员会，由雷军亲自担任质量委员会主席，并每周定期召开质量会议。同时，建立专属的质量办公室，专项督办，每一个部门都有质量小组，并将产品和服务的品质提升当作最重要的任务，不惜一切代价加强质量。

小米公司在最近几年获得了如下奖项。

- 2017 年 11 月 25 日，小米荣获"中国制造 2025"十佳品质奖。
- 2017 年 12 月 23 日，小米集团 CEO 雷军荣获 2017 年度质量人物。
- 2017 年 12 月 25 日，小米集团 CEO 雷军当选中国质量协会理事会副会长。
- 2018 年 10 月 30 日，小米集团获评"2018 年全国质量标杆"。
- 2018 年 11 月 28 日，小米集团报送的"面向高质量的互联网敏捷开发技术"获得了质量技术奖一等奖，与核工业、运载火箭相关的技术一同站到了中国质量最高的领奖台。

7.3.1 小米质量宣言

从创立之初，小米公司就意识到质量是企业长青的基本保证，并将质量工作放在核心位置。小米也将继续秉承着用望远镜看创新，用显微镜看品质的心态，坚持和用户交朋友，坚持货真价实，做感动人心的产品，让每一个人都享受科技的乐趣。

2015 年，雷军提出了"新国货"的理念，力求结合小米的品牌影响力和产品信誉度，用精益求精的工匠精神，为老百姓提供质高价优的国货精品，并取得了很好的经济效益和社会效益。

2019 年，小米推出的 Redmi Note 7 小金刚系列，敢于打破行业 12 个月的质保惯例，提供 18 个月的超长质保，重新定义了手机质量标准。

质量之魂，始于匠心。小米"新国货"为推动我国的创新发展，转变经济发展方式，调整经济结构发挥了积极作用，积极践行了创新、协调、绿色、开放和共享的新发展理念，在国际上也赢得了"诚信、创新"的赞誉。而质量则为"新国货"赋予了更多的生命力。

传统的质量概念是从产品满足固有特性的要求出发，绝大多数从产品的外观和工艺进行考量，比如安全、耐用、可靠。小米认为，产品质量好不仅仅是满足需求，而是要让用户用得爽。因此，小米将用户体验量化为质量指标，并融入了质量管理体系。

品质和创新是小米发展的基石。对品质和创新的长期坚持，使得小米创业 7 年就成为年营收超过千亿元人民币的公司，创下世界商业史上的历史纪录。在实现了 2017 年的奇迹逆转后，小米在 2018 年继续保持了高速增长的态势。

7.3.2　质量控制体系

1. 质量管理

2017 年被小米定义为 "质量元年"，雷军亲自牵头质量委员会，组建质量办公室专门督办。

2018 年 7 月，小米集团上市后，首要任务就是全面提升产品和服务质量。为此，任命颜克胜为集团副总裁，兼任集团质量委员会主席，负责集团所有产品和服务的品质管理工作，并负责推动用户使用体验的持续改善工作。

质量无小事，质量无止境。小米内部打通跨部门格局，逐步组织建立起"质量第一、质量优先"的质量文化；开展全员质量培训，动员全员参与；组织米粉座谈会；要求工程师到一线服务用户；举办一系列质量讨论活动。小米不断强化质量意识，同步建立起严格的质量奖惩与质量绩效机制，用质量一票否决的红线，时刻提醒全员关注品质，重视用户体验。

仅在 2018 年，小米就召开了 254 次质量讨论会，从定义、设计、用料、研发、测试和售后等多个环节死磕质量。为了鼓励品质提升，集团设立了小米质量奖，作为公司内部最高质量的荣誉，其奖金超过 100 万元人民币。而且获奖人员将由雷军亲自颁奖，以鼓励全员在质量技术领域持续创新、持续发力，为中国制造、打造质量强国贡献力量。

为了保证用户体验，对接入小米的产品，小米建立了较完整的质量控制体系。除 7.2 节提到的产品认证外，小米同时建立了多维度的质量监控体系，如内测反馈、小米社区、体验跟踪打点等。

2. 全员质量

质量工作是一场硬仗，也是一场持久战，需要死磕到底。放眼全球商业世界，当今的工业强国，如德国、日本，也并非自始至终都是质量强国，同样也是经历了持续的努力、创新，才建立起严格的工业标准与质量保证体系，赢得了用户的赞誉。

小米内部反复提到"创新决定小米能飞多高，而品质决定小米能走多远"。小米第一轮的成功主要靠创新，而走到今天屹立不倒，最核心的原因是将创新和质量并举。雷军也常感叹，质量提升没有捷径，小米必须打基础、练内功，花大力气建设全面质量管理体系，全过程、全方位、全品类去推行。

自 2019 年始，小米 MIUI 系统负责人在微博上开具实名账号，连开 10 多场用户座谈会，从大量反馈中整理出数百个可以改进的项目，之后再进一步明确，确定了 32 个改进重点，并给出改进时间表。小米是全球罕见的拥有海量粉丝的公司，累计收到用户的反馈意见达 2 亿条，并以用户的反馈来驱动产品质量的改进。

3. 小米社区

在"与用户做朋友"思想的指引下，小米建立了独特的社区文化，在米粉与小米、米粉与米粉之间搭建了一个开放的交流平台。在这个平台上，米粉可以互相交流产品使用心得，分享产品体验，同时也可以对产品提出自己的改善意见，帮助小米工程师进一步改善产品。

在社区里，根据产品线不同，社区建立了众多圈子。其中与小米小爱及蓝牙耳机相关的圈子有小爱同学圈、小爱同学 App（非 MIUI）、小米蓝牙耳机圈等。这些圈子有专门的小米工程师和客服，他们可收集用户端建议，并回应用户使用过程中碰到的问题。

4. 质量监控

除了社区用户反馈外，通过建立多维度的线上产品运营监控体系，小米可以实时针对不同的小爱同学版本、不同的产品型号、不同的机型、不同的产品固件版本，跟踪产品的连接、使用情况，从而发现不同产品、不同版本之间的质量变化。